내 장은 왜 우울할까

옮긴이 **김보은**

이화여자대학교 화학과를 졸업하고, 같은 학교 분자생명과학부 대학원을 졸업했다. 가톨릭의과대학에서 의생물과학 박사학위를 마친 뒤, 바이러스 연구실에서 근무했다. 현재 바른번역에서 전문 번역가로 활동 중이다. 옮긴 책으로『슈퍼 휴먼』,『크리스퍼가 온다』,『GMO사피엔스의 시대』,『케톤하는 몸』,『더 커넥션』,『5G의 역습』등이 있다.

Super Gut: A Four-Week Plan to Reprogram Your Microbiome,
Restore Health, and Lose Weight, 1st edition

Authorized translation from the English language edition titled Super Gut:
A Four-Week Plan to Reprogram Your Microbiome, Restore Health, and Lose Weight by
William Davis, MD, published in the United States by Hachette Go. Copyright © 2022,
William Davis, MD. This Korean translation published by arrangement with Danny Hong Agency,
CookeMcDermid Agency Inc. and Rick Broadhead & Associates Inc.

Korean-language edition copyright © 2023 by Jihaksa Publishing Co., LTD.

내 장은 왜 우울할까

장내미생물은
어떻게 몸과 마음을 바꾸는가

SUPER GUT

윌리엄 데이비스 지음
김보은 옮김

북트리거

엘리 메치니코프에게 이 책을 바친다.

20세기 생물학자이자 진실한 관찰자였던 그는 마이크로바이옴이
인간의 건강과 노화에 커다란 역할을 한다는 사실을 최초로 발견했다.
그는 또한 요구르트를 무척 사랑한 사람이기도 했다.

CONTENTS

3부.

상쾌한 장

4부.

상쾌한 장 만들기 4주 프로그램

우리 몸속에는 미생물 우주가 있다

프랑켄슈타인 박사: 그러니까, 난처하게 할 생각은 없지만 난 꽤 괜찮은
의사라네. 내가 자네 등의 그 혹을 치료할 수 있을 것 같군.

이고르: 혹이라니요?

_멜 브룩스 감독, 〈영 프랑켄슈타인〉(1974)

메리 셸리의 소설 『프랑켄슈타인』에서 빅터 프랑켄슈타인 박사는
엉망진창으로 실험을 진행하던 와중, 얼기설기 기운 시체 조각들에
전기를 흘려보내 생명을 불어넣는다. 비정상적인 데다 온전한 인간이
아니며 보기에도 끔찍한 이 괴물은 시골로 도망쳤다가 그 일대를 공
포에 몰아넣는다.

지금은 누구도 헐거워진 머리와 팔을 몸통에 기워 붙이거나 220V
전기를 몸에 흘려보내 사람을 되살리지 않는다. 대신 최근 50년 동안
보건 분야에서 독특한 연금술이 탄생해, 모두가 동의하는 전례 없는
의학 진보의 시대에 현대 보건에 관한 공포가 퍼지고 있다. 그렇기에
의사를 비롯한 누구도 알지 못했던 원시 생물들의 우주가 인간의 횡
격막 아래이자 배꼽 바로 뒤에 존재했다는 것, 그것이 이제야 인간 보

건에서 매우 중대한 현상으로 모습을 드러내기 시작했다는 사실이 오히려 놀랍다.

2011년, 밀가루 똥배 시리즈의 첫 책에서 나는 농업과학자와 농부들이 '밀'이라는 식물을 어떻게 개량했는지 설명했다. 본래 150cm 높이였던 식물은 수천 번의 유전학 실험을 거쳐 45cm 높이에 두꺼운 줄기와 굵직한 낟알을 가진 작물로 바뀌었다. 유전학으로 변형시킨 최종 결과물은 실제로 생산량이 매우 많아 농부들은 야생종보다 에이커당 수십 배 더 많은 작물을 수확할 수 있었다. 수확량이 증가하면서 기아에 허덕이는 개발도상국의 굶주림을 해결하는 데도 도움이 되었다. 그러나 이 새로운 작물을 먹은 인간은 예상하지 못했던 결과를 마주했다. 예컨대 식욕 촉진부터 측두엽 간질, 지루,[1] 셀리악병[2]의 400% 증가까지 다양하다. 예전에는 희귀했던 1형 및 2형 당뇨병이 흔한 질병이 되었고, 살기 위해 먹었던 인간은 이제 만족할 줄 모르고 양껏 먹으려는 식욕을 갖게 되었다. 현대 밀의 섭취가 인간 건강에 미친 결과는 너무나 파괴적이고 비정상적이라, 나는 현대 밀을 '프랑켄슈타인 곡물'이라 부른다.

나는 식단에서 프랑켄슈타인 곡물을 빼면 건강 측면에서 상당한, 때로는 삶을 바꿀 만한 혜택을 누릴 수 있다는 사실을 발견했다. 수천명이 손쉽게 체중을 줄이고 건강해졌으며, 1950년대 사람들처럼 배가 날씬해지고 수많은 현대 질환에서 벗어났다. 그렇지만 다음과 같

---

1   피부에서 피지가 과잉 분비되는 상태
2   글루텐에 반응하는 유전성 알레르기 질환

은 보고도 상당히 많았다. "아무 노력 없이도 몸무게가 21kg 줄었고, 이제는 항상 배고프지 않다. 당뇨병 전단계prediabetes에서 벗어났고 혈압약은 두 종류를 끊었다. 류머티즘성관절염은 70%가량 나아져서 한 달에 수백만 원짜리 주사를 맞지 않아도 된다. 하지만 아직 급성통증이 남아 있고 스테로이드와 나프록센은 다시 복용해야 했다." 즉, 프랑켄슈타인 곡물을 식단에서 빼고 내가 추천하는 영양보충제를 한 줌 넣자 인슐린저항성 같은 질환은 회복할 수 있었지만, 모든 사람이 효과를 보기에는 모자란 부분이 있었다. 체중이 3kg 줄었다고 보고한 사람도, 14kg 줄었다고 보고한 사람도 있었지만, 모든 것을 제대로 지켜도 체중감량은 어느 순간 멈춰 버렸다. 밀가루 똥배 생활방식은 위장관에 거주하는 건강한 미생물 종, 즉 장내 마이크로바이옴microbiome을 회복시키려는 기본적인 노력이지만, 여전히 무언가가 부족했다.

밀가루똥배공동체라는 거대한 국제단체는 협력적이고 열정적인 구성원들로 이루어져 있다. 공동체 모두가 각자의 경험을 공유하면서 100% 성공률을 달성하기 위한 답을 함께 찾아 나갔으며, 마침내 해결하지 못했던 건강 문제를 정복했다. 밀가루똥배공동체는 사실상 방대한 지혜의 크라우드소싱[3]으로, 수십만 명이 함께 비슷한 문제의 해결책을 찾는다. (걱정하지 않아도 좋다. 밀가루 똥배 생활방식이 추구하는 전략은 부족한 점이 있지만, 상당히 강력하다.)

밀가루똥배공동체의 경험 외에도 지난 수십 년 동안 관련 연구가

3   대중의 참여를 통해 해결책을 찾는 방법

폭발적으로 늘어나면서 우울증, 사회적 고립감, 증오, 불안, 주의력결 핍 과다활동장애Attention deficit hyperactivity disorder, ADHD 등의 일반적인 정 신장애와 심리 문제가 장내 마이크로바이옴의 붕괴 탓이라는 사실이 명확해졌다. 나아가 비만, 자가면역질환, 신경퇴행성질환처럼 연관성 이 없어 보이는 질환도 인간의 횡격막 아래 거주하는 미생물군에 일 어난 변화 탓이라는 사실도 드러났다. 나는 인간의 건강과 수행 능력 을 개선하고 보건의료체계 의존도를 낮추는 일에 관심이 있었으므로, 마이크로바이옴 붕괴가 내 프로그램을 따르는 사람들의 해결되지 않 은 건강 문제에 어떤 영향을 미쳤는지 궁금해졌다. 이 논리에 따라 나 는 현대인의 마이크로바이옴에서 사라졌을지 모르는 세균 종의 증거 를 찾기 시작했다. 그리고 정말로, 인간의 장 속에 복원하면 사람들의 건강뿐만 아니라 외모까지 놀라울 정도로 개선하는 몇 가지 후보 미 생물을 찾았다.

그러나 핵심 미생물 몇 종의 소실만으로는 남아 있는 건강 문제의 원인을 설명할 수 없다는 사실도 발견했다. 더 포괄적인 해답의 단서 는 전 세계 밀가루똥배공동체에서 조금씩, 계속 흘러 다니고 있었다. 일부 사람들이 수면장애를 토로했고, 밀과 곡물을 배제한 이후 부분 적으로 경감되긴 했지만 여전히 관절통을 호소했다. 밀가루 똥배 프 로그램이 이전에 해결하지 못했던 고질적인 식품 알레르기도 문제였 다. 어째서 그토록 많은 사람이 토마토, 강낭콩, 땅콩 같은 일상적인 식품에 과민증을 나타내는 것일까? 마이크로바이옴 붕괴가 이 문제 도 설명할 수 있으리라는 생각을 파고들수록 미생물 우주에서 해답을 찾으리라는 점이 명확해졌다. 해답은 마이크로바이옴에 있었다.

나는 '프로바이오틱스probiotics와 식이섬유를 충분히 섭취하라'는 식의 일반론을 넘어 건강한 마이크로바이옴의 힘을 발휘할 길을 찾고 싶었다. 그저 남아 있는 건강 문제만 해결하기보다는 일상 기능을 새로운 경지로 끌어올려 완전하게 건강해질 방법을 찾고 싶었다.

나는 현대적 생활방식이 인간 위장관 속 미생물군 구성을 무너뜨렸고, 이 미생물 불균형이 밀가루똥배공동체를 비롯한 이들에게 남아 있는 건강 문제의 원인이라고 의심을 넘어 확신한다. 우리 몸속 생태계를 교란하는 현대적 생활방식은 꼬리에 꼬리를 무는 식으로 다른 건강 문제를 불러온다. 현대인의 마이크로바이옴은 마치 괴물과 같다. 이 괴물의 영향력에서 벗어날 수 있는 면역체계는 없다. 수렵채집인이었던 조상은 물론이고, 불과 50년 전 조상의 마이크로바이옴조차 현재 우리의 마이크로바이옴과는 완전히 다르다. 가공식품부터 위산억제제까지, 현대 생활의 어떤 요소들은 현대인의 장을 더는 인간의 장이 아니게 만들었다. 나는 이것을 '프랑켄슈타인 장'이라고 부르며, 이는 우리의 건강에 프랑켄슈타인 곡물만큼, 어쩌면 프랑켄슈타인 곡물보다 훨씬 더 위협적이다. 과민대장증후군irritable bowel syndrome부터 변비, 궤양성결장염ulcerative colitis, 크론병Crohn's disease까지, 또 다낭성난소증후군polycystic ovary syndrome, 결장암colon cancer부터 우울증과 절망감, 사회적 고립감, 자살 충동까지, 진짜 건강 공포는 프랑켄슈타인 장에서 시작된다. 이 모든 것이 사회 또는 개인으로서 우리가 만들어 낸 것, 즉 마이크로바이옴이 붕괴한 프랑켄슈타인 장이 보여 주는 결과다.

이제 우리는 프랑켄슈타인 장을 없애고 본래의 자연 상태에 가깝게 장을 소생시킬 방법을 찾아야 한다. 불행하게도 의료계는 마이크로바이옴의 교란으로 발생하는 질병을 다룰 준비가 되어 있지 않으며, 질병의 원인도 이해하지 못하고 있다. 의사들은 암울한 감정과 불안, 자살 충동에 일조하는 해로운 세균과 진균 종의 급증을 이해하려하기보다는 증상만 억누르는 항우울제와 항불안제를 처방한다. 고혈압과 심방세동[4] 같은 질병의 기저에 자리한 엇나간 미생물의 위치를밝히기보다는 혈압을 억지로 낮추고 비정상적인 심장박동을 억누르는 약을 처방한다. 체중을 늘리고 2형당뇨병을 일으키는 미생물 균총의 붕괴를 해결하기보다는 비만 대사 수술과 강제로 혈당을 조절하는약 처방에 의지한다. 관례적이지만 잘못된 이 모든 노력에는 당연하게도 상당히 높은 가격표와 긴 부작용 목록이 딸려 온다. 현대인에게영향을 미치는 미생물 교란을 이해하면, 당신도 건강과 질병에 관한모든 생각이 뒤죽박죽되리라는 사실을 인정할 것이다. 해결책도 달라질 것이다. 우리에게는 의사의 처방전을 넘어서는 도구가 필요하다.

질병에서 벗어나고 젊음을 회복하며 전체적으로 삶의 질을 높이려면, 우리는 바로 이 미생물의 핵심을 재구축해야 한다. 알고 있는가? 인간 마이크로바이옴을 건강하게 복구하면 과체중이나 위산 역류에서 벗어나는 것 이상의 혜택을 누릴 수 있다. 내가 공개할 전략은여기에 더해 피부를 부드럽게 하고, 치유력을 높이며, 타인을 향한 공

---

4   심장이 불규칙하게 박동하는 질병

감력을 높여 주지만, 당신은 이런 혜택이 몸속의 미생물 우주에서 비롯되었다는 사실을 전혀 몰랐을 것이다. 우선, 우리가 창조한 괴물 같은 미생물 난장판에 질서를 재확립한 뒤, 상쾌한 장을 구축할 방법을 알려 주려 한다.

몸속 미생물 우주를 들여다보자

만약 대장균*Escherichia coli*에 "인간 삶의 목적은 무엇인가?"라고 묻는다면 대장균은 당연히 "인간의 목적은 나와 내 동료 미생물들을 부양하는 것이다"라고 답할 것이다. 더 고귀한 삶의 목적을 생각하는 사람도 있겠지만, 결장이나 십이지장 속에서 보면 인간은 미생물 공장에 불과하다.

거미와 모기, 다람쥐와 얼룩다람쥐, 송어와 거북에 이르기까지, 지구에 사는 모든 생물은 각기 독특한 마이크로바이옴을 가지고 있다. 마찬가지로 인간도 개인마다 고유한 특성이 있긴 하지만 종 고유의 마이크로바이옴이 있다. 그런데 현대사회에서 우리는 다음 끼닛거리를 사냥하기보다는 가게에서 산 식료품이나 드라이브스루 창구에서 건네받은 음식을 먹는다. 호수나 강이 아니라 욕실에서 뜨거운 물로 샤워한다. 급성 부비동염에 걸리면 앓고 이겨 내는 게 아니라 항생제를 먹는다. 이런 습관들은 우리 몸에 사는 미생물의 구성과 위치에 격변을 일으킨다.

위장관에 사는 미생물들은 이름도 거주지도 없고 당신의 페이스북에 '좋아요'를 누르지도 못한다. 하지만 당신의 낙관적인 생각이나 피부 상태, 에너지 수준, 타인에 대한 공감력, 연애 생활 등 다양한 측면에서 중요한 작용을 한다. 심지어 당신이 얼마나 빨리 노화하고 장수할지에도 영향을 미친다.

인간의 위장관에 거주하는 수조 마리의 세균과 진균은 당신의 삶이라는 영화에서 주연 역할을 맡아 왔다. 평소 건강한 생활 습관을 지녔고 당뇨와 비만 같은 현대 질병에 걸리지 않았더라도, 마이크로바이옴을 구성하는 미생물은 여전히 당신이 알츠하이머성 치매Alzheimer's dementia에 무력하게 굴복할지, 아니면 지난 화요일 친목 회의를 기억할 만큼 인지능력이 온전한 상태로 현손玄孫들에 둘러싸여 생일 케이크에 꽂힌 105개의 촛불을 끄고 있을지 결정할 수 있다. 미생물처럼 세상에 중요한 역할을 하면서도 여전히 무명인 존재는 손에 꼽을 정도다.

불과 얼마 전까지만 해도 인간의 몸에 거주하는 미생물은 감염 유발이라는 측면에서만 중요하게 여겨졌다. 그러나 지난 세기 동안 항생제 복용으로 사람들의 미생물 균형이 무너지면서, 다수의 미생물이 실제로 인간 건강에 중요하다는 사실이 드러났다. 예를 들면 위장관에 서식하는 세균 종은 엽산이나 비타민B_{12} 같은 비타민B군을 생산하고, 가족과 친구를 향한 사랑의 감정을 증진하며, 정상적인 정신 건강의 필수 요소이자 원기를 회복시켜 주는 렘수면 동안 생생하고 색채가 풍부한 꿈을 꾸도록 자극한다.

좋든 싫든 간에 우리는 익명의 미생물 수조 마리의 심오한 영향력

아래에 놓여 있다. 불과 10년 전만 해도 이 미생물군이 파킨슨병Parkin-son's disease을 일으키거나, 상처의 빠른 회복을 돕거나, 배우자의 약점과 기벽을 견딜 수 있게 해 준다고는 아무도 생각하지 못했다. 미생물이 노벨문학상을 받을 작품을 쓰게 할 수도, 교회에서 총기 난사를 일으킬 수도 있다고 생각하자니 한편으로는 불안하다. 그러나 바로 그것이 우리가 품은 미생물의 인상적인 힘이며, 우리를 도울 수도 적대할 수도 있는 생명의 우주다.

다행스럽게도 마이크로바이옴의 붕괴가 불러온 것으로 추측되는 건강 문제 대부분은 식단을 건강하게 바꾸고 영양소를 보충하며, 위장관 속 해로운 미생물들을 물리친 뒤 더 건강한 세균 종을 회복시키는 것만으로도 해결할 수 있다.

그러나 오랫동안 이어진 미생물군 교란의 결과, 불행하게도 세균과 진균의 과증식이 이미 통제를 벗어나 질주하고 있는 사람들은 어떻게 해야 할까? 현대사회의 미생물군 붕괴 요인은 우리 몸속, 대부분 위장관에 집중적으로 존재하는 해로운 세균과 진균 종을 급증시키는데, 이를 '장내세균 불균형dysbiosis'이라고 한다. 장내세균 불균형은 위장관의 마지막 1.5m에 해당하는 결장에 제한되며, 궤양성결장염이나 결장암 같은 위험을 초래한다. 해로운 세균 종이 거주하던 결장에서 나와 회장, 공장, 십이지장(소장의 일부), 위까지 거슬러 올라가는 일도 흔히 일어난다. 이를 '소장세균 과증식small intestinal bacterial overgrowth, SIBO'이라고 한다. 세균 무리의 붕괴로 소장세균 과증식이 일어나면 종종 진균 종도 비슷하게 급증하면서 위장관을 타고 올라와 원래 서식하지 않던 곳에서 증식하게 되며, 이를 '소장진균 과증식small intestinal fungal overgrowth, SIFO'이라고 한다. 슬프게도 많은 의사가 이런 상황을 인지하지 못하고 표면에 드러나는 다양한 질병만 '치료'한다. 자신에게 소장세균 과증식이 있다는 사실을 모른 채 곁주머니염diverticulitis, 하시모토병Hashimoto's thyroiditis, 결장암처럼 손쉽게 회복할 수 없는 질병에 걸린다면 기나긴 처방전과 담낭 절제, 혹은 체중감량 수술 같은 심각한 의료 처치를 받게 되리라. 그러나 만약 소장세균 과증식이나 소장진균 과증식을 초기에 발견해 건강한 마이크로바이옴을 회복했다면, 균형 잡힌 몸속 미생물 우주와의 공생을 통해 건강을 되찾고, 소장세균 과증식이나 소장진균 과증식에 뒤따르는 여러 만성 질병은 사라졌을 것이다.

그러니까 핵심은 장내세균 불균형, 소장세균 과증식, 소장진균 과증식을 이해하고 이들이 보내는 신호와 결과를 정확하게 인식해 이 상황을 바로잡는 것이다. 나는 이 질병들이 보내는 숨길 수 없는 신호를 알아차리고 질병의 존재를 확인해서 해결하는 방법을 알려 주려 한다. 상황이 완전히 암울하지만은 않다. 나는 몇 걸음 더 나아가 치유 프로그램을 더 높은 수준으로 끌어올려 당신이 거울에 비친 자기 모습을 자랑스러워하도록 할 것이다. 주치의는 월등히 좋아진 당신의 건강에 할 말을 잃을 것이고, 주위 사람들은 당신에게 어떻게 그렇게 건강해 보일 수 있는지 물으리라. 날씬하고 튼튼한 데다 근육이 발달한 몸매, 두텁고 촉촉한 피부, 뛰어난 정신력, 완벽한 성욕까지 갖추게 될 테니 말이다. 이제 몸속 미생물 우주를 이해하고 질서를 재확립해 보자. 미생물군의 구성을 바꾸고 거주할 곳을 제한하며 해로운 부산물의 홍수를 줄여 보자는 말이다. 완벽한 건강과 체중감량, 노화를 되돌리는 효과가 해일처럼 밀려올 것이다.

우리는 의사를 당황하게 하는 질문의 답을 찾는 여정에 올랐다. 의사는 우리가 중요한 미생물들을 잃고 해로운 세균 종을 다수 얻었다는 사실을 대체로 무시한다. 그들은 마이크로바이옴의 붕괴로 일어나는 증상들에 기나긴 약 처방과 "많이 움직이고 적게 드세요" 같은 쓸모없는 조언으로 대응하며 우리의 도덕적인 약점과 폭식 습관, 나쁜 유전자를 탓할 것이다. 그동안 우리는 이 미생물 스위치를 인지하고 다루는 법을 배우면서 더 위대한 건강을 향해 나아가자.

요구르트제조기에 쌓인 먼지를 닦아 내고, 보톡스 예약을 취소하고, 의자를 당겨 바른 자세로 앉아라. 지금 우리는 삶의 경로를 바꿀 세균 여행을 떠나기 직전이다. 우선 인간 마이크로바이옴에 왜, 그리고 어떻게 잘못된 일이 그토록 많이 일어났는지 정확하게 알아보는 일부터 시작해 보자.

1부

우울한 장

우리 몸속 기후변화

당신은 아마 여러 면에서 부모님과 조부모님을 닮았을 것이다. 어쩌면 어머니의 곱슬머리나 할아버지의 고수 혐오증을 물려받았을지도 모른다. 하지만 머리카락 특징과 맛 선호도를 결정하는 유전자와 다르게 당신의 장 속 마이크로바이옴은 조상에게서 물려받지 않았다. 당신의 마이크로바이옴은 부모나 조부모의 마이크로바이옴과도 확연히 다르고, 거의 알아볼 수 없을 만큼 변했다.

21세기를 살아가는 우리는 골치 아픈 기후변화의 목격자다. 해양 산성화, 산호초 파괴, 북극 빙하 감소, 극심한 가뭄, 산불, 홍수는 모두 인간의 영향을 받은 지구 환경이 변화하는 당연한 풍경의 일부다.

인간이 해양과 북극 빙하에 영향을 미친다면, 우리 자신의 9m짜리 위장관 속 생태계에도 파괴적인 변화를 일으킬 수 있지 않을까? 물론이다. 비슷한 환경 재해가 우리 입부터 그 아래까지 일어났다. 비록 허리케인은 발생하지 않았지만, 인간의 활동은 몸속 미생물 환경을 놀라울 정도로 바꿔 놓았다. 미생물의 거주지가 변했고, 그것들의 해로운 부산물이 몸속 생태계를 오염시키기도 한다. 재난을 피해 대피할 정도는 아니지만, 위장관 속 상황은 꽤나 심각하다.

현대인의 마이크로바이옴은 남아메리카와 아프리카에서 고립된 채 수렵채집인의 생활을 영위하는 부족의 마이크로바이옴과 유사한 점이 거의 없다. 인류가 수백만 년 전에 영위했던 삶을 그대로 지키고 있는 극소수의 원주민들은 항생제를 비롯한 현대 마이크로바이옴 붕괴 요인에 노출되지 않았다. 원주민들은 우리가 잃어버린 미생물 종을 가지고 있지만, 우리 현대인은 원주민에게는 없는 미생물 종을 획득했다. 알려진 대로 원시적인 마이크로바이옴을 가진 수렵채집인은 사실상 위궤양stomach ulcer, 위산 역류acid reflux, 치핵hemorrhoid, 변비, 과민 대장증후군, 곁주머닛병diverticular disease, 결장암과 같은 건강 문제가 없다. 인류학자들은 현대인을 자주 괴롭히는 이 질병들을 '문명의 질병'이라고 부른다.

수천 세대가 지나면서 미생물은 숙주인 인간과 공존하도록 진화했고, 이 관계는 너무나 가깝고 내밀해서 늪도, 바위 아래도, 쓰레기 더미도, 지구 그 어느 곳도 아닌 인간의 위장관에서만 서식하는 세균 종도 있을 정도다. 미생물은 인간의 생명과 균형을 이루며 인간 몸속에 거주해 왔다.

그러나 지난 수십 년 동안 이 고요한 공존은 중대한 위기를 겪었다. 미생물학자들이 '마이크로바이옴의 소멸'이라고 부르는 현상이 일어나 오래된 미생물 종은 사라지고 새로운 미생물이 그 자리를 채웠고, 이제는 감염을 일으키는 미생물들이 수많은 이들의 마이크로바이옴을 지배하고 있다. 충격적일 징도로 많은 사람의 위장관 전체, 즉 입구부터 출구까지 미생물이 서식하면서 사실상 9m에 걸쳐 감염이 일어나 염증반응이 격렬해지고 있다는 말이다. 당신은 어쩌면 이런 이유로 끈질기고 짜증스러운 습진성 발진이나 우울증을 겪었을지도 모른다. 이때는 의사가 처방해 주는 항우울증약이 무엇이든 효과가 없다. 근본 원인은 당신의 위장관 전체에 퍼져 살아가며 번식하고 있다.

우리는 지난 수백만 년간 인간의 삶을 정의했던 거칠고 위험한 쟁탈전에서 멀어진 채 현대 문명의 이기를 누리고 있다. 직접 사냥한 동물의 가죽을 입고 신는 대신 어딘지 모를 먼 곳의 공장에서 제조한 옷과 신발을 산다. 고기는 미리 도축되어 있고, 채소는 풀과 나무에서 수확하거나 땅에서 캐내는 대신 포장된 제품을 사거나 샐러드 바에서 먹는다. 도축과 채굴에서 멀어진 인간은 깨끗하고 위생적이지만 항생제와 산업용 화학물질이 가득한 지금의 세계를 창조했다.

편의성이 중요해지고 식품 상업화가 대규모로 일어나면서 우리 손톱 밑에 끼어 있던 피와 흙이 사라지자 심각한 유행병이 소리 없이 퍼져 나갔다. 많은 사람이 제왕절개 수술로 태어나 조제분유를 먹고 자라며, 이는 이후 식품 알레르기, 비만, 곁주머닛병으로 이어진다. 요로감염urinary tract infection이나 폐렴pneumonia에 걸리면 항생제를 먹고 이겨 내지만, 몇 달 혹은 몇 년 후 궤양성결장염이나 강박행동이 대신 나타난다. 저장 기간을 늘리려고 식품을 냉장고에 넣지만, 이는 발효식품에 자연스럽게 나타나는 풍부한 미생물의 성장을 억제할 뿐이다. 그 결과 자가면역성 갑상샘 질병과 장미증rosacea이 우리를 찾아온다.

미국 질병통제예방센터의 위장관 질병 조사에 따르면 궤양성결장염은 지난 몇 년 동안 놀라울 정도로 증가했다. 1999년에서 2015년까지 50%나 늘었을 정도다. 결장암은 한때 노인 질병이었지만 이제는

30~50대 발병률이 급격하게 늘어나고 있다. 이런 현상은 인간 건강에 놀라운 변화가 일어나고 있음을 알리는 탄광 속 카나리아이자, 마이크로바이옴의 변화가 초래한 현상이다.

의사들은 대체로 이런 유행병에 주의를 기울이지 않으므로 계속해서 기존 치료법인 통증 치료, 항염증제, 항우울제, 스타틴 같은 콜레스테롤 합성 저해제, 식품 회피 전략 등으로 겉으로 드러난 장내세균 불균형의 증상만 치료한다. 뒤늦게 대장내시경 같은 검사로 징후를 찾아볼 테지만 근본적인 상황을 인지하거나 고치지 못한다. 장내세균 불균형을 관리하지 못하면 궤양성결장염과 결장암 같은 질병이 걷잡을 수 없어질 뿐 아니라, 또 다른 장기 질환들이 나타나게 된다.

소장에 스포트라이트를 비춰라

현대인 대부분이 겪는 마이크로바이옴 붕괴는 주로 결장에만 나타난다. 결장은 소화되지 않은 음식 잔여물과 미생물을 몸 밖으로 내보내기 전에 작별 인사를 건네는 종착지다. 그러나 상태가 더 심각한 사람들도 적지 않다. 해로운 세균이 결장의 지배종이 되면 이것들은 곧 시선을 위쪽으로 돌려 소장을 식민지로 만들며, 그 결과 7m가량의 소장, 즉 회상부터 공장, 십이지장, 덧붙여 위까지 일부 혹은 전체를 점령한다. 소장 전체가 점령당하면 9m에 달하는 위장관이 해로운 미생물로 뒤덮일 수 있다. 당신이 짐작하듯 이런 대규모 침략은 건강에 심각한 영향을 미친다. 장내 염증반응이 늘어나고, 병원성미생물이 수없이 증식하면서 장 속에서 살고 죽으며, 죽은 미생물 잔여물에서 해로운 부산물이 만들어져 위장의 부담을 늘린다.

소장은 보건의료에서 일종의 사각지대인데, 가장 큰 이유는 접근하기 어렵기 때문이다. 위장병전문의는 상부위장관 내시경으로 식도, 위, 십이지장까지 관찰할 수 있지만 더 아래쪽은 볼 수 없다. 장이 너무 구불구불하고 내시경 길이도 보통 1.2m로 제한되므로 소장에 닿지 않는다. 마찬가지로 1.8m 길이의 대장내시경은 1.5m 길이의 결장을 지나 결장의 시작 부분이자 끝이 막힌 작은 주머니인 맹장까지 볼 수 있지만, 거기까지다. 즉 십이지장과 맹장 사이에 있으며, 자동차보다 더 긴 6m가량의 소장은 볼 수 없다는 뜻이다. 십이지장으로부터 3.6m 아래에 있고, 맹장으로부터 3.6m 위에 있어서 내시경으로는 절대 접근할 수 없는 소장의 2mm짜리 혈관 출혈 지점을 정확히 찾아내야 할 때마다 의료계는 난처함을 겪어 왔다.

수년간 장내세균 불균형은 결장에서만 일어나는 현상으로 여겨졌다. 장내미생물 균총bowel flora 구성은 대개 결장 마이크로바이옴에 따라 구성 성분이 크게 좌우되는 분변검사로 판별한다. 그러나 소장이 미생물의 대규모 감염지이자 마이크로바이옴의 중요 구성원이라는 사실이 밝혀지고 있다. 장내세균 불균형을 일으키는 미생물이 결장에서 소장으로 이동하면 소장세균 과증식과 소장진균 과증식, 즉 부적절한 미생물 종과 진균 종이 증식해서 소장까지 거슬러 올라오는 심각한 상황이 된다.

소장세균 과증식은 80년 전에 발견되었으나 수술 중 제거한 소장이나 부검을 통해서만 확인할 수 있었기에, 생명을 위협할 정도의 심각한 장 질병에 걸린 환자에게만 나타나는 비정상적인 상태로 여겨졌다. 그러다 분변검사와 내시경의 한계를 극복한 호흡검사법(2부에서 상세히 다룬다)이 등장한 후 소장세균 과증식을 쉽게 확인할 수 있게 되었다. 호흡검사법은 로스앤젤레스 시더스사이나이병원의 소장세균 과증식 전문가이자 본래 위장관 속 미생물의 위치를 연구하던 마크 피먼텔 박사 등의 학자들이 인정한 기술이다. 지난 10~15년 동안 우리는 호흡검사를 통해 소장세균 과증식에 관한 인식을 바꾸었고, 지금은 소장세균 과증식이 이전의 예상보다 훨씬 더 널리 퍼져 있다는 사실이 명확해졌다.

이 책에서 나는 소장세균 과증식이 매우 널리 퍼져 있으며, 유행처럼 번진 2형당뇨병이나 당뇨병 전단계보다 환자 수가 훨씬 많음을 밝힌다. 의사들의 눈앞에서 일어나고 있는 현상이지만 아직은 주요 뉴스로 다뤄지지 않으며 병원, 진료 현장의 치료 프로그램에서 주목받지 못한다는 사실도 덧붙였다. 나는 소장세균 과증식이 매우 널리 퍼졌으며 현재는 지역, 성별, 수입, 나이에 상관없이 모든 사회계층에 존재한다고 본다. 신발을 신거나 양치질을 하며 살아가는 평범한 당신에게도 이 문제가 있을 가능성이 매우 크다. 그것은 이미 당신의 건강을 해치고, 일상 기능을 억제하며, 즐거운 기분을 방해하고 있다.

소장세균 과증식은 깜짝 놀랄 만큼 다양한 방식으로 분명하게 나타난다. 소장세균 과증식과 그보다는 드문 소장진균 과증식은 섬유근육통fibromyalgia, 과민대장증후군의 배변 급박감, 수면을 방해하는 하지 불안증후군restless leg syndrome [1] 담석, 식품 알레르기와 음식 과민증food intolerance, 피부발진, 사회적 고립감, 증오, 불안, 우울감 같은 정서 등 다양한 질환과 사회적 상태로 나타날 수 있다. 미생물군의 교란은 2형당뇨병, 비만, 발작 질환 심장질환과 자가면역질환을 악화할 수 있고, 불안, 습진, 불면증, 변비, 월경통 등의 일상 건강상태로 나타나기도 한다. 어린 소녀들에게서 나타나는 자폐증과 조기 초경이 미생물 불균형 때문이라는 증거가 점점 쌓이고 있다. 이를 알아차린다면, 당신은 모든 사람의 건강 문제를 '널리 퍼진 미생물군의 교란'이라는 관점에서 봐야 할 필요성을 이해할 것이다.

수술로 제거한 소장세균 과증식 상태의 소장을 검사한 결과, 해로운 세균 종이 지나치게 많아 장 내벽에 염증을 일으키며 궤양(장 점막이 없어지거나 함몰되는 것)을 발생시켰고, 머리카락처럼 가느다란 융모가 영양분을 흡수하는 것을 막았으며, 소화과정을 방해해 설사를 일으키고 양분 흡수를 억제했다. 특히나 지방과 단백질 소화를 주로 억제하는데, 이는 소장세균 과증식이 있음을 알리는 '숨길 수 없는 신호'를 만들어 낸다. 예컨대 일을 본 후 변기에 기름방울이 나와 있다면 해로운 미생물군이 소장에서 지방 소화과정을 억제했다는 뜻이다.

장례식을 치르거나 무덤에 묘비를 세우지 않지만, 사람처럼 세균과 진균도 살고 죽는다. 세균과 진균의 생애는 인간의 수십 년과 달리

---

1   잠들기 전 다리에 불편한 감각이 느껴지면서 수면을 방해하는 질병

겨우 몇 시간에서 며칠에 불과해서 번개처럼 빠른 회전율을 보여 준다. 인간의 위장관 속에서 수많은 미생물의 삶과 죽음이 교차하는데, 그럼 죽은 미생물들의 부산물은 어떻게 될까? 정리할 유언장이나 유산이 없는 수조 마리의 미생물 부산물의 일부는 다른 미생물이 재활용하거나 우리 인간이 대사 작용으로 처리하고, 나머지는 화장실에서 몸 밖으로 빠져나간다. 그러나 장내세균 불균형이 일어나면 부산물 일부가 혈액으로 침투해 몸의 다른 부분으로 '수출'된다. 2007년에 프랑스 연구 팀이 이 중요한 현상을 보고했다. 연구 팀은 독성을 띤 세균 분해물질의 홍수를 '대사성 내독소혈증metabolic endotoxemia'이라고 정의했고, 이 현상이 수많은 현대인의 건강 문제, 특히 염증이 원인인 2형당뇨병, 심장질환, 신경퇴행성질환의 기저에 자리한다는 사실을 발견했다. 내독소혈증의 주요 요인은 지질다당류lipopolysaccharide, LPS로, 결장과 대변에서 흔하게 발견되는 대장균이나 클렙시엘라Klebsiella 같은 미생물의 세포벽 구성 성분이다. 이런 미생물이 죽으면 세포벽 구성 성분인 LPS가 풀려나는데, 장 내벽이 병원성균 종으로 인해 손상된 상태라면 LPS는 이 장 내벽의 틈새로 빠져나가 혈액으로 침투한다. 내독소혈증의 결과는 9m 길이의 위장관 전체가 해로운 미생물로 가득 차 있다면 특히나 강력하다.

위장관에 연결된 혈관은 간으로 이어지는 문맥순환으로 흘러 나가므로 미생물 독소 홍수가 처음으로 들이닥치는 곳은 간이다. 소장세균 과증식이 있으면 위장관 외부에서 순환하는 혈액의 LPS 농도가 정상인보다 열 배 이상 높다. 간을 통과한 미생물 독소는 체순환을 통해 몸속 여러 기관으로 흘러간다. 이런 방법으로 위장관에 거주하는 수조 마리의 세균과 진균은 몸속의 여러 다른 기관에 영향을 미친다. 위장관 내의 미생물 증식으로 인해 지방간의 염증반응, 피부의 장미증, 치매의 점진적인 인지력 퇴행, 다리가 끊임없이 움직이는 하지불안증후군 등 미생물의 서식지와 멀리 떨어진 곳에 질병이 생기는 이유다. 현대 의학은 비정상적인 심장박동의 근원을 기계적으로 제거하고, 섬유근육통이 일으키는 근육과 관절의 통증을 줄이는 데 유용하다. 하지만 이런 증상을 일으키거나 악화하는 미생물 증식과 내독소혈증을 해결하는 데는 실패했다.

이 상황을 단순히 '소장세균 과증식'과 '소장진균 과증식'이라 규정하는 것은 이들이 불러오는 건강 손상을 저평가하는 일이다. 소장을 넘어선 넓은 범위에 영향을 미치므로 '소장세균 과증식'보다는 '세균 과증식'이라고 불러야 옳다. 세균 과증식만큼 흔하지는 않지만 진균 과증식도 진균 종의 증식과 확장을 일으키며, 세균 과증식처럼 그 영향력이 소장 너머에까지 미친다.

나를 포함한 많은 사람이 예전에는 소장세균 과증식과 소장진균 과증식이 흔하기는커녕 희귀하다며 무시했다. 그러나 이제는 아마존 웹사이트에서 화장지나 베이킹 믹스를 주문하는 일만큼이나 일상적이라는 사실이 받아들여지고 있다. 분변검사의 접근성이 높아지고, 소비자가 미생물 과증식을 직접 판별할 수 있는 다양한 검사 도구가 널리 보급되면서 과학적인 증거가 쌓인 덕분이다. 소장세균 과증식이나 소장진균 과증식이라는 단어를 들어 본 미국인은 거의 없지만, 수천만 명의 미국인이 이 현상에 영향을 받는다. 과민대장증후군을 진단받은 3,500만 명의 미국인 중 35~84%가 소장세균 과증식을 겪고 있으며, 과민대장증후군이 없어 가슴을 쓸어내리고 있을 미국인 중에서도 비슷한 수가 소장세균 과증식과 그로 인한 배변 급박감과 복부 팽만감을 남몰래 겪고 있다는 사실이 알려졌다. 섬유근육통을 앓는 1,200만 명의 미국인 100%가 소장세균 과증식을 겪고 있으며, 하지불안증후군, 지방간, 곁주머닛병, 다양한 음식 과민증, 담석, 자가면역질환, 신경퇴행성질환, 2형당뇨병을 앓는 대부분 사람도 소장세균 과증식이 있다. 비만이나 과체중인 1억 5,000만 명의 미국 성인 중 50%도 마찬가지다. 더불어 소장세균 과증식을 앓는 사람의 3분의 1은 소장진균 과증식도 앓고 있다. 프랑켄슈타인처럼 일대의 사람들을 위협하거나 약탈하지는 않지만, 현대의 삶이 창조해 낸 이 괴물은 당신의 위장관 9m에 살고 있다.

총계를 내 보면, 소장세균 과증식을 앓는 사람의 수는 2형당뇨병과 당뇨병 전단계의 유행에 휩쓸린 수억 명 이상의 미국인과 그 수가 비슷하거나 오히려 더 많다는 사실을 깨닫게 될 것이다. 논평가들은 늘 그렇듯이 이 수치에 이의를 제기하겠지만 여러 증거가 세균과 진균의 과증식과 이에 따른 연관 증상이 일반화되었다는 점을 뒷받침해 준다. 정상적이며 건강한 장내미생물 균총을 가진 이가 오히려 예외적이다.

이는 전례 없는 규모의 보건 문제다. 주위를 돌아보면 소장세균 과증식을 앓는 사람이 최소한 한 사람은 있을 것이다. 인간의 생리현상과 미생물의 협력관계에 들이닥치는 해일 같은 변화의 위력은 아무리 과장해도 지나치지 않다.

소장세균 과증식이나 소장진균 과증식을 앓지 않더라도 많은 사람이 최소한 장내세균 불균형을 겪고 있으리라 장담한다. 결장에 거주하는 세균, 혹은 진균 종에 나타나는 상당한 수준의 교란은 당신의 배변 습관이 규칙적이든 잡지를 한 아름 들고 가든 상관없이 건강에 영향을 미친다.

최악의 상황이라면 미생물 분해로 생긴 해로운 산물뿐만 아니라 미생물 자체도 원래는 존재하지 않아야 할 기관(동맥, 가슴, 전립선, 심지어 인간의 뇌)에 무단침입할 수 있다. 어떤 기관이든 들여다보면 그 기관에 살면서 건강에 특이한 효과를 미치는 세균을 발견할 수 있다. 예컨대 담관이나 담낭 같은 기관에 서식하는 세균은 담석을 형성하는 데 일조한다. 본래 결장과 대변에 있어야 할 대장균이나 슈도모나스 *Pseudomonas*, 장내구균*Enterococcus* 같은 종이 예상치 못한 곳에서 발견되는 경우가 많다.

세균과 마찬가지로 칸디다 알비칸스*Candida albicans*, 칸디다 글라브라타*Candida glabrata*, 말라세지아*Malassezia* 같은 진균도 위장관 전체를 거슬러 올라가 해로운 분해산물을 몸의 여러 부분에 퍼트릴 수 있다. 진균이 위장관에서 탈출해서 몸의 다른 부분에 서식하는 경우도 있다. 이런 이유로 장내진균 과증식을 겪는 사람은 보통 겨드랑이, 목, 식도, 질, 서혜부, 뇌에도 진균감염이 일어난다. 세균 과증식만큼 깊이 연구되지는 않았지만, 진균 과증식 역시 건강에 미치는 영향이 생각보다 크다는 점이 증명되고 있다. 알츠하이머성 치매로 사망한 사람의 뇌 조직에 진균이 득실거린다는 최근의 보고는 매우 우려스러운 일이다.

기존의 상식에 따르면, 증식을 억제하지 못한 하나의 세균 또는 진균 종이 고름이 가득 찬 농양을 만들고 지배하려는 목표 기관을 손상하는 것을 감염이라 한다. 소장세균 과증식은 감염과는 다르며 오히려 '체내 침략'이라고 불러야 마땅하다. 찬장 속을 기어 다니는 개미처럼 전체를 장악하지 않은 채 그저 거주할 뿐이며, 당신과 가족을 집에서 내쫓지는 않지만 쟁여 놓은 오레오 과자를 갉아먹는 성가신 골칫거리다. 이는 단순한 미생물 과잉 문제가 아니다. 이제 세균 및 진균과의 교전 규칙을 바꿔야 한다.

장내세균 불균형 그리고 소장세균 과증식과 소장진균 과증식은 의사에게 진단받을 수 없고 소셜미디어에서 충격적인 화제가 되진 않겠지만 우리의 건강에 엄청난 영향력을 행사한다. 놀라울 정도로 심각한 상황에 처해 있는 우리는 비싼 프로바이오틱스나 김치를 먹는 것만으로 문제를 해결할 수 없다. 몸속 환경의 재앙이 어떻게 출현했는지 이해하려면 모든 사람의 삶의 시작, 즉 어머니에게서 출발해야 한다.

어머니만이 줄 수 있는 마이크로바이옴

어머니로부터 우리 삶의 위대한 미생물 모험이 출발한다. 처음에는 산도를 통과하면서, 그 후에는 모유수유와 신체 접촉을 통해 신생아는 어머니에게서 마이크로바이옴을 전달받는다. 즉 아기 몸에 미생물을 이주시키는, 어머니와 아기의 친밀하고도 놀라운 유대는 출산과 신생아 시기에 시작된다.

그러나 현대에 들어오면서 이 유대관계가 무너졌다. 어린이들의 장내미생물 균형이 무너진 주요 요인의 하나로는 유감스럽게도 모성의 상업화를 들 수 있다. 여기서 '상업화'란 아이를 낳는 자연스러운 과정에 침투한 이윤 추구를 뜻한다. 의료사고 소송이 두려운 데다가 수임료가 더 높은 제왕절개 수술을 선호하는 산과 전문의 때문에, 모유수유 대신 조제분유를 광고하는 공격적인 마케팅 때문에 어머니의 마이크로바이옴이 아기에게 전달되는 정상적인 경로가 단절된다. 물론 제왕절개 같은 시술이 필요한 때와 장소가 있다는 데는 의문의 여지가 없지만, 경제적 이해타산이 저울을 한쪽으로 기울게 하면서 아이들은 출발할 때부터 약점을 갖게 된다.

제왕절개로 태어난 아기의 32%와 모유수유를 하지 않은 아기의 17%는 어머니의 풍부한 미생물군을 공유하는 혜택을 받지 못한 채 삶을 시작한다. 제왕절개로 태어난 아기 세 명 중 한 명은 질을 통해 자연분만한 아이와 다른 마이크로바이옴을 가지고 삶을 시작한다. 이 아기는 병원에 서식하는 미생물군이 포함된 세균 종을 얻기에, 장내 세균 중 바람직하지 않은 세균 종이 이 아기들의 마이크로바이옴을 지배한다. 장내세균은 결장 속 대변에 있으며 세균 과증식으로 인해 나타나는 특징적인 종이다. 이 같은 차이는 태어난 후 수년 동안 지속된다. 그러나 질을 통한 출산도 아기에게 건강한 장내미생물 균총을 전달하리라고 보장하지는 않는다. 아기를 낳는 어머니도 우리와 똑같이 마이크로바이옴 붕괴로 고통받고 있어서 균형 잡힌 마이크로바이옴을 아기에게 전해 줄 수 없기 때문이다. 설상가상으로 첫아이를 낳는 어머니들은 출산할 때 외음부 절개로 인한 감염과 신생아의 연쇄상구균 감염을 예방하기 위해 항생제를 먹기도 한다. 또한 모유수유를 하지 않은 아기는 모유에서 얻을 수 있는 세균 종과 항체, 영양분을 얻지 못하고 어머니의 피부와 식품, 환경을 통해서만 미생물을 얻으므로, 획득하는 미생물의 종류가 달라진다. 미숙아는 어머니와 떨어진 채 집중치료실에서 장기간 항생제를 투여받기도 하므로 가장 극단적으로 마이크로바이옴이 붕괴한다.

만약 수많은 현대인처럼 가임기 여성이 당이 많은 음료나 '다이어트' 탄산음료를 마신다면, 월경통을 완화하려 비스테로이드항염증제 nonsteroidal anti-inflammatory drugs, NSAIDs를 먹는다면, 피임을 위해 피임약을 먹거나 자궁 내 피임 기구를 이용했다면, 곡물에 있는 제초제인 글리포세이트glyphosate에 노출되었다면, 즉 간단히 말해 가임기 여성이 괴물로 변한 마이크로바이옴을 가지고 있다면 어떨까? 자궁 내 아기의 성장이 지연되고 조산할 가능성이 있다. (임신부의 마이크로바이옴 교란은 조산 촉진과 상당히 연관성이 높다.) 궤양성결장염이나 크론병, 그 외 다른 질병을 앓는 어머니는 질병이 없는 어머니와는 다른 마이크로바이옴을 아기에게 전해 준다. 변형된 마이크로바이옴은 출산 이후 신생아 시기 동안 오래 지속된다. 어머니의 마이크로바이옴이 아기에게 미치는 강력한 영향력을 생각해 보면, 어머니의 치은염gingivitis, 그러니까 자궁과 태아에서 멀리 떨어져 있는 입속의 잇몸 질환조차 조산과 저체중아 출산의 위험을 높일 수 있다.

이번에는 건강한 어머니의 질을 통해 태어난 뒤 첫 2년 동안 모유 수유한 아기를 상상해 보자. (이때 첫 6개월은 모유만, 이후 두 살까지는 모유와 조제분유를 섞어서 수유하며, 세계보건기구에서 추천한 대로 약간의 고형 음식도 포함한다.) 이 아기는 항생제를 비롯한 다른 처방 약을 먹지 않으며, 글리포세이트와 제초제, 살충제 잔류물이 없는 건강한 식품을 먹고, 흙, 반려동물, 다른 어린이 등 다양한 환경 요소와 접촉하면서 자란다. 이 아기는 미생물군의 건강한 균형을 무너뜨리는 요인을 최소화하고, 건강한 미생물군을 촉진하는 요인을 장려하면서 건강하고 유용한 마이크로바이옴을 발달시킨다. 이 아기의 장내미생물 균총을 분석하면 건강한 미생물 종이 결장에서 발견되고, 회장과 십이지장으로 올라갈수록 세균과 진균의 수는 급격하게 줄어들 것이다. 이 아기의 마이크로바이옴에는 락토바실루스Lactobacillus, 비피도박테리움Bifidobacterium, 아커만시아Akkermansia 종처럼 건강에 유익한 종이 풍부하고, 병원이나 대변에서 발견되는 병원성 종은 소수일 것이다. 규칙적으로 배변하고 피부발진이나 알레르기는 없으며, 음식 과민증으로 고통받지 않고 정신·정서·신체가 정상적으로 발달할 것이다. 아기는 궁극적으로 상당히 건강할 것이고, 유익한 장내미생물 균총은 아기가 장수하는 건강한 삶을 살도록 도울 것이다. 불행하게도 이처럼 이론적으로 건강한 아기는 현대사회에서 점차 예외적인 존재가 되어 가고 있다.

이와 정반대 쪽에는 제왕절개로 태어난 아기가 있다. 태어난 지 몇 주 되지 않아 서둘러 조제분유를 먹고, 영유아 시기에 항생제를 여러 번 맞으며, 과일주스, 동물 모양 크래커, 패스트푸드점의 프렌치프라이 같은 상업 식품을 먹고 자란다. 시간이 지나면 이 아이는 일반적인 음식에 과민증을 일으키며, 천식^{asthma}, 피부발진, 간헐적 설사, 행동 및 학습 장애를 나타낼 것이다. 이 아기의 장내미생물 균총을 검사하면 황색포도상구균$^{Staphylococcus\ aureus}$, 시트로박터^{Citrobacter}, 클렙시엘라, 살모넬라^{Salmonella} 같은 균이 결장뿐만 아니라 위장관 전체에 퍼져 있다는 결과가 나올 것이다. 소아과의사는 흡입기, 스테로이드 연고, 배변 활동을 경직시키는 약과 더불어 주의력결핍 과다활동장애 약도 처방할 것이다. 아이의 건강을 위한 전투는 10대 내내 치러지다가 청년기에 과민대장증후군, 편두통, 여드름, 습진을 진단받을 때까지 계속되고, 여기에 체중증가와 당뇨병 전단계, 지방간을 막기 위한 사투가 이어진다. 슬프지만, 나는 이 상황이 당신에게 익숙하리라고 장담한다.

마이크로바이옴의 붕괴와 다양한 어린이 질병의 연관성에 관한 공식 연구가 장내미생물 균총의 복잡하게 얽힌 변화를 밝혔다. 예를 들어 붕괴한 마이크로바이옴은 천식을 앓는 어린이의 기도와 장 양쪽에서 발견되었고, 1형당뇨병이 나타날 위험이 큰 어린이와 성장이 지연되는 어린이의 장에서도 나타났다. 태어난 후 첫 두 해 동안 설사하는 아기는 자라면서 인지발달과 성장이 지연되었다.

미생물학자에게나 관심을 끌 장내세균의 이론적인 변화가 아니다. 우리와 공존하는 미생물 파트너의 구성이 놀라우리만치 변한 것이다. 이는 태어나는 순간부터 인간의 건강에 깊은 영향을 미친다.

항생제는 어린이에게 가장 자주 처방되는 약이다. 그중 약 50%는 항생제가 효과 없는 바이러스성 상기도감염과 중이염에 불필요하게 처방된다고 추정된다. 소아과의사는 종종 효과가 제한적인 협범위항생제보다 폭넓은 세균 종을 제거하고 진균 증식을 촉진하는 광범위항생제를 처방한다. 항생제를 먹은 어린이는 과체중이 되기 쉽고, 알레르기와 자가면역질환에 걸리기 쉬우며, 감염 민감성이 높아진다. 광범위하고 지속적인 효과를 나타내는 항생제를 단 한 번도 맞지 않은 채 어린이가 성인이 되는 일은 거의 드물다.

대부분 사람은 영유아 때부터 미생물군 형성이 순조롭지 않으며, 이 불행한 상황은 성인이 될 때까지 이어진다. 세대에 걸쳐 내려온 약점에 더해 영유아, 어린이, 10대를 지나며 마이크로바이옴이 붕괴한 결과가 누적되는 것이다. 올해만 해도 성인 두세 명 중 한 명은 항생제를 처방받았을 것이다. 그러나 성인은 자기 몸속 미생물군을 붕괴시키는 항생제를 먹는 일보다 더한 일도 한다. 바로 위산 억제제를 먹는 것이다. 위산은 결장에서 올라오는 미생물과 식도를 내려가는 미생물을 막는 천연 방어벽 역할을 한다. 따라서 위산 억제제는 위장관 전체를 세균의 식민지로 만드는 무대를 마련한다. 수백만 명이 관절염 통증, 월경통, 편두통, 그 외 다양한 이유로 이부프로펜, 나프록센 같은 비스테로이드항염증제를 먹는다. 그러면 증상은 없지만 소장이 손상되며, 결장에 있는 세균 종이 위장관 상부로 올라온다. 미국인 수백만 명이 설탕이 많은 탄산음료와 과자를 즐기는 식습관을 가지고 있는데, 이 역시 소장을 원래대로라면 있어서는 안 될 세균 종의 식민지로 만드는 행동이다. 유전자변형 옥수수와 콩에 뿌리는 제초제이자 강력한 항생물질인 글리포세이트가 그러듯이, 식품에 남아 있는 제초제와 살충제 잔여물이 마이크로바이옴을 바꾼다는 증거는 넘쳐 난다. 나아가 오존의 지상 농도 증가, 태양빛에 노출된 자동차 배기가스 등도 장내미생물 균총 구성을 변형시키는 것으로 나타났다. 전 세계적인 기후변화와 인간 마이크로바이옴의 충격적인 교차 지점인 셈이다.

앞서 설명했듯이, 미생물의 삶과 죽음에서 나오는 해로운 부산물이 위장관 외부로 새어 나가는 현상을 내독소혈증이라고 한다. 내독소혈증은 발끝부터 뇌까지, 멀리 떨어진 몸의 여러 부분에 염증반응과 질병을 촉진한다. 그 결과 얼굴 피부발진(장미증), 섬유근육통과 근골격통, 태아의 조산이 일어난다. 당신은 이제 장미증에 처방되는 국소 항염증제, 섬유근육통에 처방해 통증 경로를 억제하는 경구 항염증제, 세로토닌 농도를 높이는 우울증 약이 세균과 세균이 생산하는 해로운 대사 부산물이라는 근본 원인을 해결하지 않으며, 오히려 상황을 악화한다는 사실을 깨닫기 시작했을 것이다. 물론 처방전 약이 일시적으로 섬유근육통을 완화하고, 저포드맵 low FODMAPs 식단이 과민대장증후군이 일으키는 복부팽만과 설사를 줄일 수도 있다. (포드맵은 미생물이 대사 작용에 관여하는 섬유소와 당을 가리키며, 2부에서 자세히 다룬다.) 그러나 우리의 장을 비롯한 여러 기관은 여전히 세균 과증식의 다양한 결과에 노출된 채로 남을 것이다.

아직 늦지 않았다

현대 생활방식은 우리의 몸속에 해로운 미생물이 증식하도록 거든다. 탄소발자국을 줄여도, 높아지는 해수면에 대응하는 제방을 세워도 득 될 것이 없다면, 미생물의 증식과 침입이라는 물결을 막기 위해 어떻게 할 것인가? 다행히 할 수 있는 일은 많다.

세균·진균 과증식 및 내독소혈증의 결과와, 이 과정을 진압하고 무단 점유 중인 미생물을 환영받지 않는 곳에서 어떻게 쫓아낼지를 차차 논하려 한다. 마이크로바이옴에 진실로 유익한 세균 종을 경작하는 요령을 알려 주고, 당신이 특별하고 가끔은 극적이기까지 한 건강 효과를 누리도록 하겠다. 그렇다, 몸속 생태계를 가꾸면 상당히 훌륭한 변화를 이룰 수 있다.

그에 앞서, 다음 장에서는 세균 과증식이 어떻게 나타나는지 더 상세하게 살펴보자. 대장균에 오염된 패스트푸드 햄버거를 먹은 결과

와 세균·진균 증식이 불러오는 만성적이며 충격적인 영향을 구분할

수 있도록 말이다.

얼마나 잘 만들었든 간에 모유의 장점을 따라올 합성 조제분유는 없다. 모유의 성분은 수백만 년 동안 인간이 진화하면서 완성한 결과다. 모유는 항체, 프리바이오틱스 섬유소prebiotic fiber, 올리고당oligosaccharide, 프로바이오틱스 미생물, 인지질, 박테리오신bacteriocin(미생물이 생산한 천연 항생제)을 함유해 해로운 세균의 증식을 억제하고 아기의 건강과 성장에 중요한 요소를 공급한다. 시장에서 파는 그 어떤 조제분유도 어머니의 모유 구성 성분을 재창조하는 수준에 이를 수 없다. 5만 년 전, 10만 년 전, 100만 년 전의 아기 중 태어나자마자 조제분유를 먹은 아기는 없다. 그들은 오직 모유만 먹었다.

조제분유 업체들이 유기농 재료와 프리바이오틱스 섬유소를 첨가하고, 자가면역질환 가능성을 낮추기 위해 A2 카세인A2 casein(인간 카세인 단백질과 구조가 비슷하다) 분유로 바꾸는 등 분유의 품질을 개선하려 노력했다는 것은 확실하다. 그러나 모유를 따라잡는 과정에서 무지방우유를 사용하는 어리석은 실수가 있었고(인간의 모유는 전지 우유와 비슷하게 지방을 4~5% 함유한다), 유전자변형 재료를 넣으면서 아기의 마이크로바이옴이 붕괴하는 등 문제가 생겼다.

조제분유를 개선하기 전, 조제분유 업계는 스캔들로 얼룩졌다. 예컨대 네슬레는 아프리카 여성들에게 모유보다 조제분유가 더 뛰어나다고 광고해 판매고를 올렸다. 현대사회에 편입하려는 열망이 가득한 가여운 여인들은 조제분유를 적극적으로 사들였고, 이에 따라 수백만 명의 어린이가 영양실조로 죽음에 이르렀다. (대개는 어머니들이 가격 부담을 낮추려 조제분유를 묽게 타 먹였기 때문이었다.) 미국에서는 조제분유 업체가 의사와 병원에 재정적 특전을 제공하는 대신 퇴원하는 초보 엄마들에게 조제분유 샘플을 나누어 주게 했다. 이 때문에 생후 첫 2개월 동안 신생아들의 감염 비율이 16배나 높아졌다고 《뉴욕타임스》는 보도했다.

아기에게 모유를 먹이지 않았을 때 실제로 나타나는 결과도 밝혀졌다. 모유수유한 아기의 마이크로바이옴에는 프로바이오틱스인 락토바실루스와 비피도박테리움 종의 비율이 매우 높았고, 조제분유를 먹은 아기의 마이크로바이옴은 보통 결장에 서식하며 세균 과증식의 특징적인 종인 장내구균과 장내세균이 지배종이었다. 미국 보건복지부 여성보건국에서 의뢰한 분석 결과에 따르면 생후 최소 첫 3개월 동안 모유수유한 아기는 아토피피부염에 걸릴 확률이 42%, 천식을 앓을 위험이 27~40% 낮았으며, 귀에 염증이 생길 확률도 50% 낮았다. 이후에도 비만이나 2형당뇨병에 걸릴 확률이 낮았고, 지능지수IQ는 더 높았다. 값을 매길 수 없는 어머니의 헌신으로 아기에게 전달되는 건강한 마이크로바이옴의 힘은 강력하다.

비피도박테리움 인펀티스*Bifidobacterium infantis*는 신생아의 장내 마이크로바이옴 지배종이기 때문에 신생아의 초기 건강에 특히 중요한 역할을 한다. 이 세균 종은 특이하게도 모유에 든 올리고당을 대사할 수 있다. (조제분유에는 들어 있지 않다.) 그러나 현대 신생아의 90%는 이 세균 종이 없다. 이 미생물을 프로바이오틱스로 먹이면 아기가 모유의 올리고당을 대사할 수 있으며, 동시에 해로운 분변 미생물의 수가 줄어든다는 증거가 있다. ('상쾌한 장 요리법'에서 비피도박테리움 인펀티스 요구르트를 만드는 방법을 설명한다.

그 많던 미생물은 어디로 갔을까?

지금 우리의 장내미생물 균총은 예전 같지 않다. 이제 현대 생활 방식 때문에 사람의 건강에서 중요한 기능을 하는 수많은 세균 종을 잃어버린 과정을 자세히 살펴보자. 몸속 대멸종이나 다름없는 사건이지만, 다행스럽게도 되돌릴 수 있다.

미생물을 잃어버린 현대인

한 세기 전, 심지어 로널드 레이건이 대통령이었던 최근까지도 인간의 위장관에 사는 미생물을 분석하는 방법은 없었다. 초기 분석법은 채집한 미생물을 페트리접시나 배양 배지에서 키우는 방식으로, 조잡하고 불완전했다. 혐기성균 종은 대기나 산소에 노출되면 죽으므로 이 투박한 방법으로는 배양할 수 없었는데, 사람의 마이크로바이옴은 산소 없이 살아가는 혐기성미생물로 가득하다. 열쇠 구멍을 통해 9m에 이르는 사람의 위장관을 보는 것이나 다름없는 방식이었다.

DNA 표지자를 인식하는 새로운 방법은 이전에는 확인할 수 없었던 혐기성미생물을 포함한 미생물 우주를 드러내 보였다. DNA 분석법은 생물 DNA에 있는 암호로 미생물을 식별하는데, 이 암호는 종과 균주마다 독특하며 산소의 유무에 영향받지 않는다. 이 방법으로 현대인과 현대의 붕괴 요인에 노출되지 않은 고대인의 마이크로바이옴을 상세하게 비교할 수도 있다. 분석 결과는 현대 마이크로바이옴이 과거의 마이크로바이옴과 확연히 다르다는 사실을 보여 준다. 놀라운 결과는 아니다. 그리 멀지 않은 증조부모님 세대만 생각해 봐도 비만, 2형당뇨병, 자가면역질환, 사회적 고립감은 지금보다 적었고, 글리포세이트와 다이어트 탄산음료, 흔한 공업 화학물질에 노출되는 경우도 드물었다.

뼈, 화석화된 분변, 치태에 남아 있는 고대 마이크로바이옴 분석 결과에 따르면, 수천 년 전에는 인간 안에 거주하는 미생물 종이 지금과는 매우 달랐다. 놀라운 점은 전 대륙에 걸친 고대문명의 마이크로바이옴 사이에 상당한 공통점이 드러났다는 사실이다. 열대 지역 동굴에서 발견한 표본과 북위도의 영구동토대 미라에서 수거한 분변의 마이크로바이옴은 상당히 유사하다. 가장 큰 차이를 드러낸 것은 고대 마이크로바이옴과 현대인의 마이크로바이옴이었다. 수렵채집사회에서 농경사회로 발달하면서 인간의 마이크로바이옴 구성은 식단의 변화를 수용하기 위해 변화했다. 섭취하는 식물의 다양성은 줄어들었고, 옥수수나 밀처럼 전분이 많은 곡물에 대한 의존도가 늘어났다. 이후 도시화, 항생제 노출, 곡물·설탕·가공식품의 확산으로 인해 마이크로바이옴 구성은 더 크게 변했다.

최근에는 항생제부터 아이스크림까지 수많은 요인이 인간의 몸에 거주하는 마이크로바이옴을 바꾸어 놓았다. 현대 마이크로바이옴과 비교적 최근인 1960년대의 세균 종을 비교해 보면, 그 어떤 조상보다도 21세기 현대인의 위장관 속에 서식하는 세균 종 수가 확연히 적음을 알 수 있다. 마이크로바이옴을 붕괴시키는 요인들은 세균 종의 다양성을 줄이고 규모도 감소시켰다. 거대한 고속도로에서 많은 종이 뺑소니로 인해 사라졌다. 현대인의 분변 표본에서 미생물을 분석하면 이제는 락토바실루스, 비피도박테리움을 비롯한 유익균은 극소수만 남아 있고, 대장균, 시겔라*Shigella*, 슈도모나스를 비롯한 분변 미생물이 위장관에서 지배종으로 자리 잡았음을 알게 된다. 그러나 현대 마이크로바이옴에서 사라진 종이 무엇인지는 알 수 없다. 정확하게 어떤 종이 사라졌는지를 알려 줄 출생 기록도, 유령도 없으므로, 우리는 현대 마이크로바이옴과 과거의 마이크로바이옴을 비교하는 데 의지할 수밖에 없다.

잃어버린 미생물을 찾아내는 일은 그 필요성이 의문스러울 뿐만 아니라 현재 존재하는 미생물을 분석하는 일보다 더 힘들기까지 하다. DNA 분석법은 여기에 빛을 비춘다. 최근 국제 연구 팀은 기념비적인 노력 끝에 이전에는 확인되지 않았던 세균 수천 종을 찾아냈다. 연구를 통해 이 귀중한 미생물 발굴물을 어떻게 활용할 수 있을지에 관한 흥미로운 사실이 많이 밝혀질 것이다. 유사한 연구 방법이 지구에 아직 남아 있는 수렵채집인의 마이크로바이옴과 유물로 남아 있는 고대 마이크로바이옴에 적용되고 있기에, 곧 우리는 잃어버렸던 수많은 종의 목록을 손에 쥘 것이다.

어떤 원주민들은 항생제나 처방전 약품, 현대 서구식 식습관에 노출되지 않은 채 여전히 수렵채집인으로 지구에 남아 있다. 이들의 장내 마이크로바이옴을 살펴보자. 이들은 뿌리와 덩이줄기를 캐내려 땅을 파고, 창을 던져 다음 식사거리를 사냥하며, 강물과 시냇물을 마시고, 차를 타지도 휴대전화로 통화하지도 않는다. 탄자니아의 하드자족, 페루의 마체스족, 브라질 열대우림의 야노마미족 같은 원주민의 장내미생물 균총과 현대인의 장내미생물 균총을 비교해 보면 마이크로바이옴 구성이 서로 매우 다르다. 고대인의 분변 화석이나 뼈와의 비교 분석과 비슷한 결과다. 원주민들은 현대인의 마이크로바이옴에는 없는 수많은 종을 갖고 있다. 흥미롭게도 이 부족들은 서로 멀리 떨어져 있거나 다른 대륙에 사는데도 장내미생물 균총이 기이할 정도로 유사하다. 동아프리카 하드자족과 페루 열대우림에 사는 마체스족의 장내미생물 균총은 비슷하지만, 두 부족은 다른 대륙에 사는 원주민들로 서로 접촉했을 가능성은 없다. 서로 다른 문화와 대륙 사이의 보기 드문 유사성을 통해 우리는 원주민들의 마이크로바이옴이 석기시대인의 마이크로바이옴을 간직했다고 추측할 수 있다. 현대의 마이크로바이옴 붕괴가 시작되기 전 조상의 마이크로바이옴, 인간 진화의 일부로서 존재했던 마이크로바이옴 말이다. 21세기를 살아가는 우리의 수상한 마이크로바이옴은 예외적 존재인 것이 확실해 보인다.

세균 종의 결핍으로 인해 현대인에게 여러 질환이 나타난다면, 잃어버렸거나 결핍된 종을 복구하면 되지 않냐는 생각이 이어진다. 최근 연구에서 보스턴어린이병원 연구자들은 식품 알레르기를 겪는 아기들의 장에 결핍된 클로스트리디아 균주 몇 종을 이식했으며, 이 치료가 아기들의 건강상태를 회복시킬 가능성을 보였다는 사실을 보고했다. 비록 예비 결과에 불과하지만, 점점 더 많은 어린이가 겪고 있는 땅콩·달걀·생선 등에 대한 흔하고도 위험한 식품 알레르기를 해결하는 데 도움이 될 수 있다.

현대인 대부분이 잃어버렸다고 여겨지는 또 다른 세균 속[屬]으로는 옥살로박터*Oxalobacter*가 있다. 이 세균은 결장에 살면서 견과류, 시금치, 비트, 초콜릿 같은 음식에 흔하게 들어 있는 옥살산염을 열심히 분해한다. 현대인과 대조적으로, 하드자족과 야노마미족 같은 원주민 대부분은 옥살로박터 종을 풍부하게 가지고 있다. 이런 세균 종을 잃어버린 현대인에게는 옥살산칼슘 성분의 고통스러운 신장결석이 (특히 항생제에 노출된 후에 더 자주) 발생한다. 가장 우려되는 점은 주로 어린이들이 항생제를 먹은 후에 옥살산칼슘 신장결석에 걸리는 비율이 증가한다는 사실이다. 옥살산칼슘 신장결석을 앓는 사람들은 장내미생물 균총 구성도 변화할 가능성이 있다. 메타노브레비박터 스미시*Metha-nobrevibacter smithii* 같은 종이 증식하고 락토바실루스 플랜타럼*Lactobacillus plantarum* 같은 종은 사라지거나 줄어드는 식이다. 그러나 이 과정은 옥살로박터 종의 소실을 중심으로 일어나는 것으로 보인다.

비피도박테리움 인펀티스는 또 다른 미생물 사상자로, 90%의 신생아에게서 사라진 상태다. 신생아의 건강과 성장에 상당한 이점을 제공하지만, 어머니에게서 아기에게 전달되지 않았거나 항생제에 노출되어 사라진 것이다. 비피도박테리움 인펀티스가 없다면 아기들의 장은 분변에 나타나는 대표 세균 종인 장내세균으로 과도하게 뒤덮일 것이다. 이는 여러 해에 걸쳐 분변 pH가 급격하게 높아진 상황과도 연관성이 있다. (분변 pH가 높으면 아기가 모유의 올리고당 같은 영양소를 산성 지방산 부산물로 대사할 수 없다는 뜻이다. 산성 지방산 부산물은 소장 세포의 영양분이 되는 등의 역할을 한다.) 20세기 초 아기들의 분변 pH는 대략 5.0이었지만, 건강에 유익한 비피도박테리움 인펀티스가 없는 현대 아기들의 분변 pH는 6.5로 산성도가 더 낮다(pH 척도에서는 산성도가 열 배 이상 낮아진 것이다). 비피도박테리움 인펀티스를 회복시키면 파괴적이며 치명적인 질병인 괴사소장대장염necrotizing enterocolitis으로부터 미성숙한 아기들을 보호할 수 있다. 괴사소장대장염은 해로운 세균 종이 침입해서 장 내벽을 파괴하는 병이다. 모유에 든 영양분을 대사할 수 있는 비피도박테리움 인펀티스는 아기가 가진 여러 균 종 중 일종의 '쐐기돌'로, 다른 유익한 세균 종의 성장을 뒷받침한다. 그러나 어머니도 이 미생물이 결핍된 상태라면 아기에게 세균 종을 전달할 수 없으므로, 자연분만으로 태어나고 모유수유를 해도 아기가 이 중요한 세균 종을 얻으리라고 보장할 수 없다. 비피도박테리움 인펀티스를 복구하면 아기는 괴사소장대장염을 예방하는 차원 이상으로 건강해진다. 밤에 숙면하고 낮잠도 더 오래 자며, 기저귀 발진과 급경련통을 적게 겪고, 배변 활동도 하루에 50% 더 적게 한다. (따라서 기저귀를 50% 더 적게 간다.) 비피도박테리움 인펀티스 종의 유익함은 유아기를 지나 어린이가 될 때까지 알레르기비염allergic rhinitis, 천식, 자가면역질환 가능성, 과민대장증후군으로 인한 복통 등을 줄이는 식으로 이어진다. 아기가 태어난 후에 프로바이오틱스로 비피도박테리움 인펀티스를 제공하는 것보다 더 나은 방법은 없을까? 아기가 태어나기 전에 어머니에게 비피도박테리움 인펀티스를 복구하면 된다. 어머니가 아기에게 미생물을 전달할 수 있고 어머니의 건강에도 유익할 것이다.

사랑 세균, 락토바실루스 루테리

락토바실루스 루테리*Lactobacillus reuteri* 종은 인간 숙주를 위해 극적인 효과를 만들어 내는 장내미생물 세계의 스타다. 20세기 중반까지 서구인 대부분은 자연분만과 모유수유를 통해 아기 때 어머니에게서 이 세균 종을 받았고, 이 종이 위장관에 서식하면서 주는 유익함을 누렸다. 정글과 산에 사는 원주민이나 닭, 돼지를 비롯한 다른 생물도 이 미생물을 가지고 있는데, 이는 락토바실루스 루테리가 생존에 중요한 역할을 한다는 점을 증명한다.

그러나 이 세균 종은 현대 서구인의 96%에서 제거되어 버렸다. 오늘날에는 스무 명 중 한 명 이하의 비율인 4%만이 이 훌륭한 세균 종이 주는 혜택을 누린다. 매사추세츠공과대학이 여러 실험으로 입증한 바에 따르면, 락토바실루스 루테리는 인간의 뇌에서 옥시토신 호르몬을 분비하도록 촉진하는 독특한 능력을 지녔다. 생각해 보라, 당신의 위장관에 사는 미생물이 당신의 뇌 기능 중 중요한 측면을 결정하는 것이다.

옥시토신은 공감과 연대감의 호르몬이다. 사랑에 빠지거나 다른 사람과 친밀한 유대감을 느낄 때, 혹은 반려견을 쓰다듬을 때 급증한다. 옥시토신은 논쟁의 이면을 보도록 돕고, 타인의 역경에 공감하게 하며, 사회적 불안을 줄인다.

락토바실루스 루테리와 그에 따른 옥시토신 유도 효과를 잃었다는 것은 50년 전 사람들보다 현대인의 옥시토신 농도가 낮다는 뜻이다. 우리는 늘어 가는 사회적 고립감, 기록적인 자살률, 급증하는 이혼율에 시달리고 있다. 옥시토신을 촉진하는 락토바실루스 루테리의 상실은 이 혼란스러운 세태의 이면에 숨어 있는 원인 중 하나가 아닐까? 물론 이 복잡한 문제에는 수많은 잠재적 원인이 있을 수 있다. 하지만 현대에 들어서면서 생겨난 락토바실루스 루테리의 소실과 그에 따른 공감과 연대감의 상실, 그리고 9m 길이의 위장관에 사는 유익한 생물들의 대대적 손상이 최소한의 설명이 될 수 있지 않을까? 나는 그렇다고 본다.

잃어버린 락토바실루스 루테리 균을 복구하면 많은 사람이 홍수처럼 쏟아지는 공감과 연대감을 경험한다. 가족과 직장 동료들이 더 좋아졌고, 스타벅스에서 커피를 사려 줄을 서 있을 때 앞사람과 대화하거나 친구들과 어울리고 싶은 욕망이 되살아났으며, 영화를 보고 우는 성향이 생겼다고 보고한다. 타인의 의견과 관점을 이해하기가 수월해졌다고도 한다.

락토바실루스 루테리는 세균 중에서도 특이하게 위, 십이지장, 공장, 회장 같은 위장관 상부에 서식하기를 '선호'하지만, 사실 대부분의 프로바이오틱스 종들은 결장에만 서식하는 것을 선호한다. 위장관 상부에 서식하는 락토바실루스 루테리는 박테리오신이라는 천연 항생제를 열정적으로 생산하며, 박테리오신은 달갑지 않은 세균 종이 그것들이 있어서는 안 될 소장으로 거슬러 올라오는 현상을 막는 데 효과적이다. 따라서 현대인의 락토바실루스 루테리 상실은 현재 널리 퍼진 소장세균 과증식에 이바지하는 한 요인으로 보이며, 그런 측면에서 락토바실루스 루테리의 복구는 해결책이기도 하다.

그저 세균 한 종에 불과하지만, 현대인의 마이크로바이옴에서 거의 사라진 이 균이 복구되면 경이로운 효과가 나타난다. 그러나 골칫거리도 있다. 우리가 잃어버렸지만 알려지지 않은 다른 미생물은 무엇일까? 이 미생물들도 건강을 증진하고, 알레르기를 예방하며, 체중을 관리를 돕고, 정서적 및 사회적 안정감을 줄까?

옥시토신, 사랑 그리고 젊음의 호르몬?

옥시토신은 인간의 사회생활에 있어 우리가 알고 있는 것보다 훨씬 더 중요하다. 옥시토신의 인상적인 생리 효과에 관한 첫 번째 단서는 매사추세츠공과대학에서 암 연구 중 수행한 일련의 동물실험에서 나왔다. 연구 팀은 고령의 동물을 대상으로 락토바실루스 루테리를 주입했고, 주입하지 않은 집단과 비교해 다음과 같은 차이를 관찰했다.

- 털이 두꺼워지고, 털 성장이 빨라졌다. (락토바실루스 루테리를 주입하지 않은 집단은 피부염과 부분 탈모가 생겼다.)

- 피부가 두꺼워지고, 진피층의 콜라겐이 증가했다.

- 피부 치유 속도가 빨라졌다. (전체적으로 젊어지고 건강해졌다고 볼 수 있다.)

- 평생 날씬함을 유지한다. (락토바실루스 루테리를 주입하지 않은 쥐는 과체중이 되었다.)

- 스트레스호르몬인 코르티솔cortisol 농도가 감소했다.

- 고령의 쥐에서 짝짓기 행동이 계속 나타났다.

다른 연구들에서 고령의 쥐에 주입된 락토바실루스 루테리 균이나 옥시토신 역시 근육을 젊게 회복시켰고, 노화하면서 손상된 면역력과 뼈 건강을 복구했다.

종합해 보면, 락토바실루스 루테리 균이 없는 쥐는 늙고 뚱뚱해졌고, 털이 빠졌고, 근육과 뼈 밀도도 감소했으며, 성에 흥미를 잃었고, 면역계의 보호도 사라졌다. 락토바실루스 루테리 균을 주입한 쥐는 날씬하고 털이 굵어졌으며, 근육과 뼈 밀도, 면역력을 젊은 쥐 수준으로 유지했으며, 성적으로도 적극적이었다. 이 쥐들은 죽을 때까지 젊음을 유지했다. 더 오래 살았다는 뜻이 아니다. 사회보장연금을 받을 나이에 보행기에 의지해 걸으며 미국은퇴자협회 잡지를 읽는 대신, 훨씬 젊어 보이고 날씬하며 사회적으로나 성적으로 적극적이라는 뜻이다.

사람들의 경험 역시 이 같은 현상을 뒷받침한다. 세균 수를 증폭시킬 락토바실루스 루테리 요구르트를 먹음으로써 현대인의 마이크로바이옴에 락토바실루스 루테리를 복구하자는 나의 제안 이래로, 실험동물에서 확인한 효과가 실제로 많은 사람에게서 재현되고 있다. 두꺼워진 피부, 옅어진 주름, 빨라진 치유 속도, 젊어진 근육과 근력, 성욕 증가 등이 그 효과다. 나아가 쥐는 우리에게 감정을 설명할 수 없었지만, 락토바실루스 루테리가 풍부한 요구르트를 섭취한 사람들은 깊은 숙면과 생생한 꿈, 식욕 감소, 낙관적 태도, 사회적 불안감 감소 등 락토바실루스 루테리가 일으킨 옥시토신 분비 촉진의 결과로 보이는 효과들을 보고한다.

헬리코박터 파일로리를 되찾아야 할까?

인간은 유익한 세균 종뿐만 아니라 두 얼굴을 가진 독특한 세균인 헬리코박터 파일로리*Helicobacter pylori*도 잃어버리고 있다. 헬리코박터 파일로리는 위산 역류나 비만을 예방하는 것으로 알려져 있지만, 위궤양·십이지장궤양과 암을 일으키기도 한다. 호모사피엔스*Homo sapiens*가 아프리카를 벗어났던 약 6만 년 전에 인류는 이 미생물을 얻었지만 지난 50년 동안 현대인에게서는 출현 빈도가 줄어들었다. 현재 헬리코박터 파일로리는 지구인의 50% 이상을 감염시켰다. 그러나 미국 같은 선진국에서는 헬리코박터 파일로리 감염 비율이 약 15%까지 낮아졌는데, 아마 락토바실루스 루테리와 비피도박테리움 인펀티스를 잃은 것과 같은 이유일 것이다.

오랫동안 위궤양과 십이지장궤양의 원인은 스트레스와 산성 음식 섭취라고 여겨졌다. 극단적으로 산성을 띠는 낮은 pH 환경 덕분에 위에는 세균이 존재할 수 없다고 믿어 왔다. 그러나 호주 의사 로빈 워런과 배리 마셜이 위에서 헬리코박터 파일로리를 박멸하면 궤양이 치료되며, 궤양은 감염 과정이고 특정 세균은 위에서도 생존할 수 있다는 사실을 증명했다. 이 사실을 발견하기 전에는 항생제로 헬리코박터 파일로리를 박멸하지도, 궤양 통증을 억누르려 위산 억제제를 처방하지도 않았다. 당시에는 궤양에서 출혈이 일어나 응급실에서 붉은 피를 토해 내거나 분변에 부분적으로 소화된 검은 피가 섞여 나오는 환자들을 흔히 볼 수 있었다. 위궤양과 십이지장궤양이 감염 질병이라는 깨달음은 매우 강력한 통찰이었다.

그런데 헬리코박터 파일로리는 궤양이나 출혈만 일으키는 것이 아니었다. 이 균은 위암, 췌장암, 담도암, 자가면역질환, 파킨슨병과 연관성이 있었고, 2형당뇨병의 위험도 높았다. 헬리코박터 파일로리 박멸이 기존 약보다 더 효과적으로 장미증의 발진과 파킨슨병의 장애를 완화한다는 사실이 입증되었다. 헬리코박터 파일로리가 위에 서식한 지 수년이 지나면 위산 생성 능력이 흔히 사라지곤 하는데, 그 결과 소장세균 과증식이 나타날 가능성이 커진다.

헬리코박터 파일로리를 박멸하면 다수의 질병을 예방할 수 있다. 하지만 이 세균을 완벽히 제거하면 좋기만 할까? 헬리코박터 파일로리는 인간 숙주와 복잡한 관계를 맺고 있다. 인간과 헬리코박터 파일로리는 6만 년 동안 공존해 왔고, 서로에게 적응해 왔다. 헬리코박터 파일로리는 위산을 견딜 수 있으며, 대개 인간 면역반응을 지나치게 자극하지도 않는다. 물론 앞에서 언급한 질병과 연관이 있지만 장점도 있다는 것이다. 항생제 남용을 비판하는 저명한 뉴욕대학교 미생물학자 마틴 블레이저가 인간의 건강에 헬리코박터 파일로리가 미치는 영향을 세심하게 연구한 결과, 헬리코박터 파일로리의 결핍과 천식 및 알레르기 빈도 증가 사이에 상관관계가 있으며, 체중증가에도 영향이 있을 수 있다고 발표했다.

사람들이 되찾아야 할 미생물 목록이 길어지고 있지만, 나는 이 목록에 헬리코박터 파일로리를 추가하지 않는 것이 장기적으로 유리하다고 본다. 이 미생물 덕분에 줄어드는 질병보다 이 미생물이 일으키는 질병이 더 위험하다. 헬리코박터 파일로리 박멸은 소장세균 과증식과 장내세균 불균형에 맞서는 상쾌한 장 프로그램의 일부다. 기존에는 궤양을 진단한 뒤에 이 미생물을 확인하고 박멸하는 식으로 치료했다. 그러나 궤양을 비롯한 증상이 나타나기 전에, 천연 약제 치료법으로 직접 미생물의 존재를 확인하고 박멸할 수도 있다.

잃어버린 미생물은 저절로 생기지 않는다

사람들을 가두어 두고 음식과 물을 주지 않으면 이 가여운 영혼들이 박탈에 굴복하는 것은 당연하지 않을까? 슬프게도 역사를 살펴보면 우연으로 행했건 일부러 행했건 간에 인간에게 이런 고문으로 고통을 준 수많은 사례를 확인할 수 있다.

마찬가지로, 위장관에 사는 미생물군의 생존에 필요한 프리바이오틱스 섬유소 등의 영양분을 주지 않고 굶주리게 해서 장내미생물 균총을 키우는 데 실패한다면 어떤 일이 일어날까? 당연히 미생물은 가게에서 음식을 사거나 직접 가축을 키우지 못한다. 장내미생물을 방치하면 당신은 유익할지도 모를 세균 수십 종, 어쩌면 수백 종을 마이크로바이옴에서 잃게 될 것이다.

당신의 마이크로바이옴이 세균 무리를 붕괴시키는 요인에 노출되면 상황은 더 악화한다. 라운드업이라는 제초제의 활성 성분인 글리포세이트가 특히 주요 용의자로 지목된다. 글리포세이트는 프로바이오틱스인 락토바실루스 종은 박멸해 버리지만, 병원성세균인 대장균과 시겔라, 그 외 소장세균 과증식 무리에 속하는 공모자를 제거하는 데는 효과가 없기에 장내 마이크로바이옴에 해로운 세균 과증식을 촉진한다.

잃어버린 미생물 종은 저절로 되살아나지 않는다. 넝마 더미에서 쥐가 저절로 생겨나지 않듯이, 마이크로바이옴에서 잃어버리거나 박멸된 세균 종도 재생되지 않고 영원히 사라진다. 물론 우리가 이들을 재이식하지 않는다면 말이다.

많은 사람이 자기도 모르는 사이에 마이크로바이옴에서 미생물을 잃어버린다. 엄격한 저탄수화물 식단, 즉 케토제닉 다이어트, 팔레오 다이어트(구석기 다이어트), 육식 다이어트, 앳킨스 다이어트(황제 다이어트) 등의 식단을 유지하다 보면 다양한 프리바이오틱스 섬유소와 폴리페놀은 물론이고, 미생물에게 필요한 (식물에서만 얻을 수 있는) 영양소를 섭취하지 못한다. 이렇게 굶겨 죽인 세균 종은 다시 출현하지 못하므로 마이크로바이옴에 해를 입히는 셈이다. 미생물에 필요한 영양분이 부족한 식단을 먹으면 대개 건강의 지표 중 하나인 '세균 종의 다양성'이 줄어든다. 즉 장 속에 존재하는 독특한 미생물 종의 수가 감소하는 것이다. 어떤 세균 종은 사라지지만, 위장관 내벽을 보호하는 점액층을 먹는 세균 종, 예컨대 아커만시아 뮤시니필라*Akkermansia muciniphila*는 증식한다. 그 결과 소장 점액층의 보호 효과가 사라지고, 시간이 지나면 장 내벽에 염증이 일어나 결장염 등 여러 질병을 일으킬 수 있다.

체중감량과 건강 증진을 위해 탄수화물을 제한하는 식이요법은 지방이나 칼로리를 제한하는 방법보다 확실히 효과가 뛰어나다. 그러나 장내미생물 균총에 필요한 영양분까지 포기하는 치명적인 실수는 하지 말아야 한다. 그렇지 않으면 잃어버린 미생물 유령 목록은 더 늘어날 것이다.

지금까지 현대인이 잃어버린 미생물을 살펴보았다. 이제는 미생물 균총의 변화가 어떻게 인간의 소장분변화*fecalization* 과정으로 이어졌는지 알아보자. 그렇다, 들리는 것처럼 아주 심각하다. 바람직하지 않은 분변 세균 종이 당신의 위장관 속 전쟁에 참전하고 있으며, 심지어 승리하기도 한다.

헬리코박터 파일로리를 뿌리 뽑자

채혈 항체검사나 분변 항원검사에서 헬리코박터 파일로리 양성반응이 나왔다면, 헬리코박터 파일로리 균을 박멸한다고 입증된 아래의 전략을 고려해 본다. 장기적인 합병증을 불러일으키는 헬리코박터 파일로리를 기존 항생제로 박멸하는 데 실패하는 사례가 늘어나면서, 대안 치료법의 효능을 입증하는 증거도 늘어나고 있다.

완전 박멸 여부를 확인하기 위해, 치료가 끝나면 분변 항원검사(세균을 박멸한 뒤에도 보유한 항체 때문에 양성반응이 나오므로, 항체검사는 하지 않는다)를 다시 한다.

- 프로바이오틱스: 프로바이오틱스 자체가 헬리코박터 파일로리를 박멸한다는 증거는 없지만, 기존 치료법과 병행하면 치료 효과를 조금이나마 향상한다고 입증된 바는 있다. 그러나 어떤 종이 이런 효과와 연관됐는지는 밝혀지지 않았다. 우리가 요구르트로 발효할 락토바실루스 루테리 균주도 항생제 특성을 가진 박테리오신과 과산화수소를 생산해서 헬리코박터 파일로리를 억제한다고 알려졌다(균주 자체가 박멸시키지는 않는다). 락토바실루스 루테리는 위산에 강하고 위에 서식할 수 있어서 헬리코박터 파일로리의 과증식을 방어할 수도 있다. 락토바실루스 람노서스*Lactobacillus rhamnosus* GG도 헬리코박터 파일로리를 억제한다고 알려졌다.
- 니겔라 사티바*Nigella sativa*(블랙 시드, 블랙 커민 시드): 수천 년 동안 남유럽, 중동, 아시아에서 다양한 질환을 치료하는 데 사용된 식물의 씨앗. 빵 위에 뿌리는 양귀비씨처럼 식품으로 섭취할 수도 있다. 근래에 니겔라는 항균물질의 원천으로서 연구 대상이 되었다. 최근 소규모 임상시험에서는 니겔라 씨앗 가루를 2g(평평하게 깎은 1작은술)씩 먹으면 피험자의 67%에서 헬리코박터 파일로리가 박멸된다는 사실이 입증되었다. 이는

기존 삼제요법과 거의 비슷한 효과다. 니겔라 사티바 씨앗은 다수의 온라인 상점에서 살 수 있다. 요구르트와 스무디에 첨가해 먹거나 음식 위에 뿌려 먹는다.

- 매스틱 검Mastic gum: 이상한 이름의 이 음식은 그리스와 지중해에서 2,500년 동안 전해 내려온 전통 식품이자 소화불량 민간요법이다. 그리스와 지중해에서 자라는 상록관목에서 얻는다. 하루 1mg씩 2주만 먹어도 헬리코박터 파일로리를 박멸해서 소화궤양을 치료한다는 증거가 있다. 소규모 임상시험에서는 대개 더 많은 용량을 복용한다. 350mg을 하루 세 번 복용하거나 1,050mg을 하루 세 번 복용하면서 14일을 지속한 한 연구에서는, 피험자의 3분의 1에서 2분의 1가량에게서 헬리코박터 파일로리가 박멸되었다고 발표했다.

- 차살리실산 비스무트Bismuth subsalicylate/차시트로산 비스무트Bismuth subcitrate: 처방전 없이 살 수 있는 펩토비스몰은 알약과 물약이 있다. 비스무트는 H_2 수용기 억제제와 함께 원래 헬리코박터 치료제였다. 제산제이자 지사제인 이 약은 헬리코박터 파일로리 박멸의 초기 역사에서는 현대의 삼제 혹은 사제요법만큼 효과를 냈지만 최근에는 효능이 감소했다. 그러나 다른 약과 함께 사용하면 여전히 이롭다.

- 비타민C: 500mg을 매일 두 번 먹으면, 특히 다른 치료와 병행할 때 헬리코박터 파일로리가 감소하거나 박멸된다는 사실이 여러 연구에서 입증됐다. 헬리코박터 파일로리가 만드는 요소분해효소를 억제하는 비타민C의 기능 때문이라고 추측된다.

- 아세틸시스테인: 생물막 파괴제로, 헬리코박터 파일로리가 자신을 보호하기 위해 만드는 점액층을 무너뜨린다. 다른 치료법과 병행하면서 아세틸시스테인 600mg을 매일 두 번 먹으면 치료 효과가 상당히 향상된다고 알려졌다. 기존 치료법에 내성이 있는 환자에게도 효과가 있는데, 헬리코박터 파일로리를 항생제에 더 민감하게 만들기 때문으로 추측된다.

39명의 피험자에게 실시한 소규모 연구에서 천연 약제의 조합은 29명(74.3%)

의 헬리코박터 파일로리를 성공적으로 박멸했으며, 이는 분변 항원검사로 확인했다. 기존의 삼제나 사제요법과 동등한 결과다. 이 연구에서 사용한 치료법은 아래와 같다.

1. 매스틱 검(재로우포뮬러스): 500mg짜리 캡슐 하나를 매일 세 번 복용
2. 오레가노 유화유가 든 ADP(Anti-Dysbiosis product, 항장내세균불균형 제품, 바이오틱스리서치코퍼레이션): 50mg짜리 1정을 매일 세 번 복용
3. 펩토비스몰: 매일 4~6정을 식사 사이마다 나누어서 복용

이에 더해, 프로바이오틱스 10종을 50억 CFU 함유한 제품(바이탈 10, 클레어래버러토리스)을 매일 두 번 먹고, 프리바이오틱스 섬유소 보충제도 복용했다.

점령당한 현대인의 소장

현대인의 마이크로바이옴 구성이 대대적으로 변했다는 것은 이제 수수께끼가 아니다. 그 결과는 치아, 피부, 장, 배변 습관, 전체적인 건강의 변화로 나타났다. 이 장에서는 분변 미생물이 많은 사람의 지배권을 움켜쥐게 된 과정을 설명한다.

최근 나는 영상의학 전문의인 친구 두 명과 마이크로바이옴을 주제로 대화했다. 친구들은 내게 CT 스캔 영상을 보면 소장분변화 현상이 놀라울 정도로 증가했다고 말했다. 소장분변화는 소장분변징후 small bowel feces sign 라고도 부르는데, 보통은 결장에만 있어야 할 분변 미생물이 소장에서도 나타나는 데다 역시 결장에 있어야 할 분변이 회장까지 차 있는 특징적인 현상을 가리킨다. CT 스캔 영상을 찍는 환자들은 위장관 내부의 윤곽을 강조해 주는 경구 조영제를 먹는다. 분변은 CT 스캔에서 특징적인 형태를 나타내는데, 결장에만 있어야 한다. 그러나 영상의학 전문의 친구들은 점점 더 많은 사람이 소장분변화를 겪으면서 분변이 있어서는 안 될 소장에도 나타나는 현상을 발견했다. 소장에 분변이 차는 원인 중 하나는 소장폐색 small bowel obstruction 이다. 소장폐색은 극히 고통스럽고 생명을 위협하는 응급 상황으로 정상적인 장 운동이 멈추거나 장이 막힌 상태다. 그러나 소장분변화가 일어난 사람은 대부분 20~40대로 젊고, 급성 통증 대신 만성적 배변 급박감, 설사, 복부팽만감 등이 나타난다. (복부 CT를 찍었다면 반드시 실제 판독서 사본을 달라고 요청하라. 서류에 영상의학 전문의가 얼마나 자주 소장 분변화를 언급했는지 확인하면 놀랄 것이다. 그런데도 의사는 환자에게 절대 이에 대해 말하지 않는다.)

항생제의 파괴력

불과 50년 전만 해도 2형당뇨병이라는 드문 질병이 널리 퍼지고, 과체중과 비만이라는 인류 역사상 최악의 '유행병'으로 고통받으며, 궤양성결장염이나 크론병 같은 염증장병의 비율이 미국에서 폭발적으로 증가하리라고는 상상할 수도 없었다. 그러나 현대사회에서 독특하게 나타나는 수많은 요인 덕분에 분변 미생물은 인간 건강이라는 협상 테이블의 상석에 자리 잡았다. 상부위장관의 이 불청객은 숙주인 인간을 지지한다는 규칙을 따르지 않고 심각한 파괴 행위에만 열중한다.

불과 몇 년 전만 해도 우리는 위장관에 거주하는 미생물을 인간의 막창자꼬리appendix나 잔디밭의 민들레처럼 그저 성가시게만 생각했다. 위장관 속 미생물이 감염을 일으키면 상기도감염이나 요로감염을 치료하는 항생제를 먹고, 설사를 견디며, 화장지를 몇 롤 더 사용하면 모든 것이 끝났다. 귀에 감염이 일어난 어린이는 적으면 한 번, 많아도 다섯 번의 항생제 처방전을 받으면 모두 정상으로 되돌아갔다. 그렇지 않은가?

아니다, 전혀 그렇지 않다. 항생제는 위장관에 설치한 수소폭탄이나 마찬가지며, 미생물의 파멸로 이어진다. 마이크로바이옴을 다시 구축하는 데는 수년이 걸리며, 그나마도 완벽히 회복되지 않는다. 항생제는 특히나, 해로운 장내세균·진균 종을 억제하는, 유익한 세균 종을 박멸하는 데 뛰어나다. 수많은 장내세균은 항생제에 내성이 있다. 항생제가 유익한 세균 종을 박멸하면 해로운 미생물은 영양분 경쟁에서 유리한 위치를 점하고, 그 결과 바람직하지 않은 미생물들이 번성한다. 농업용 비료로 오염된 연못에 적조가 일어나듯이, 세균과 진균 악당들도 항생제 치료가 끝나면 급증한다.

우리는 항생제가 얼마나 숨이 막힐 만큼 자주 처방되는지 검토했다. 예를 들어 2016년에는 진료소와 그 밖의 외래환자 진료실에서 2억 6,000만 개의 항생제 처방전이 나왔다. 신생아와 유아에게는 성인의 거의 두 배에 달하는 비율로 처방되었다. 산소를 들이마시거나 페퍼로니 피자를 좋아하는 여러분 모두는 살아오면서 항생제 치료를 열두 번 이상까지는 아니더라도 최소한 한 번은 받았을 것이다. 심지어 모든 항생제의 70%는 인간이 아니라 가축에게 성장 촉진을 위해 투여되며, 우리가 패스트푸드 햄버거나 양식 연어를 먹을 때마다 함께 섭취하는 항생제는 고려하지 않은 수치다.

항생제 치료를 받은 사람의 분변을 검사해 보면 수많은 장내세균 종을 볼 수 있다. 위나 십이지장 같은 상부위장관의 내용물을 검사해 보면 이곳에도 해로운 분변 유래 세균이 많이 늘어났다는 사실을 확인할 수 있으리라. 췌장과 담낭으로 이어지는 담관이나 간, 그 외 다른 기관을 살펴봐도 마찬가지로 같은 종에 속하는 악당인 분변 세균을 발견할 것이다.

항생제로 인한 미생물군의 파괴 외에, 소장분변화, 장내세균과 클로스트리듐 디피실리*Clostridium difficile*의 증식과 같은 극단적인 변화를 소장세균 집단에 일으키는 요인은 무엇일까?

우리는 장내미생물 균총을 붕괴시키는 요인들로 이루어진 대양을 헤엄쳐 간다. 어떤 변화는 스스로 불러온 것이다. 담배를 피우거나 알코올에 지나치게 탐닉하면 미생물 균총이 붕괴된다. 정제된 설탕을 먹으면 장내에 존재하는 세균 종에 급격한 변화가 일어나 며칠 안에 유익한 종은 사라지고 과민대장증후군 증상이 나타난다. 칼로리가 없는 인공 감미료인 아스파탐aspartame, 사카린saccharine, 수크랄로스sucralose 역시 안전하지 않다. 이것들은 인슐린저항성을 악화해서 2형당뇨병과 비만으로 이어지는 세균 종의 변화를 촉진한다고 알려졌다. 위산억제제와 항염증제 외에 널리 처방되는 콜레스테롤 억제제인 스타틴statin이 비만과 당뇨병을 앓는 사람과 비슷한 장내미생물 균총을 만들어 내면서 해로운 변화를 일으킨다는 예비 증거도 있다.

전통 농업에서 제초제와 살충제를 폭발적으로 사용한 것도 현대 마이크로바이옴에 큰 영향을 주었다. 제초제 성분인 글리포세이트 수억 톤이 지금도 환경을 오염시키고 있다. 옥수수, 콩, 밀 같은 주요 작물부터 이웃의 잔디밭까지, 폭넓은 범용성을 갖춘 글리포세이트는 수

로와 가축, 다양한 식품을 비롯해 인간의 몸에서도 검출된다. 글리포세이트는 강력한 항생제이기도 하며, 락토바실루스와 비피도박테리움 같은 유익한 장내미생물 종에게는 치명적이지만 해로운 종에게는 별다른 영향을 주지 않는다. 즉, 글리포세이트는 해로운 세균 종을 선택한다. 유익한 클로스트리디아 종을 제거하는 일부 해로운 클로스트리디아 종의 증식은 어린이 자폐증을 일으킨다고 의심받는 유력 용의자다. 어린이 자폐증은 글리포세이트 노출과 연관된 현상이기도 하다. 따라서 글리포세이트는 세균 과증식에 이바지하는 농업용 제초제 목록의 맨 윗자리를 차지한다.

널리 사용되는 살충제인 클로르피리포스chlorpyrifos 역시 일부 식품에 높은 농도로 잔류한다. 이 물질은 장내 점액을 분해할 뿐 아니라 유독한 LPS를 혈류 속으로 더 많이 내보내며, 인슐린저항성, 2형당뇨병, 비만 가능성을 높인다. 이 밖에도 제초제와 살충제가 마이크로바이옴을 붕괴시키고 장내 보호 점액에 영향을 미친다는 증거가 수없이 제시되었다. 하지만 익명인이 만든 냉동식품 혹은 창을 통해 건네받는 드라이브스루 음식 등의 대량생산 식품을 먹어야 하는 현대를 살아가면서 우리를 향해 달려드는 마이크로바이옴 붕괴 요인들을 모두 피하기는 어렵거나 불가능하다.

물과 토양, 대기와 음식의 오염원이자 어디에나 존재하는 비스페놀 Abisphenol A (BPA)와 폴리염화바이페닐polychlorinated biphenyls (PCBs) 같은 산업용 화학물질에 수은과 카드뮴 같은 중금속이 섞이면, 장내미생물 균총 붕괴 효과가 더 크게 나타난다. 인간의 모유와 조제분유조차 산

업용 화합물인 다이옥신dioxin, 폴리염화바이페닐, 비스페놀 A, 티오시
안산염thiocyanate, 비소arsenic 투성이였다.

　인간 마이크로바이옴은 항생제와 여러 의약품, 인공 감미료, 제초
제, 살충제, 산업용 화학물질 등 파괴적인 화학물질의 대규모 맹습에
난타당한 생존자, 혹은 피해자가 되었다. 우리 대부분은 건강한 마이
크로바이옴의 혜택을 누리지 못한 채 삶을 시작하며, 상황을 악화하
는 해로운 식단을 먹고, 유익한 세균 종을 희생시켜 해로운 세균 종의
과증식을 촉진하는 수많은 현대사회 요인에 노출된다. 사방에서 일어
나고 있는 마이크로바이옴 붕괴를 고려할 때, 당신의 순진하고 가여
운 마이크로바이옴에는 승산이 없으며 당신 역시 수백만 명의 사람처
럼 소장분변화에 잠식당했다는 사실을 인정해야 할 것이다.

　현대인의 위장관은 병원성인 대장균과 클렙시엘라 종이 난폭한
쿠데타를 일으켜 유익한 프로바이오틱스 종들을 축출한 장소다. 장내
세균은 더 넓은 영토를 점령하고 더 많은 자원을 획득하려는 열망에
휩싸인 장 속 세상의 블라디미르 푸틴이다. 그러나 문제의 영토는 크
림반도나 우크라이나가 아니라 인간의 위장관이다. 더는 결장에 만족
하지 못한 이 괴물들은 지배력을 소장까지 확장하면서 소장분변화까
지 가져왔다.

　현대인에게 가장 골치 아픈 건강 문제를 일으키는 것이 바로 이
장내세균의 과증식이며, 2부에서 상세하게 설명할 소장에서의 세균
증식, 즉 소장세균 과증식이다.

건강한 미생물 균총의 힘

유익한 미생물을 제거하는 항생제 치료는 설사와 결장염을 일으키는 클로스트리듐 디피실리의 증식을 돕기도 한다. 병원체인 클로스트리듐 디피실리는 유익한 미생물의 통제를 받으면서 많은 사람의 위장관에 적은 수가 정상적으로 서식한다. 항생제 치료를 받는 사람의 약 1%에서 클로스트리듐 디피실리가 증식하는데, 그 결과 피가 섞인 고통스러운 설사가 일어나면서 더 많은 항생제가 필요해진다. 그러나 최근 몇 년 사이에 클로스트리듐 디피실리가 항생제 내성을 갖추면서 항생제 효과가 급감하고 있다.

클로스트리듐 디피실리 감염자 수는 2009년 이후 두 배로 늘었다. 현재는 병원에서 감염되는 가장 흔한 병원체 1위가 되었고, 박멸하기가 극단적으로 어려워졌다. 가장 우려되는 부분은 현재 클로스트리듐 디피실리 감염이 병원 외부에서 '자연스럽게', 항생제 치료를 받지 않은 사람에게서도 나타난다는 점이다.

클로스트리듐 디피실리 감염 발생률이 증가하는 이유는 위산 억제제와 이부프로펜, 나프록센 같은 비스테로이드항염증제 복용이 널리 퍼진 탓도 있고, 체중감량 수술인 비만 대사 수술을 한 사람들의 장내미생물 균총 붕괴 탓이기도 하다. 그러나 자연스러운 클로스트리듐 디피실리 감염은 앞에서 언급한 어떤 요인도 없는 명백하게 건강한 사람에서도 일어난다.

이런 상황 때문에 '분변 이식fecal transplants'의 문이 열렸다. 분변 이

식은 건강하다고 짐작되는 '공여자'의 분변 일정량을 클로스트리듐 디피실리 감염 환자의 장내에 이식하는 것으로, 처음에는 불쾌한 개념이었지만 지금은 인기 있는 치료법이 되었다.

의사들은 클로스트리듐 디피실리 감염 환자 중 항생제가 듣지 않는 15~20%와 감염이 한 번 이상 재발한 30%의 환자에게 분변 이식을 실행했고, 이 조치는 92%의 성공률로 이어졌다.

잠시 뒤로 물러서서 생각해 보자. 건강할 것으로 추측되는 마이크로바이옴을 복구하면 대부분 환자에게서 이 두려운 세균 감염이 박멸된다. 강도 높은 항생제 치료에 실패한 환자도 마찬가지다. 건강한 장내미생물 균총이 무엇을 할 수 있는지, 항생제가 할 수 없는 것이 무엇인지 보여 주는 효과적인 예시다. 이 사실은 감염 요인 없이 클로스트리듐 디피실리 감염이 일어난 사람들의 장내미생물 균총에 관해 무엇을 말해 줄까?

캐나다 퀘벡의 지역 병원 사례를 보면 클로스트리듐 디피실리에 대항하는 마이크로바이옴의 힘을 확실히 알 수 있다. 2003년에 해당 병원에서는 독성이 강한 클로스트리듐 디피실리 균주로 인해 예상하지 못했던 대규모 감염이 발생했다. 이 균주는 격리, 위생 조치, 항생제로 박멸할 수 없었다. 그래서 의사들은 병원에서 실시하던 항생제 치료법에 프로바이오틱스(브랜드명은 바이오케이플러스였다)를 첨가했다. 그러자 이후 10년 동안 약 4만 5,000명의 입원 환자 중 클로스트리듐 디피실리 신규 감염 사례가 87% 감소했다.

클로스트리듐 디피실리에 취약한 사람은 장내세균이 위장관 내에 지나치게 많다는 것이 명확하다. 장내세균은 소장세균 과증식의 가장 큰 원인이 되는 종이다. 더 깊이 연구해 볼 여지가 있지만, 자기도 모르는 사이에 소장세균 과증식에 걸린 사람들의 몸속에서 이 두려운 미생물이 자연스럽고 거리낌 없이 증식하는 듯 보인다.

식이 지방, 친구인가 적인가?

버터를 먹을까, 유제품이 없는 저지방 스프레드를 먹을까? 달걀을 먹을까, 아침 식사용 시리얼을 먹을까? 소시지를 먹을까, 그래놀라를 먹을까?

'공식적인' 식생활 지침이 권하는 저지방 식단은 진작 사라졌어야 했지만, 불행하게도 마이크로바이옴을 조사한 결과 식이 지방을 줄이라는 조언이 일부 부활했다. 사실 지방 섭취를 줄이는 수준 낮은 임상시험을 잘못 해석한 데 근거해서 만들어진 이 식생활 지침은 건강에 역효과를 부른다. 이 지침의 발표와 동시에 시작해 50년간 진행된 이 실험은 이 지침을 따랐을 때 어떤 재앙이 일어날 수 있는지를 밝혔다. 전례 없는 수준의 체중증가, 비만, 2형당뇨병이 그 결과였으며, 마이크로바이옴을 비롯한 신체는 모자란 지방 칼로리를 탄수화물 섭취를 늘려 보상하려 했다.

저지방 식단을 권하는 지침 대부분은 불완전한 콜레스테롤 검사를 근거로 만들었다. 콜레스테롤 검사는 심혈관계질환 위험도를 측정하는 조잡하고 끔찍할 정도로 구식인 검사법이다. 콜레스테롤과 상관없이 위험도를 측정할 더 뛰어난 검사법이 있는데도 여전히 이 검사법은 심혈관계질환 위험도를 결정하는 우세한 기준이다. 저지방 식단이라는 메시지는 구식인 데다 비효율적인데도, 마이크로바이옴 지지자 중 일부는 계속해서 식이 지방을 깎아내렸다.

이유를 설명하기 전에 기본 논리를 설명하겠다. 어떤 것이 다른 것과 연관성이 있다는 말은 두 가지가 반드시 인과관계에 있다는 뜻이 아니다. 당신이 흡연자라고 해 보자. 말보로를 사러 편의점에 갈 때마다 당신은 복권도 산다. 금전 등록기 바로 옆에 엄청난 당첨금 광고가 눈에 띄게 붙어 있기 때문이다. 마찬가지로 동료 흡연자들도 편의점에서 담배를 살 때 광고를 보고 복권을 산다. 한 주가 지나면 흡연자 동료 중 누군가가 복권에 당첨되고, 복권에 당첨된 사람들의 특징을 조사하는 설문조사에 표본으로 포함된다. 아 이런, 누군가가 흡연자들이 복권에 당첨될 확률이 높다는 사실을 발견한다. 그럼 흡연은 복권에 당첨될 확률을 높인다는 결론이 나온다. 말도 안 된다고? 맞다, 말도 안 된다. 하지만 수많은 식단과 건강 지침이 이런 식의 거짓 연관성을 바탕으로 조작됐다는 사실을 알면 충격받을 것이다.

지방 논쟁은 더 많은 지방을 섭취한 실험동물에서 장내세균 불균형, 지방간, 비만, 2형당뇨병이 나타났다는 실험 결과 때문에 재점화되었다. 동물실험을 하는 많은 연구자가 지방 섭취는 마이크로바이옴을 붕괴시키며, 현재 유행하는 질환들의 원인이라고 주장했다. 이런 연구 결과를 바탕으로 연구자들은 립아이 스테이크 혹은 버터보다는 저지방 식품을 섭취하라고 조언한다. 하지만 잠깐. 여기서 '고지방 식단'은 정확히 어떻게 구성했을까?

실험에서 채택한 고지방 식단은 옥수수기름이 많은 전형적인 식단인데, 옥수수기름처럼 오메가6 지방산이 풍부한 기름은 건강에 좋다는 잘못된 인식이 널리 퍼졌기 때문이다. 다양한 지방은 위장관에 사는 세균 종이나 세균 독소를 무력화하는 장내 효소(예컨대 알칼리인산분해효소alkaline phosphatase) 농도에 각각 다른 효과를 나타낸다. 동물에 오메가6 지방산이 풍부한 기름을 먹이면 마이크로바이옴 구성에 특이한 변화가 일어나지만, 야생에 사는 동물의 원래 먹이에 포함된 지방, 예컨대 포화지방, 올레산oleic acid, 오메가3 지방산을 섭취할 때는 이런 변화가 나타나지 않는다.

고지방 식단은 프리바이오틱스 섬유소가 부족한 식단이기도 하다. 최근 연구는 프리바이오틱스 섬유소의 결핍과 그에 따른 장내세균 불균형과 함께, 지방 섭취가 아니라 비피도박테리움 롱검Bifidobacterium longum과 아커만시아 뮤시니필라 같은 세균 종의 상실을 2형당뇨병 등 장기 질환의 원인으로 지적했다. 과량의 오메가6 지방산 같은 해로운 지방을 오메가3 지방산, 오메가9 지방산, 단가불포화 올레산, 포화지방과 육류, 내장, 생선, 올리브유 등 여러 식품에 있는 유익한 지방으로 대체하고, 고지방 식단을 자연식에 포함된 프리바이오틱스 섬유소로 보충하면 마이크로바이옴에 해롭다고 알려진 고지방 섭취 효과는 기적처럼 사라질 것이다.

정리하자면, 복권에 당첨되는 흡연자 예시처럼 식이 지방 섭취량이 늘어나는 것은 그저 식단과 마이크로바이옴에 또 다른 변화가 일어나고 있다는 표지일 뿐이다. 좋은 지방을 섭취하면 보호 역할을 하는 점액이 오히려 더 강화되고, 유독한 장내 물질이 점액을 뚫고 나가는 일이 줄어든다. 이는 올바른 지방을 더 많이 섭취할수록 체중이 줄고 내장지방이 감소하며, 인슐린저항성과 헤모글로빈 A1c(이전 90일 동안의 혈당 변화 측정치)가 낮아지고 염증이 줄어드는 등의 건강상의 이점이 있다는 결과와도 일치한다.

TMAO와 다른 빛나는 것들

마이크로바이옴 세계에서 오해의 여지가 있는 또 다른 주제로는 세균 대사산물인 트라이메틸아민옥사이드trimethylamine oxide, TMAO를 들 수 있다. 뉴스에서는 혈중 트라이메틸아민옥사이드 농도를 높이는 생선, 닭고기, 돼지고기, 소고기 같은 식품이 관상동맥 심장질환coronary heart disease과 심장마비 위험도를 높인다고 말한다.

트라이메틸아민옥사이드는 장내세균 불균형과 소장세균 과증식이 있을 때 장내의 지배종이 되는 후벽균Firmicutes과 장내세균이 만드는 생산물이다. 육류를 섭취하는 사람의 트라이메틸아민옥사이드 농도가 높다는 사실은 동물단백질 섭취가 심장질환의 원인이라는 지나치게 단순한 결론으로 이어졌다. 여기서 나타나는 논리의 오류는 명확하다. 트라이메틸아민옥사이드 농도를 높여서 심장질환을 일으키는 원인은 생선, 닭, 돼지고기, 소고기가 아니다. 원인은 장내미생물 균총의 붕괴이며, 트라이메틸아민옥사이드를 생산하는 후벽균과 장내세균이 증가한 탓이다. 미생물 균총이 붕괴하면 세균 내독소혈증도 증가하며, 이 역시 심장질환에 영향을 미친다고 알려져 있다. 이후에 우리는 프리바이오틱스 섬유소와 폴리페놀, 지방, 엑스트라버진 올리브유에 든 올레산이 풍부한 식단이 트라이메틸아민옥사이드 농도가 높아지면서 나타나는 역효과를 없애고 내독소혈증을 치료하는 과정도 논의할 것이다.

콜레스테롤 함량은 무시하고 계속해서 지방을 즐기라. 소고기, 돼지고기, 생선을 섭취하라. 식생활 지침과 현란한 뉴스 제목이 물을 흐리기 전, 지난 수백만 년 동안 인간이 해 왔던 대로 하면 된다.

고대인의 치아는 건강했다?

당신은 인간 마이크로바이옴의 붕괴가 지난 반세기 동안 일어난 현대적인 현상이라고 생각할 것이다. 지난 50년간 인간의 미생물 균총 붕괴가 전례 없이 가속했다는 데 의문의 여지는 없다. 그러나 이러한 변화는 이미 수천 년 전에 시작되었다. 고대문명인의 자연 미라나 냉동인간 연구를 통해 얻은 지식과 함께, 인간의 치아와 화석화된 분변(분석coprolite) 등 뜻밖의 출처를 다수 조사하면서 이런 사실이 밝혀졌다.

고고학자와 미생물학자의 협력 연구를 통해, 약 1만 2,000년 전에 농업이 시작되고 중동에서 밀과 보리를 주요 작물로 재배하면서 구강세균 구성이 충치와 치주염과 연관된 세균 종에 급격히 호의적으로 변했다는 사실이 알려졌다. 구강 미생물 균총이 곡물에서 나오는 당을 발효하는 종으로 바뀌면서 구강이 산성화하자, 인간은 충치에 취약해졌다. 사람들은 농업을 시작하기 전의 수렵채집인에게 충치가 드물었다는 사실을 알면 종종 놀란다. 발견된 치아 중 1~3%에만 충치가 있었다. 상상해 보라. 칫솔, 불소화 치약, 치실, 치과의사, 치과 치료가 없는 수렵채집인에게 치과 위생은 나뭇가지나 풀잎으로 이 사이에 낀 누Wildebeest 고기 조각을 빼내는 것이 전부였다. 유아기를 살아 넘긴 수렵채집인은 늙을 때까지 치아가 전부 가지런히, 충치나 치은염 또는 고름집 없이 그대로 있었다. 50대, 60대, 70대까지 산 고대인의 치아가 곧고 온전했다는 사실을 보여 주는 화석은 많다.

농업이 시작되면서 야생 작물을 먹던 인간은 경작한 밀, 보리, 수수, 옥수수를 먹게 되었다. 중동은 밀과 보리를, 사하라사막 이남의 아프리카는 수수를, 중앙아메리카에서는 옥수수를 먹었는데, 곡물을 섭취한 모든 곳에서 충치, 치은염, 치주염, 고름집, 치아 손실이 급격하게 늘어났다. 화석으로 남은 치아를 살펴보면 모든 치아의 16~49%가 영향받았다.

이 양상은 현재까지 이어진다. 취학연령 아이들의 60~90%는 충치가 있고, 성인의 20%는 치주염이 있으며, 성인 100%는 충치가 있다. 세계보건기구는 65

세 이상의 무치악, 즉 치아가 전혀 없는 사람들의 비율을 조사했는데, 캐나다는 58%, 핀란드는 41%, 미국은 26%라는 충격적인 결과가 나왔다.

인간의 구강 마이크로바이옴은 완벽하게 바뀌었다. 구강 마이크로바이옴은 장내 마이크로바이옴의 결정 요인이므로, 우리는 목을 타고 넘어간 구강 미생물군이 도착한 9m 길이의 위장관에서 어떤 변화가 일어났을지 짐작만 할 뿐이다.

점액이 우리를 구원할 것이다

현대사회의 삶이 무너뜨린 또 다른 보호막은 미생물의 혼돈에 대항하는 방어선의 최전방, 위장관 속을 둘러싼 점액층이다. 점액이라는 말에 당신이 "으윅" 하고 고개를 내젓기 전에, 장 점액층이 나쁜 미생물과 맞서 싸우며 우리를 보호하는 좋은 친구라는 사실을 이해시키려 한다.

성가신 일이 생기지 않는 한, 우리가 점액을 자주 생각할 일은 없을 것이다. 독감이나 알레르기 때문에 코를 풀면 나오는 지저분하지만 부드럽고 끈적거리는 바로 그것이 점액이다. 점액은 건강에서 중요한 역할을 한다. 물리적 방어벽이기도 하고, 면역계가 일하는 매질이자 윤활제다. 내부를 보호하는 벽돌, 스투코stucco, 알루미늄 외장이 없는 집에 산다고 상상해 보라. 비, 바람, 눈이 몰아치는 야외에서 사는 것은 상당히 비참할 것이다. 우리는 악천후로부터 보호받을 것이 필요하다. 마찬가지로 점액층의 보호가 없는 삶은 혹독할 뿐 아니라 삶 자체가 불가능할지도 모른다. 페인트를 벗겨 낼 만큼 강력한 물질이자 소화과정의 시작점인 염산이 가득 든 위가 소화되지 않는 것은 점액 덕분이다. 점액은 우리가 먹는 단백질, 지방, 탄수화물을 분해하는 부식성 담즙과 췌장 소화효소와의 정기적인 접촉을 장이 견뎌 내게 돕는다. 위장관의 모든 부분에서 생산되는 독특한 점액은 보호와 소화 기능을 놀랍고 매혹적으로 조율한다.

소화 전쟁에서 발생하는 맹습을 방어하는 기능에 더해 점액은 소화되지 않은 음식 성분이 위장관 내벽 세포에 침투하는 것을 막고, 위장관에 거주하는 수조 마리의 미생물에 대항할 방어벽을 만든다. 어떤 요인은 점액층을 강화하고 어떤 요인은 점액층을 분해하는데, 이 작은 차이로 인해 장이 놀랍도록 건강할 수도, 궤양성결장염을 앓을 수도 있다. 1mm도 안 되는 두께의 점액층이 파괴와 질병으로부터 장을 지켜 준다. 어떤 주장에 따르면 궤양성결장염은 세균이 결장의 보호 점액층을 뚫고 장 내벽으로 침입하면서 시작된다고 한다. 따라서 건강의 기본 조건은 이 중요한 방어벽을 유지하는 것이다.

점액은 원시적이며, 최초의 다세포생물을 떠오르게 한다. 호모사피엔스 시절부터 지금까지 점액이 존재해 왔다는 사실은 점액이 물과 산소처럼 필수 요소임을 뜻한다. 달팽이나 개구리 같은 생물이 점액 생산의 장인인 것처럼, 인간도 위장관 전체에서 점액을 구성하는 단백질을 생산하는 데 상당히 능숙하다. 잘게 씹은 음식을 윤활 작용 없이 삼킨다고 상상해 보라. 사과나 햄버거 조각은 당신의 식도에 여러 날 걸려 있을 것이다.

인간의 위장관에 밀집한 미생물 무리는 원래 장 내벽에 직접 접촉할 수 없다. 점액이 그 사이를 가로막는다. 점액층이 무너지거나 공격적으로 침입하는 미생물이 등장할 때만 직접적인 접촉이 이루어진다. 어떤 세균 종이 위장관에 거주하는지에 따라 점액층이 건강하고 완전할 수도, 이미 미생물로 인해 분해되어 장 내벽과 미생물의 접촉을 허용했을 수도 있다.

인간 위장관에 사는 세균의 주요 먹이는 '프리바이오틱스 섬유소'라고 부르는 특별한 형태의 식이섬유다. 인간에게는 프리바이오틱스 섬유소를 분해하는 소화효소가 없지만 세균은 프리바이오틱스 섬유소를 대사해서 화합물로 전환할 수 있으며, 이는 인간 장벽腸壁 세포의 영양분이 된다. 그러므로 세균이 '소화'하는 일은 인간의 건강에도 중요하다. 그러나 프리바이오틱스 섬유소 공급이 줄어들거나 없어져 힘든 시기가 닥치면, 일부 세균 종은 인간의 점액을 대안 영양분으로 삼아 먹어 치우면서 점액층을 얇게 만든다. 이는 점액을 생산하는 숙주, 즉 당신에게 심각한 합병증의 원인이 될 수 있다.

결장의 보호 점액은 두 층으로 이루어져 있기에 본래 결장에 살며 그곳에 집중분포하는 수많은 세균과 진균을 더 효과적으로 방어할 수 있다. 소장은 보호 점액이 한 층만 있어서 더 약하다. 소장세균 과증식과 소장진균 과증식처럼, 결장에서 소장으로 미생물이 올라와서 두 층의 보호 점액이 없는 상부위장관에 머무른다면 어떤 일이 일어날까? 엄청난 수의 미생물은 단층으로 된 소장의 점액에 구멍을 뚫을 수 있는데, 구멍을 통해 미생물의 대사 분해산물이 혈류에 들어가면 상당히 위험하다. 때로는 미생물 자체도 장 내벽을 뚫고 나가 혈류를 타고 온몸을 돌아다니기도 한다. 이 과정은 몸에 다양한 형태의 염증반응을 일으키면서 섬유근육통, 궤양성결장염, 하시모토병 같은 질병으로 나타난다.

점액 따위는 무시하고 싶겠지만, 이 끈적한 화합물이 인간의 몸에서 수행하는 중요한 역할에 관심을 기울이면 마이크로바이옴 통제력과 건강을 성공적으로 되찾는 데 한 걸음 나아갈 수 있다.

프리바이오틱스 섬유소가 점액을 지킨다

현대인은 식단을 통해 식이섬유를 풍부하게 섭취하기가 상당히 어렵다. 수렵채집인은 섬유질이 많은 야생식물, 뿌리, 덩이줄기를 주로 섭취했지만, 현대인은 달고 섬유소 함량이 적은 현대 채소 및 과일과 가공식품을 주로 섭취하면서 섬유소 섭취량이 이전보다 심각하게 감소했다. 다양한 기관이 제시하는 '수정된' 권장 식단은 대부분 식단에 통밀 시리얼과 통곡물에 함유된 셀룰로스cellulose 섬유소를 넣는 데 초점을 맞춘다. 셀룰로스는 소화할 수 없는 섬유소이기에, 인간과 미생물의 소화과정을 모두 거치지 않은 채 그대로 인간의 위장관을 통과한다. 따라서 셀룰로스는 '대량'으로 들어오지만 별다른 기능을 하지 않고 온전한 상태로 위장관을 통과해 몸 밖으로 나간다.

한편 프리바이오틱스 섬유소의 다양성은 셀룰로스가 보여 주는 수동성과는 거리가 멀다. 프리바이오틱스 섬유소는 장에 사는 수많은 세균 종의 주요 먹이로, 세균들은 프리바이오틱스 섬유소를 인간 건강에 중요한 대사산물로 전환한다. 세균은 인간이, 인간은 세균이 필요한 진실한 공생관계다. 프리바이오틱스 섬유소를 풍부하게 섭취하면 혈당이 낮아지고, 인슐린저항성이 줄어들며, 트라이글리세라이드 triglycerides 농도가 낮아지고, 지방간이 생길 가능성이 줄어들며, 혈압도 낮아진다.

프리바이오틱스 섬유소를 섭취하지 않으면 미생물의 유익한 대사산물을 얻지 못할 뿐 아니라 특이한 현상이 벌어진다. 프리바이오틱스 섬유소가 부족할 때 증식하는 특정 세균 종은 섬유소 대신 인간의 점액을 먹는다. 이는 대부분의 다른 세균 종은 갖추지 못한 독특한 장점이다. (우리에게 좋은 일은 아니다.) 아커만시아 뮤시니필라(뮤신 mucin[2]+필라 phila[3]=점액 애호가)는 적절한 수의 개체가 유지될 때는(장 전체 세균의 3~5%를 차지할 때) 인간 숙주에게 이로운 대사산물을 생산해서 상당한 건강상의 이점을 제공한다. 그러나 미국식 가공식품 식단이나 케토제닉 같은 엄격한 저탄수화물 식단으로 인해 프리바이오틱스 섬유소 섭취가 줄어들면, 인간 점액을 먹고 생존하는 아커만시아의 부정적인 능력이 드러나게 된다. 기아 상태가 되면 프리바이오틱스 섬유소를 섭취하는 다른 세균 종은 죽거나 수가 줄어들지만, 아커만시아는 오히려 수가 늘어나고 위장관 속 모든 세균의 10%, 15%, 18% 혹은 그 이상을 차지하며 인간의 점액을 게걸스럽게 먹어 치운다. 결과는 장 점액층의 붕괴다. 이는 장내 염증반응, 장 투과성 증가, 내독소혈증과 함께 결장암 위험 증가로 이어진다.

이 말인즉슨 전체적으로 섬유소 섭취가 부족하고, 따라서 비참할

---

2   점막에서 분비되는 당단백질

3   '사랑하는'이라는 뜻

정도로 프리바이오틱스 섬유소 섭취량이 결핍된 평균적인 현대인의 삶이 미생물의 절망이라는 낭떠러지에 서 있다는 뜻이다. 장 속 유익한 미생물 수가 줄어들면서 유용한 미생물 대사산물이 부족해지고, 간간이 일부 미생물이 점액 섭취에 의지하게 된다는 의미이기도 하다. 덧붙여, 단기적인 효과에 눈이 멀어 케토제닉을 비롯한 저탄수화물 식단을 실천하느라 프리바이오틱스 섬유소 섭취를 무시하는 많은 사람이 장기적으로 건강 악화의 길로 들어설 수 있다는 뜻이기도 하다.

프리바이오틱스 섬유소를 무시하는 것 말고도 보호 점액층이 붕괴하는 데 이바지하는 또 다른 요인은 무엇이 있을까?

당신의 하루에 점액을 더해 보자

장 세포는 계속해서 점액을 만든다. 당신이 아침을 먹을 때 만든다. 책상에 앉아 인터넷 서핑을 하거나, 낙엽을 치울 때도 만든다. 잠잘 때도 만든다. 당신이 어제, 아니 오늘 아침에 가지고 있던 점액층은 지금 당신이 가진 점액층과 다르다. 점액단백질과 기타 요소들을 24시간 내내 생산할 수 있기에 일시적인 붕괴를 몇 분 안에, 늦어도 한 시간 안에 바로잡을 수 있는 관용적인 체계인 것이다. 이렇게 특별한 내장형 방어 수단이 있으면서도 현대인은 여전히 일을 그르치고 있다.

삶의 우선순위 목록에서 점액층 관리가 상위권을 차지하지는 않더라도, 장 건강과 마이크로바이옴 구성에 점액이 미치는 영향력을 생각하면 건강과 행복을 위해 일상에서 점액층을 붕괴시키는 요인에 주의를 기울여야 한다.

락토바실루스와 비피도박테리움 같은 프로바이오틱스 세균은 우리 편이다. 이들은 점액 생산을 촉진해서 두껍고 방어력이 높은 점액층을 만들게 하며, 프리바이오틱스 섬유소로 장 내막에 영양분을 공급하는 대사산물인 부티레이트butyrate, 프로피오네이트propionate 등을 만든다. 이는 시판 프로바이오틱스가 무질서한 미생물의 집합임에도 불구하고 어느 정도 유익한 주요 이유의 하나다. 그러나 장 점액의 방어벽을 강화할 또 다른 방법도 있다.

아커만시아의 수가 너무 적거나 많아지지 않도록 균형을 맞추면 장 점액도 건강해진다고 앞서 설명했다. 아커만시아 종은 점액을 먹기도 하지만 점액 생산을 활성화하기 때문이다. 아커만시아의 수가 너무 적으면, 이 미생물이 주는 점액 생산 촉진 외의 대사상의 상당한 이점, 예를 들어 혈당 감소와 혈압 강하 같은 효과를 누리지 못할 것이다. 프리바이오틱스 섬유소를 충분히 섭취하지 못했을 때 아커만시아의 수가 너무 많아지면, 아커만시아는 통제를 벗어나 증식하면서 점액층을 먹어 치울 것이다. 식단에 프리바이오틱스 섬유소를 충분히 넣는 것만으로도 우리는 잠재적으로 위험한 이 사태를 막을 수 있다.

여기서 더 나아가 식단에 올리브유를 풍부하게 첨가해서 아커만시아 종이 활발하게 활동하도록 할 수 있다. 수많은 과학자가 올리브유에 들어 있는 하이드록시타이로솔hydroxytyrosol 같은 폴리페놀에 관심을 보였지만, 올리브유의 주요 장점은 또 다른 성분인 올레산에서 나온다. 올레산은 올리브유에 들어 있는 지방산으로 올리브유 무게의 70%를 차지한다. 올리브유의 올레산은 훌륭한 아커만시아 증식 자극제다. 엑스트라버진 올리브유를 일상적으로 곁들이는 습관을 들이자. 올리브유로 요리하거나, 찍어 먹는 소스로 이용하거나, 완성된 요리에 뿌리기만 해도 된다. 맛있게 먹는 것만으로 아커만시아를 자극해 장 점액의 건강을 챙기고, 프리바이오틱스 섬유소를 섭취하는 습관을 유지할 수 있다.

예상치 못한 식이 요인들이 장 점액 생산을 촉진할 가능성도 있다. 온갖 괴상한 것들을 통틀어서 이 경기장의 스타는 정향clove이다. 정향에서 짜낸 에센셜오일의 약 80%는 유성 화합물인 유제놀eugenol이며, 계피 에센셜오일에도 있지만 양은 훨씬 적다. 유제놀은 적정한 수준의 항균 및 항진균 특성이 있지만 더 주목할 만한 것은 유익한 클로스트리디아 몇 종의 증식을 자극해 장 점액 생산을 촉진하는 독특한 기능이다. 클로스트리디아가 주는 여러 이점과 더불어 유제놀은 장점액 두께를 놀라울 정도로 두껍게 한다.

식물성 폴리페놀 중에서 장 점액에 이로운 또 다른 흥미로운 화합물은 녹차에 든 카테킨catechins이다. 카테킨은 점액단백질 사이에 교차결합을 일으켜 점액층을 두껍게 만들고, 반액체 상태가 아니라 겔에 가까운 점액 형태를 유지해 감염성 미생물과 내독소혈증으로부터 장 내벽을 보호한다. '상쾌한 장 요리법'에 실은 요리법 중에 고농도 말차를 프리바이오틱스 섬유소와 함께 넣어 만드는 스무디가 있는데, 방금 설명한 장 점액 강화 효과가 있다. 정향 녹차 요리법 역시 경이로운 치유 효과가 있다. 정향에 든 유제놀의 점액층 강화 효과, 녹차에 든 카테킨의 점액단백질 교차결합과 겔 형성 효과, 프리바이오틱스 프럭토올리고당fructooligosaccharides, FOSs의 아커만시아 증식 효과를 결합한 것으로, 매일 마시면 장 점액층이 치유된다.

구근을 파헤치고 채소를 먹어 치우는 너구리나 토끼 같은 생물이 뒷마당에 관심을 보이듯이, 점액층을 분해하고 보호기능을 무너뜨리는 요인도 건강에 문제가 생기면 장 내벽에 관심을 보일 수 있다. 채소를 심은 뒷마당 주변에 울타리를 세우면 이런 유해 동물을 물리칠 수 있다. 마찬가지로 활발한 장 점액층을 유지하면 장 내벽을 해로운 생물로부터 지킬 수 있다.

점액층이 무너지면 운동성이 있는 세균, 즉 스스로 움직일 수 있는 세균 종이 위장관 상부로 올라가는 길이 열린다. 운동성이 있는 세균들은 결장에서 시작해서 3~3.7m 길이의 회장과 2.4~2.7m 길이의 공장, 0.2m 길이의 십이지장을 거슬러 올라가 위로 들어간다. 다시 말하면 점액 구성의 변화가 해로운 세균 종이 급증해서 위장관을 거슬러 올라가는 원인 중 하나일 수 있으며, 이 과정은 소장분변화, 소장세균 과증식, 소장진균 과증식으로 이어진다. 따라서 장내세균 불균형, 소장세균 과증식, 소장진균 과증식이나 다른 위장관 질병인 과민대장증후군, 셀리악병, 궤양성결장염, 크론병으로부터 회복한 뒤 장 건강을 재건할 때 장 점액층의 활기와 힘을 회복하는 일이 중요하다.

지금까지 프리바이오틱스 섬유소 섭취가 부족할 때 아커만시아 같은 세균 종이 장을 보호하는 내벽을 분해하는 과정을 설명했다. 그런데 음식과 처방전 약품, 일반 약품, 마시는 물에 흔히 들어 있는 요인도 점액층에 영향을 미친다. 정확히 무엇이 점액층을 붕괴시켜 장세포를 세균과 진균에 노출하고, 세균과 진균이 위장관 상부로 올라가게 하는 것일까?

점액을 붕괴시키는 유화제

싱크대에서 기름 범벅인 접시를 설거지할 때 물 위에 기름 막이 뜨는 것을 본 적이 있는가? 아마 물에 주방세제 몇 방울을 떨어뜨리는 즉시 이 기름 막이 흩어지는 것도 보았을 것이다. 위장관에 적절하지 못한 물질이 들어가면 점액층에서도 이 현상이 일어난다. 물론 접시는 깨끗하게 닦지 못하는 정도에서 그치겠지만, 장 내막이 일시적으로 흩어지면 장 세포가 세균과 음식, 담즙 같은 소화효소에 노출된다.

여기서 잠시 유화 물질에 대해 알아보자. 유화제를 가공식품에 넣으면 재료들이 골고루 혼합된 상태를 유지하며 분리되지 않는다. 땅콩버터에 유화제를 넣지 않으면 고체는 바닥에, 기름은 위에 뜬 채로 분리된다. 시판되는 땅콩버터는 유화 물질이 있어서 부드럽게 혼합된 상태를 유지한다. 유화제는 아이스크림이 고체와 얼음으로 분리되는 것도 막아 주며, 특히 녹였다가 다시 얼려도 제품의 상태를 유지하게 한다. 녹았던 아이스크림을 다시 얼렸다가 꺼냈을 때, 아이스크림에 얼음덩어리만 남아 있던 적이 있지 않은가? 파이 위에 올리고 싶은 크림처럼 부드러운 아이스크림은 아니었을 것이다. 대부분 업체는 이런 분리 현상을 막으려고 유화제를 첨가한다.

그러나 아이스크림, 샐러드드레싱, 땅콩버터 같은 식품에 들어 있는 유화제는 점액을 손상하는 유력 용의자다. 땅콩버터의 혼합 상태를 유지하고 아이스크림을 부드럽게 하는 유화 물질은 인간 점액도 붕괴시킨다. 주방세제처럼 작용해서 점도가 있는 점액을 흩어 버리고 얇아지게 해서 세균이 장 세포 가까이 다가가게 하기 때문이다. 이 효과는 일시적이지만 장 내벽의 염증반응과 내독소혈증을 일으키고, 장내미생물 균총을 구성하는 세균 종의 변화를 일으킬 수 있다.

애틀랜타에 있는 조지아주립대학교 생물의학연구소의 버노이트 채싱은 이 현상을 연구하는 선구자다. 채싱 연구 팀은 미국식품의약국이 안전한 식품첨가제라고 보장한 폴리소베이트 80polysorbate 80이나 카복시메틸셀룰로스carboxymethylcellulose 같은 합성 물질이 점액 방어벽을 파괴하는 강력한 결과를 나타낸다고 증명했다. 점액 방어벽이 일시적으로 해체되면 세균은 장 내벽에 접촉할 기회를 얻게 되며, 이때 세균은 장 세포의 표피층에 침입해 염증을 일으킨다. 유화제는 위장관 속 미생물 종도 바꾸어, 세균 과증식과 소장세균 과증식을 일으키는 장내세균의 수가 늘어난다. 유화제는 식욕을 촉진하고 체중을 늘리는 방향으로 장을 변화시키며, 인슐린저항성과 당뇨병 전단계, 2형당뇨병을 악화하는 상황을 야기한다.

이 발견이 암시하는 바를 생각해 보자. 아이스크림 같은 가공식품에 들어 있는 유화제는 체중증가, 비만, 2형당뇨병, 결장염, 장내세균 불균형, 소장세균 과증식에 이바지한다. 지방이나 열량이 문제가 아니라 유화제가 문제다. 식품첨가제가 염증장병, 궤양성결장염, 크론병 발생률을 높이는 기저 원인일 수 있다는 추정이 힘을 얻고 있으며, 이 질병들은 최근 서구식 식생활을 도입한 다른 나라에서도 폭발적으로 늘어나고 있다. 지금까지는 폴리소베이트 80과 카복시메틸셀룰로스만 연구했지만, 카라기닌carrageenin, 덱스트란황산dextran sulfate, 프로필렌글리콜propylene glycol처럼 유화제 특성이 있는 다른 식품첨가제도 대부분, 혹은 모두가 비슷하게 해로운 효과를 나타낼 것으로 추측된다.

굳이 요점을 다시 짚을 필요는 없을 것이다. 폴리소베이트 80, 카복시메틸셀룰로스를 비롯한 유화제는 완벽히 배제하라. 땅콩버터, 아이스크림, 그 외 지방을 함유한 식품을 고를 때 경계를 게을리하지 말라는 뜻이다. 달걀과 아보카도처럼 품질 표시가 필요 없는 식품을 선택하면 훨씬 더 좋다. 아이스크림 같은 식품은 직접 만들기도 쉽다. 직접 만드는 음식에 폴리소베이트 80이나 다른 첨가제를 넣지는 않으리라고 믿는다. 장내미생물 균총은 당신에게 감사할 것이다.

현대인의 삶에는 이외에도 점액 붕괴 요인이 다수 있다. 파스타, 냉동식품, 스포츠음료, 그 외 가공식품에 흔히 들어 있는 식품첨가제인 말토덱스트린maltodextrin도 해로운 효과를 불러온다. 부엌이나 화장실 수도꼭지에서 나오는 염소 소독한 물도 점액을 붕괴시키며, 장 건강을 파괴하고 결장암으로 이어질 수 있는 장 용종을 키운다. 매년 수천만 명이 관절염 통증, 월경통, 두통이 있을 때 광범위하게 복용하는 비스테로이드항염증제, 즉 이부프로펜, 나프록센, 인도메타신indometh-acin, 디클로페낙diclofenac은 점액층과 마이크로바이옴의 강력한 파괴자다. 운동은 장 건강과 장내미생물 균총에 이로운 효과를 나타내지만, 미리 탄수화물 섭취를 늘린 뒤 경련·구토·설사로 인한 고통을 겪으면서 42km를 달리는 식의 지나친 운동은 점액층을 무너뜨려서 장 투과성, 내독소혈증, 염증 및 자가면역질환을 일으킨다. 장기적인 감정적 스트레스 역시 점액층을 손상시켜 건강에 해로운 영향을 미친다고 추정된다.

항생제, 청량음료, 주스, 통조림과 냉동식품에 든 수백 가지의 식품첨가제, 수천 가지의 처방전 약품이 점액을 무너뜨리는 효과는 아직 언급하지도 않았다. 스티로폼 용기나 전자레인지 사용이 가능한 용기에 담겨 배달되는 음식, 절대 분리되지 않는 아이스크림, 관절병 건선psoriatic arthritis을 '치료'하기 위한 항염증제가 우월한 삶의 방식이라고 설득당한 우리들의 삶에는 이런 점액 붕괴 요인이 어디에나 있다. 그러므로 이런 요인을 피하고 장 점액 생산을 촉진하는 세균 종을 복구하는 일은 우리의 건강과 삶에 매우 중요하다.

점액층을 잘 돌보면 점액층도 우리를 돌볼 것이다. 이제 소장세균과증식이라는 중요한 주제를 탐색해 보자.

『골딜록스와 곰 세 마리』에서 골딜록스가 곰들의 집에 들어가서 의자에 앉고, 죽을 먹고, 침대에서 잠잘 때마다 가장 크거나 작은 것, 가장 뜨거운 것이나 차가운 것은 놔두고 '딱 알맞은' 중간을 선택한 것을 기억하는가?

아커만시아도 마찬가지다. 우리는 이 세균 종이 너무 많거나 적은 상태는 바라지 않는다. 그저 딱 알맞은, 적절한 수만 필요하다.

그러려면 프리바이오틱스 섬유소 같은 건강한 음식을 먹어야 한다. 마늘과 양파, 폴리페놀이 풍부한 채소와 과일, 올레산을 포함한 올리브유 같은 식품은 모두 아커만시아를 번영하게 한다. 이 균을 장내미생물 균총의 약 5%로 유지하면 아커만시아는 당신이 제공하는 영양분을 우적우적 행복하게 먹으면서 점액에는 눈길도 주지 않을 것이다. 이 '딱 알맞은' 수준일 때, 아커만시아는 장 점액을 경작하는 경이로운 농부가 된다. 더불어 인슐린 반응을 정상으로 되돌리고, 혈당을 낮추며, 트라이글리세라이드를 감소시키고, 지방간을 예방하며, 장 내벽을 강화하고, 내독소혈증을 줄이는 등 상당한 효과를 낸다. 네덜란드 마이크로바이옴 연구자인 빌럼 더포스는 아커만시아를 가리켜 '인간 점막의 문지기'라고 불렀다. (점막은 장관 속 얇은 세포층을 가리킨다.)

아커만시아가 '선호하는' 프리바이오틱스 섬유소 등 영양분을 주지 않으면 이 세균 종은 인간 점액을 먹이로 삼아 생존한다. 그러면 장 속 염증반응과 함께 내독소혈증이 생기면서 장기적인 건강 문제가 발생한다. 아커만시아에 한해서 우리는 골딜록스처럼 '딱 알맞은' 정도, 즉 전체 장내미생물 균총의 약 5%를 유지해야 한다.

전체 인구의 5%가량은 아커만시아가 전혀 없다. 이 사람들은 프리바이오틱스 섬유소나 올리브유를 아무리 많이 먹어도 아커만시아가 증식하지 않는다. 마치 뒷마당에 오이를 심지 않는 한 물과 비료를 아무리 주어도 오이가 자라지 않는 것과 같다. 아커만시아가 없는 사람들은 이 세균 종이 함유된 프로바이오틱스를 먹는 전략을 고려할 수 있다.

정리하자면, 아커만시아가 선호하는 음식인 프리바이오틱스 섬유소, 과일과 채소에 든 폴리페놀, 올리브유에 풍부한 올레산 등을 충분히 먹는지에 상황이 달려 있다. 이런 영양소는 과식하기 쉽지 않으며 풍부하게 섭취하더라도 아커만시아가 과증식하는 일은 없다. 이런 영양분이 모자랄 때만 아커만시아는 점액층을 먹어 치우게 된다.

특별히 아커만시아 개체 수를 관리할 만큼 섬세할 필요는 없다. 그러나 프리바이오틱스 섬유소를 꾸준히 섭취하면서 아커만시아 종을 키울 수 있는 음식인 채소, 과일, 올리브유까지 함께 먹어야 건강한 균형을 유지할 수 있으며, 아커만시아가 당신의 점액층에 파고들어 침 흘리는 일을 예방할 수 있다는 사실을 명심하라.

2부

프랑켄슈타인 장

프랑켄슈타인 장은 어떻게 만들어질까?

젊은 피부와 근육을 되찾고, 불안과 우울을 줄이는 미생물을 키우는 방법을 소개하는 부분으로 넘어가기를 고대하는 독자들도 있을 것이다. 하지만 먼저 우리가 키워 왔던 해로운 미생물을 건강한 미생물로 대체하는 길을 가로막는 장애물을 치워야 한다. 훌륭한 미생물들을 끔찍한 뱀 소굴에 던져 넣고 싶은 사람은 없을 테니 말이다.

지금 당장은 콩이나 양파에 과민증이 있을 수도, 칠리소스를 한 그릇 먹으면 가스가 차고 복부 팽만감이 심각할 수도 있다. 혹은 섬유근육통이 심해서 정원 가꾸기나 청소처럼 단순한 신체활동을 할 수 없을지도 모른다. 과민대장증후군 때문에 배변 급박감에 시달려서 근방의 공중화장실 위치를 모두 파악하지 않는 한 집에서 몇 킬로미터 이상 나가지 못할 수도 있다. 과체중이거나, 2형당뇨병을 앓거나, 류머티즘성관절염이나 하시모토병 같은 자가면역질환이 있거나, 점점 더 많은 사람에게 퍼지는 듯 보이는 다양한 질병을 앓고 있을 수도 있다. 다이어트 탄산음료, 아이스크림, 이부프로펜이 당신의 마이크로바이옴에 해로운 변화를 일으킨다는 사실을 모른 채 그저 건강한 상태라고 생각할 수도 있다. 아니면 이런 만성질환의 평범한 '해답', 즉 의사에게 인슐린, 스테로이드, 그 외 약물 처방전을 받거나, 비만 대사 수술이나 그 외 과체중과 비만을 해결하는 외과적 및 절차적 '치료'를 받았을지도 모른다. 기존 보건의료체계가 제공하는 해답을 수용했을 때, 당신이 얻은 것은 무엇인가?

의사의 통상적인 조언을 따르면 겉으로 드러나는 질병 현상을 완화할지는 몰라도 위장관을 장악한 미생물 과증식이라는 근본 원인은 해결할 수 없다. 당신은 이제 질병을 일으키거나 악화하는 장내미생물 균총의 대규모 붕괴를 해결하지 못하는 기존 의학의 한계를 뚜렷하게 인지했을 것이다. 약물이나 치료에 의존하면 그 끝은 종종 사태를 악화하는 상황으로 이어진다. 예를 들어 소장세균 과증식을 치료하지 못하면 류머티즘성관절염이나 루프스lupus 같은 자가면역질환이 나타날 수 있으며, 관상동맥 질환 위험을 높이고, 인슐린저항성을 유지하거나 악화하며, 혈당과 혈압을 높이고, 지방간을 촉진하고, 곁주머닛병과 결장암의 가능성을 높인다. 신경퇴행성질환에도 노출될 수 있다. 소장세균 과증식을 치유하지 않고 건강한 장내미생물 균총을 회복하지 않는 것은 아주 멍청한 짓이다.

확실히 인간의 결장은 아름다운 곳은 아니다. 꽃이 만발했다거나 섬세한 향기가 가득하지는 않지만(사실은 그 반대다!), 결장은 평생 중요한 기능을 몇 가지 수행한다. 예를 들어 소장을 통과하면서 부분적으로 소화된 음식의 반액체 혼합물에서 물을 흡수한다. 이후 반고체 상태가 된 혼합물은 업무 회의 시간이나 운전 중이 아닌 적당한 기회에 통제 아래 배출되기 위해 근육질의 직장에 저장된다.

결장은 인간에게 이롭거나 해로운 미생물 수조 마리의 집이기도

하다. 일부 미생물은 소화과정을 돕고, 어떤 미생물은 다른 미생물에게 유익한 대사산물을 만들며, 또 다른 미생물은 인간이 사용할 비타민을 생산하면서 서로가 영양분과 생존을 두고 경쟁한다. 이상적으로는 유익한 미생물이 당신의 결장을 지배하면서 병원성미생물을 억제하며, 1.5m 길이의 몸속 부동산을 지배하기 위해 24시간 내내 다툼이 벌어진다.

앞서 설명했듯이 수많은 요인이 균형을 깨트리면서 해로운 미생물 종이 장을 지배할 수 있다. 예를 들면 글리포세이트로 오염된 부리토나 아스파탐이 첨가된 다이어트 콜라를 먹었다가 해로운 종이 증식한 사람도 있다. 이런 미생물이 결장에 남아 살아가면서 유익한 종과의 경쟁에서 이기는 상황을 우리는 결장세균 불균형이라고 부른다. 결장은 튼튼한 두 층의 점액층으로 보호받지만, 결장에 서식하는 분변 장내세균과 그 외 해로운 세균 종의 증식은 점액층을 약화할 수 있으며, 장 내벽에 구멍을 뚫어 세균과 진균 분해산물을 혈류로 내보낼 수 있다는 사실도 상기해야 한다. 이 상황은 궤양성결장염, 곁주머닛병, 결장암 같은 질병을 불러올 만큼 심각하다.

그러나 상황은 점점 악화되고 있다. 일부 해로운 미생물은 자신이 속해야 할 곳에 있기를 거부하고 1.5m가량의 결장을 거슬러 오르고 약 7.3m 정도 되는 회장, 공장, 십이지장을 지나 위까지 도달한다. 그 결과 생기는 소장세균 과증식은 음식에 든 제초제와 살충제, 의사가 처방하는 위산 억제제처럼 우리를 둘러싼 요인 때문에 생긴다. 설탕이 많이 든 탄산음료나 무가당 음료, 심지어 아이스크림이나 랜치 드레싱처럼 언뜻 보면 해가 되지 않을 익숙한 음식 때문에 일어나기도 한다.

이런 요인은 대부분 현대적인 현상이다. 1950년대에는 누구도 글리포세이트 범벅인 옥수수를 먹거나 아이스크림에 첨가한 폴리소베이트 80에 노출되지 않았으며, 콜레스테롤 수치를 낮추려 스타틴을 복용하지 않았다. 그리고 그 어느 시대에도 과민대장증후군, 1형 및 2형 당뇨병, 고혈압, 궤양성결장염, 크론병, 자가면역질환, 피부발진, 식품 알레르기, 신경퇴행성질환이 이렇게 많지 않았다. 이런 질병이 당신을 다음 주 화요일에 사망하게 하거나 3주 동안 집중치료실에 입원시키지는 않겠지만, 결장 내 세균 불균형과 소장세균 과증식은 수많은 질병을 불러올 수 있다. 그러므로 증상만 치료하지 말고 근본적인 원인, 즉 장내미생물 균총의 비정상적인 변화를 해결해야 한다.

소장세균 과증식은 당신의 소장이 습격당하는 것이다. 해로운 분변 세균 종이 결장에서 유익한 프로바이오틱스 세균 종을 압도한 뒤, 자신들이 속하지 않는 거주지인 소장으로 거슬러 올라가 점령한다. 이 불청객들은 상부위장관을 둘러싸 보호하는 얇은 한 층짜리 소장 점액층을 분해한다. 해로운 세균의 분해산물은 약해진 점액층에 뚫린 길을 통해 혈류로 들어가 다른 기관으로 퍼져 나간다.

당신이 위 문단을 읽는 순간에도 미생물 수십억 마리가 당신의 장 속에서 생겨나고 죽는다. 물론 미생물이 묻힌 무덤은 없다. 다른 미생물과 협력하고 경쟁하다가 짧은 생을 마감한 그들은, 음식, 물, 효소, 담즙, 그 외 살아 있거나 죽은 미생물로 가득 찬 소장 속 혼합물에 자신의 '몸' 구성 요소를 배출한다. 이 같은 미생물 잔여물 일부는 혈류로 스며든다. 이 현상은 내독소혈증으로 파트리스 카니의 프랑스 연구 팀이 2007년에 입증했다. 내독소혈증은 장미증의 피부발진, 하시모토병의 갑상샘 염증, 섬유근육통과 그에 동반되는 관절통 사례처럼, 위장관에 사는 미생물이 어떻게 위장관에서 멀리 떨어진 곳에 증상을 나타낼 수 있는지에 관한 중요한 잃어버린 고리다. 혈류를 타고 이동하는 주요 독소는 지질다당류로, 소장세균 과증식과 분변 세균 과증식을 일으키는 대표 종인 장내세균의 세포벽 성분이다. 다시 말하면 위장관에서 살고 죽는 장내세균에 속하는 수조 마리의 미생물은 죽을 때 자신을 구성하는 성분인 LPS를 혈류로 내보내서 몸속 다른 조직과 기관 어디에나 영향을 미친다.

소장세균 과증식을 앓는 사람은 위장관에서 간으로 혈액을 운반하는 문맥순환에서 LPS가 열 배 더 많이 측정된다. 간이 세균 과증식의 부산물로 과도하게 난타당하고 있으며, 이 같은 맹공격으로 지방간에서 간염이 일어나 간경화증^{cirrhosis}(간에 나타나는 위험한 형태의 섬유화 현상)으로 발전할 수 있다는 뜻이다. 또한 전신순환에서도 LPS 농도가 2~4배 높아 소장세균 과증식의 결과물을 효율적으로 몸 구석구석에 퍼뜨린다.

LPS는 실험동물인 쥐에 미량만 주입해도 엄청난 염증반응을 일으키며, 종종 실험동물을 죽이기도 한다. LPS는 대장균과 살모넬라, 슈도모나스 종의 세포벽에서 유래한다. 그렇다, 이들은 소장세균 과증식을 일으키는 세균 종이자 분변에서만 발견되어야 할 종이다. (이 미생물들은 식중독을 일으키는 균주와 연관성이 있어서 익숙한 이름일 수도 있다. 화장실에 다녀온 후 손을 씻지 않은 사람이 우리가 먹을 패스트푸드 햄버거를 만드는 경우 이 세균 종들에 노출된다.) 분변 세균 종이 증식해서 투과성이 높은 위장관 9.1m를 기어 올라오면 우리는 대량의 LPS에 노출된다.

미생물 분해산물이 누출되는 것에 더해, 미생물 자체도 장 내벽과 그 너머에 발판을 마련할 수 있다. 담석을 잘 살펴보면 미생물을 찾을 수 있다. 췌장암 조직을 찾아봐도 아마 미생물이 있을 것이다. 이런 질병을 일으키는 데 미생물이 어떻게 관여하는지는 아직 밝혀지지 않았다. 그러나 침실 창밖 진흙 위에 남은 발자국이 도둑질의 증거이듯이, 원래 있어야 할 결장에서 멀리 떨어진 곳에서 미생물의 존재가 확인됐다는 사실은 장내세균 및 진균 과증식이 질병의 근원이라는 사실을 가리킨다. 원래 결장에 사는 대장균 같은 세균이 7.3m나 떨어진 담낭에 있는 담석에 어떻게 들어갔을까? 소장세균 과증식을 일으키는 세균이 상부위장관을 점령했다는 사실이 이 현상을 설명할 수 있다. 세균이나 진균이 어떻게 뇌에 발판을 마련했을까? 장에 침입한 미생물이 장 내벽을 무너뜨린 뒤 혈류에 들어갔다는 것이 가장 그럴듯한 설명이다. 너무나 새로운 현상이라 공식 명칭은 아직 없지만, 공공연하게 감염을 일으키지 않는 세균과 진균 종이 다양한 기관을 장악하면서 췌장염pancreatitis이나 담석, 치매 같은 질병을 촉발할 가능성이 있다.

이런 과정이 진행되도록 방치했다는 사실은 어떻게 알 수 있을까? 바람직하지 않은 미생물이 거실 천장 높이보다 세 배나 높은 곳까지 기어 올라가 당신의 위장관 일부를 무단으로 점유해서 미생물 사막으로 바꾸었으며, 이제 엄청난 양의 해로운 LPS를 퍼뜨릴 것이라는 특별한 징후라도 나타나는 것일까? 미생물의 존재를 탐지할 만한 발자국이나 지문이 없다면 미생물의 침략을 알아차릴 단서가 될 만한 증거는 무엇일까?

사실 우리는 이른바 '숨길 수 없는 신호'를 통해 소장세균 과증식의 신호를 식별할 수 있다. 지하실에 물이 차오르는 현상이 배수시설에 문제가 있으며 재앙을 부를 수 있다는 신호이듯이, 몸에서 느껴지는 다양한 신호가 상부위장관에 해로운 세균이 존재한다는 사실을 알려 줄 수 있다.

그러나 한 가지, 명확하지 않은 점이 있다. 어디까지가 장내세균 불균형, 즉 결장 내 미생물 균총 구성의 붕괴고, 어디부터가 소장세균 과증식일까? 장내세균 불균형에서는 해로운 세균 종이 증식하면서 이로운 세균 종의 증식을 억누르지만, 소장으로 이동하지는 않는다. 소장세균 과증식은 결장 내 세균 불균형이 더 심각해진 상황으로 해로운 세균 종이 증식하면서 소장까지 이동하는 것이다.

'모 아니면 도'로 판단할 문제가 아니다. 세균 종의 붕괴가 결장에서만 일어났고 아직 곁주머닛병과 결장암으로는 발전하지 않았다면? 소장세균 과증식을 일으키는 세균 종이 결장에서 증식한 뒤 회장을 3m만 올라갔다면, 이것은 소장세균 과증식일까? 우리는 세균 종 구성의 변화뿐만 아니라 세균이 어디까지 이동했는지도 중요한 요소로 고려해야 한다. 9.1m나 되는 장에 그만큼의 해로운 세균 종이 있는 것과 1.5m에 불과한 결장 내 세균 불균형을 비교해 보면, 해로운 세균이 지우는 부담은 확실히 소장세균 과증식 쪽이 더 크다. 내독소혈증의 경우에도 소장세균 과증식 쪽이 세균 수가 훨씬 더 많은 데다가 소장의 점액층 두께도 더 얇아 취약하다. 결장 내 세균 불균형도 건강에 영향을 미치는 비정상적인 상황이지만, 소장세균 과증식은 건강에 훨씬 더 큰 영향을 미치는 심각한 상황이다.

결장에서만 일어나는 장내세균 불균형은 대개 기본 식단의 변화나 선별적인 영양보충제, 발효식품에 있는 유익한 마이크로바이옴 섭취 등 건강한 마이크로바이옴과 비슷하게 세균 종 구성을 회복시키는 여러 전략에 반응을 보인다. 이런 전략은 뒤에서 설명하겠고, 지금 당장은 세균이 상부로 이동해 위나 십이지상에서 증식하는지, 내독소혈증이 나타나는지, 소장세균 과증식을 해결해야 하는지 등, 혹시 장내세균 불균형보다 더 심각한 상황에 처한 것은 아닌지 확인하는 방법을 검토해 보자.

이 모든 소동을 통해, 통제권을 가져야 할 쪽은 당신이라는 사실을 깨달았으면 한다. 그저 크기의 문제일 뿐이지만, 당신의 마음과 신진대사에 영향을 미치는 미생물보다 수백만 배 더 큰 당신이 결국 대장이 되어야 한다. 책임자인 락토바실루스와 클로스트리디아 종에게 명령해서 성가신 클렙시엘라와 살모넬라 종을 제거하고 짓밟는 주체도 당신이어야 한다. 바로 당신이 몸의 주인이기 때문이다. 개미와 당신의 전투에서 누가 이길 것 같은가? 당신이 묵인하며 수동적으로 희생자를 자처하지 않는 한, 당신은 이 조그마한 생물과의 전투에서 승리자가 될 것이다.

소장세균 과증식의 숨길 수 없는 신호

모기에게 물렸다는 사실을 알아챌 수 있는가? 당연히 알 수 있다. 익숙하게 부풀어 올라 붉어진 피부가 미친 듯이 가려워져 신경을 계속 긁고, 심지어 수면까지 방해하면서 당신을 괴롭힐 테니까 말이다.

모기에 물렸을 때처럼, 소장세균 과증식이 오면 빠르게 증식하는 수조 마리의 미생물이 위장관 전체에 침입했으며, 혈액에 이 미생물들이 생산한 해로운 부산물이 넘쳐 난다는 특징적인 신호가 나타난다. 살모넬라와 슈도모나스 같은 세균 종은 분변에는 많지만 위장관 상부에서는 드물기에, 위장관 상부는 결장에서 흔히 볼 수 있는 이 침입자들을 다루는 데 서투르다. 침입자들은 얇은 소장 점액층을 무너뜨리고 혈류에 분해산물을 홍수처럼 들이부으며, 이 중 일부는 장 내벽에 침투해서 염증을 일으킨다.

그렇다면 9m에 이르는 장내 감염과 소장세균 과증식의 부산물이 온몸에 퍼졌다는 징후를 보여 주는 숨길 수 없는 신호는 무엇일까? 기나긴 목록 중 다음과 같은 것들이 있다.

- **음식 과민증**: 식품 알레르기, 프리바이오틱스 섬유소 과민증, 포드맵(발효성 올리고당, 이당류, 단당류와 폴리올polyols, 기본적으로 모든 당류와 프리바이오틱스 섬유소 등) 과민증, 양파, 마늘, 가짓과 식물(가지, 토마토, 감자, 후추) 과민증, 히스타민histamine 유도 식품(조개, 숙성한 치즈, 견과류, 콩류, 그 외 다양한 식품), 과당fructose, 소비톨sorbitol, 달

걀, 콩 등 다양한 형태로 나타난다. 먹지 말아야 할 길고 긴 식품 목록을 확인하는 사람은 드물지 않다. 가장 흔한 상황은 콩과 식물, 뿌리채소처럼 프리바이오틱스 섬유소를 함유한 식품이나 양파 같은 이눌린inulin 함유 식품을 먹으면 90분 안에 배에 가스가 가득 차고 팽만감이 들며 설사가 나는 것이다. 불안, 부정적인 생각이나 우울, 분노처럼 정서적 효과가 나타나기도 한다. 이런 반응을 통해, 섭취한 음식이 소화과정에서 90분 이내에 도달할 수 있는 위치인 위장관 상부에 세균이 존재함을 알 수 있다. 90분은 섭취한 음식이 7.3m나 더 아래에 있는 결장에 도달하기에는 빠듯한 시간이다. 또한 당을 섭취했을 때도 비슷한 반응을 보인다면 소장세균 과증식은 물론 소장진균 과증식도 있다는 강력한 증거다. 어린이도 이 같은 과민증에 시달릴 수 있으며, 그러면 섭취할 수 있는 음식 종류가 제한된다. 고통을 유발하는 식품을 회피하는 것이 단기적으로는 증상을 줄이지만 해결책은 아니다. 애초에 음식 과민증을 유발한 미생물 재앙을 해결하는 편이 유의미한 장기 해결책이다. 음식 과민증은 대부분 소장세균 과증식으로 장내 투과성이 높아져서, 미생물과 식품 부산물이 혈류로 유입되어 면역반응을 일으키면서 나타난다. 이 과정을 음식 과민증으로만 오해하는 사람들은 온갖 종류의 알레르기 식품 회피법을 추종하게 되는데, 알레르기 식품을 피하는 방법은 대부분 지키기 힘들 정도로 엄격하다. 수많은 음식 과민증 검사법은 실제로는 그저 간접적인 소장세균 과증식 식별 방법에 지나지 않는다. 우리는 음식 과민증의 실체를 직시해야 한다. 음식 과민증은 사실 소장세균 과증식이다.

- **지방 흡수장애**: 식이 지방 소화를 방해하는 요인은 수없이 많지만, 입원할 정도의 상태, 급성질환, 췌장이나 담낭 손상이 아니라면 소장세균 과증식이 가장 흔한 원인이다. 배변할 때 기름방울이 섞여 나오는지, 변기와 물의 접촉면에 기름이 끼어 있는지를 보면 확인할 수 있다.

- **지속적이거나 재발하는 피부발진**: 피부과전문의에게 습진, 장미증, 건선psoriasis을 진단받고 치료용 스테로이드 연고나 값비싼 생물제제를 이미 바르지 않았는가? 생물제제 약품은 값이 어마어마할 뿐 아니라(농담이 아니라 석 달 치 약값이 1,400만~6,900만 원이다) 호흡기·피부의 진균감염, 심지어 림프종 발생 등 생명을 위협하는 부작용이 있을 수 있다. 의사의 처방을 그대로 따랐다가는 발진이 치료되지 않거나 재발한다. 소장세균 과증식을 의심해야 할 시점이다.

- **소장세균 과증식이 있을 가능성이 큰 건강 상태**: 과체중이나 비만, 당뇨병 전단계나 2형당뇨병, 자가면역질환, 지방간, 섬유근육통, 과민대장증후군, 하지불안증후군, 만성 변비, 장미증, 건선, 파킨슨병이나 알츠하이머성 치매 같은 신경퇴행성질환 등은 소장세균 과증식이 질병의 원인이거나 최소한 질병을 악화하는 중요한 요인일 가능성이 50% 이상이다.

- **위산 억제제와 항염증제**: 오메프라졸omeprazole, 판토프라졸pantoprazole, 라니티딘ranitidine 같은 위산 억제제를 복용하면 소장세균 과증식이 나타날 가능성이 커지고, 오래 복용할수록 심하다. 마찬가지로 이부프로펜, 나프록센, 디클로페낙 같은 비스테로이드항염증제를 여러 주에서 여러 달에 걸쳐 복용하면 소장세균 과증식이 나타날 가능성도 커진다.

- **위산 부족**: 헬리코박터 파일로리 감염이나 위산저하증hypochlorhydria 병력은 소장세균 과증식을 위한 무대다. 헬리코박터 파일로리 감염이나 자가면역위염으로 인해 위산 억제제를 먹었을 때와 마찬가지로 위산이 부족해지면, 먹은 음식이 위에 오래 머무르고 고기 같은 단백질을 섭취할 때 불편감을 느끼는 등의 신호가 나타난다. 역시 세균 과증식이 의심된다. 이 단계의 소장세균 과증식은 위에 세균이 우글거리는 정도로 심각할 수 있다.

- **오피오이드**opioid(아편유사제) **사용 병력**: 장 활동을 늦추는 오피오이드는 소장세균 과증식에 보내는 초대장이나 다름없다. 밀에 함유된 글리아딘gliadin 단백질을 섭취했을 때 생성되는 오피오이드 펩타이드opioid peptide도 장 활동을 늦추고 소장세균 과증식을 유도한다.

- **갑상샘저하증**hypothyroidism: 갑상샘호르몬이 부족하면 장 활동이 느려지므로 갑상샘저하증 역시 해로운 세균 종의 증식을 돕는다. 갑상샘저하증 병력이 있는 사람의 50% 이상은 갑상샘호르몬을 복용해도 소장세균 과증식이 발견된다. (즉, 갑상샘호르몬을 교정하기 전에 소장세균 과증식이 먼저 생겼다는 뜻이다.) 예비 증거를 참

고하면 T3 호르몬을 교정하지 않은 채 레보티록신^{levothyroxine}으로 T4 갑상샘호르몬만을 대체하면 소장세균 과증식이 발달하도록 도울 뿐이라는 사실을 알 수 있다.

- **복부 수술 병력**: 비만 대사 수술, 위 절제, 담낭 절제, 결장 절제 등 정상적인 해부 구조에 변화를 일으키는 수술은 무엇이든 소장세균 과증식을 촉진한다. 담석이나 췌장염 병력도 소장세균 과증식 위험도와 높은 연관성을 보인다.

이 목록은 소장세균 과증식과 연관되어 가장 빈번하게 나타나는 상황 일부에 지나지 않는다. 앞으로 설명하겠지만 위 항목들에 해당 사항이 없더라도 여전히 소장세균 과증식에 걸렸을 수 있다.

누가 소장세균 과증식에 걸릴까?

소장세균 과증식과 소장진균 과증식은 습관과 생활방식이 만들어 낸 질병이다. 인종, 성별, 나이, 정치 신념과는 관계없으며, 건강한 생활방식을 따르더라도 안전하지 않을 수 있다. 세균과 진균 과증식을 촉진하는 요인이 너무나 폭넓게 퍼져 있기 때문이다.

소장세균 과증식은 너무나 흔하다. 강의실, 사무실, 사회 어디에서나 소장세균 과증식에 걸린 사람을 적어도 몇 명은 만날 수 있다. 물론 여기에 당신도 포함될 수 있다. 과체중과 비만의 유행은 수많은 기사에서 보도하지만, 비슷한 규모로 많은 사람에게 영향을 미치는 소장세균 과증식의 유행은 거의 보도되지 않는다. 잘 살펴보면 주변 사람에게서도 소장세균 과증식의 신호를 발견할 수 있을 것이다. 장미증으로 나타나는 얼굴 발진, 비만으로 생기는 복부 지방, 류머티즘성 관절염으로 울퉁불퉁하게 부어오른 관절 등이 있다. 그러나 소장세균 과증식의 신호와 증상은 숨죽인 채 찾아와 내밀한 경험으로 남기도 한다. 예컨대 과민대장증후군의 배변 급박감이나, 불쾌한 반응은 없지만 일반적인 음식을 먹지 못하는 것처럼 말이다.

그러므로 이제 숨어 있는 소장세균 과증식의 존재를 드러내는 증상을 알아보자. 검사 방법의 발달에 따라 결과는 다양했지만(오래된 방법일수록 소장세균 과증식을 과소평가하는 경향이 있었다), 임상 연구 결과 다양한 증상이 소장세균 과증식과 관련되어 있었다. 연관성이 드러난 질병은 다음과 같다.

- **비만**: 비만한 사람의 23~88.9%는 소장세균 과증식에 걸렸다고 보고되었다. 이 사실만으로도 어마어마한 수의 사람이 소장세균 과증식에 걸렸으리라는 점을 알 수 있다. 미국인 7,000만 명이 비만이라는 점을 고려할 때, 비만인 1,600만~6,200만 명은 소장세균 과증식에 걸렸다는 뜻이다. 비만은 아니지만 과체중인 미국인 6,000만 명은 고려하지 않은 결과다.

- **당뇨**: 1형 및 2형 당뇨병 환자에게 소장세균 과증식이 존재할 가능성은 11~60%에 이른다. 2형당뇨병 환자 3,400만 명과 1형당뇨

병 환자 130만 명을 고려하면 최소한 수백만 명이 당뇨병과 소장세균 과증식을 함께 앓는다고 볼 수 있다.

- **과민대장증후군**: 추정치는 들쑥날쑥하지만 대체로 과민대장증후군 환자의 35~84%가 소장세균 과증식 검사에서 양성반응을 나타낸다. 미국인 3,000만~3,500만 명이 과민대장증후군을 진단받았으며, 공식적으로 진단받지는 않았으나 같은 수의 미국인이 역시 과민대장증후군을 앓는 것으로 추정된다. 즉 6,000만~7,000만 명이 과민대장증후군을 앓으므로, 이에 따르면 소장세균 과증식에 걸린 미국인의 수는 2,100만~5,000만 명이 더 늘어난다.

- **염증성장질환**: 궤양성결장염이나 크론병에 걸린 사람 300만 명 중 약 22%가 소장세균 과증식을 함께 앓는다.

- **지방간**: 현재 미국 인구의 거의 절반가량은 비알코올성지방간 질환이 있는 것으로 추정하며, 이들의 40~60%에 소장세균 과증식이 존재할 것으로 추정된다. 즉 미국 성인 중 지방간을 앓는 약 7,500만 명은 소장세균 과증식도 앓고 있다는 뜻이다.

- **자가면역질환**: 전신경화증systemic sclerosis, 류머티즘성관절염, 관절병건선, 1형당뇨병처럼 서로 이질적인 질병이 한 범주로 묶인 이 질환에서 각각의 질병은 소장세균 과증식과 다양한 연관성을 보인다. 예비 연구에 따르면 자가면역질환 환자의 약 40%가 소장세균 과증식을 앓고 있다고 한다.

- **피부발진**: 장미증, 건선, 습진 환자의 약 40~50%는 소장세균 과증식과 연관되어 있다. 소장세균 과증식을 앓는 미국인 수가 600

만 명 늘어나는 셈이다. 특히 장미증을 앓는 사람은 소장세균 과
증식이 있을 가능성이 열 배 더 높다.

- **파킨슨병**: 정상적인 일상생활을 가로막는 이 신경퇴행성질환은
미국인 100만 명이 앓고 있으며, 이 중 25~67%가 소장세균 과증
식을 함께 앓는다.
- **알츠하이머성 치매**: 예비 연구에서 나온 증거이긴 하지만, 알츠하
이머성 치매를 앓는 사람은 소장세균 과증식이 있을 확률이 다
섯 배나 더 높다.
- **하지불안증후군**: 이 질병은 숙면을 방해해서 정신, 정서, 신진대
사 건강에 상당한 영향을 미치는데, 최대 100%의 환자가 소장세
균 과증식을 동반한다.
- **우울과 불안**: 최근 밝혀진 증거에 따르면 이 심리 문제로 고군분
투하는 미국인 6,000만 명 중 대다수의 혈중 LPS 농도가 놀라울
정도로 높으며, 소장세균 과증식을 암시하는 장 투과성도 높다
고 한다.

소장세균 과증식의 영향을 받는 미국인의 정확한 숫자를 도출하
기는 쉽지 않다. 검사법에 따라 추정치가 달라질 뿐만 아니라 중복되
는 집단이 존재하기 때문이다. 예를 들어, 일부 비만인은 2형당뇨병,
지방간, 건선도 함께 앓는다. 그럼에도 앞의 수치를 보면 소장세균 과
증식이 드문 현상이 아니라는 사실을 독자들이 충분히 인정하리라고
생각한다. 분명 소장세균 과증식은 아기에게 나타나는 희소병인 카사

바흐메리트 증후군Kasabach-Merritt syndrome이나 상당히 드문 감염병인 휘플병Whipple's disease처럼 최고의 의사조차 기억하지 못할 만큼 '희귀한' 질병은 아니다. 대충 계산해 봐도 소장세균 과증식을 앓는 사람의 수는 충격적이다. 비만 환자 중 소장세균 과증식이 발생할 가장 낮은 확률인 23%를 적용해도 소장세균 과증식 환자는 1,600만 명에 이른다. 이들은 자신이 질병에 걸린 줄도 모를 것이다. 염증성장질환 환자는 6,000만~7,000만 명에 이르는데, 가장 낮은 발생 확률인 35%를 적용해도 2,100만 명이 소장세균 과증식이 있다. 만약 미국 성인 2억 명의 절반에게 지방간이 있다면, 여기서만 해도 최소 4,000만 명이 소장세균 과증식이라는 결과가 나온다. 이 숫자들을 계속 더해 나가다 보면 소장세균 과증식을 앓는 미국인의 총합은 1억 명을 가뿐히 넘어가는데, 대략 세 명 중 한 명꼴이다.

여기에 자기도 모르게 소장세균 과증식에 걸린 사람, 즉 세균이 과증식하고 있지만 아직 증상이 나타나지 않은 사람의 수를 더해야 한다. 특정 질병이 있는 사람과 '건강한 대조군', 혹은 건강하다고 추정되는 사람을 비교하는 거의 모든 임상 연구에서 소리 없이 과증식한 세균의 존재가 발견된다. 예를 들어 과민대장증후군 환자를 대상으로 한 임상 연구에서는 건강한 대조군에 속한 대상자 150명 중 30%가 소장세균 과증식 검사에 양성반응을 보였다.

특정 질병들은 한결같이 소장세균 과증식과 높은 연관성을 나타낸다. 이런 질병을 앓는다면 소장세균 과증식이 그 질병을 일으켰거나 악화했을 가능성이 매우 크다고 보는 것이 현실적이다. 과민대장증후군, 섬유근육통, 하지불안증후군, 지방간은 사실상 소장세균 과증식의 적신호다. 자가면역질환, 신경퇴행성질환, 신진대사 질환, 죽상경화증 역시 소장세균 과증식이 원인이거나 그것이 악화한 질환이라는 증거가 늘어나고 있다.

소장세균 과증식을 앓는 사람들은 다양한 증상을 겪지만 질병을 진단받지 못한 채 수년, 심지어 수십 년 동안 통증과 장애로 고통받으며, 부분적인 효과만 나타내거나 아예 효과도 없는 약을 처방하는 의사의 쓸모없는 진료를 견디곤 한다. 증거가 넘쳐 남에도 대부분 의사는 인간 건강에 심각한 혼란이 광범위하게 일어나고 있다는 사실을 모른다. 기존 치료법 대부분은 이 혼란의 기저 원인, 즉 해로운 미생물 종이 증식해서 염증 효과를 몸의 다른 부분으로 퍼트리는 현상을 치유하지 못한다.

내 호흡에서 수소 냄새가?

위장관에 사는 세균의 위치를 찾을 때는 지도나 나침반, 위성위치확인시스템GPS이 필요 없다. 소장세균 과증식을 확인하는 첫 단계는 위장관 상부에 세균 무리가 살고 있는지 알아내는 것이다. 예전에는 이 작업이 복잡하고 어려웠지만, 최근에는 스마트폰으로 친구에게 메시지를 보내는 것만큼 쉬워졌다.

물론 모든 사람에게 소장세균 과증식이 있지는 않다. 대다수는 그저 장내세균 불균형이 일어났을 뿐이다. 즉 해로운 미생물과 진균 종이 유익한 종을 압도하며 점액층을 파괴하고 내독소혈증을 일으켰지만, 이 현상이 결장에 있는 분변에서만 일어난다는 뜻이다. 현대 마이크로바이옴의 붕괴는 너무나 흔한 일이라 모든 사람이 장내세균 불균형을 어느 정도는 겪고 있다고 추정하는 편이 낫다. 대변 표본을 우편으로 보내 대장균이나 살모넬라, 캄필로박터*Campylobacter* 같은 장내세균이 증식했는지 분석할 수도 있다. (하지만 이런 분석법은 분변 세균이 위장관 어느 곳에 있는지는 알려 주지 못한다.) 그러나 소장세균 과증식을 나타내는 신호가 없거나 소장세균 과증식 검사에서 음성이 나왔더라도, 앞으로 설명할 기본 방법은 더 건강한 마이크로바이옴을 되찾는 데 도움이 될 것이다. 이 기본 방법은 다양한 종이 섞인 고효능 프로바이오틱스, 발효식품, 프리바이오틱스 섬유소를 사용하며 그 외 간단한 절차를 포함한다.

만약 소장세균 과증식이 있다면, 미생물이 위장관을 거슬러 올라온 상태이므로 추가적인 노력을 해야 한다. 소화기내과에 가면 내시경으로 위장관 상부 표본을 채집해서 세균 검사를 할 수 있다. 그러나 이 검사는 침습적 방법이어서 오염 없이 체액 표본을 채집하기가 어렵고, 내시경이 닿지 않는 소장에 서식하는 세균은 검출할 수 없으며, 위장관 상부까지 올라온 심각한 수준의 소장세균 과증식만 판별할 수 있다는 단점이 있다. 대부분 검사는 체액을 채취해서 배양하지만, 소장세균 과증식을 일으키는 주요 종은 보통 혐기성세균이라 산소와 닿으면 죽으므로 배양할 수 없다. 즉 지난 몇 년 동안 이루어진 초기 연구는 분변 세균이 증식했어도 음성 결과를 나타냈기에 소장세균 과증식 발생률을 과소평가했다는 뜻이다. 소화기내과 의사들은 이윤이 많이 남는 내시경검사를 선호하지만, 내시경검사는 소장세균 과증식이 있어도 '거짓 음성' 결과만 잔뜩 만들기 쉬우므로 신뢰할 수 없고, 사용자 친화적이지도 않다.

내시경보다 침습성이 낮은 다른 검사법은 수소 기체를 만드는 세균의 능력을 이용한다. 사람은 수소 기체를 만들지 않으므로, 당류나 프리바이오틱스 섬유소를 섭취한 직후 호흡에서 수소 기체가 다량으로 검출되면(수소 기체는 냄새가 없다. 절 제목은 그냥 농담이다) 세균이 결장 외의 다른 곳에서 증식한다는 뜻이다. 이 현상을 검출 방법으로 활용할 수 있다. 세균이 수소로 전환하는 식품을 섭취한 뒤 수소 기체가 빨리 측정될수록 세균이 위장관 상부까지 더 높이 올라왔을 것이다. 당류와 프리바이오틱스 섬유소가 주로 수소로 전환된다.

세균이 위장관을 얼마나 높이 거슬러 올라왔는지 측정하려면 세균이 먹어 치우는 당류나 프리바이오틱스 섬유소, 예컨대 포도당, 락톨로오스lactulose, 이눌린, 검정콩 같은 콩과 식물, 익히지 않은 흰 감자(조리한 감자와 달리 사실상 순수한 섬유질과 물이 전부다) 등을 먹은 뒤 호흡에서 수소를 측정한다. 수소 호흡검사는 대개 연구실이나 병원에서 할 수 있다. 호흡 표본은 검사용 식품을 먹은 직후부터 30분마다 채집한다. 고농도의 수소 기체가 빨리 측정될수록 높은 위장관까지 세균이 올라온 것이다. 검사 시작 후 첫 90분 안에 수소 기체가 급격하게 증가하면 소장세균 과증식으로 진단한다. 당류나 섬유소가 위에서

7.3m 길이의 소장 아래에 있는 결장에 도달하려면 시간이 더 오래 걸리기 때문이다. 90~180분 사이에 생성된 수소 기체는 더 아래쪽에 있는 소장의 세균이 생성한 것인지 결장의 미생물이 생성한 것인지 모호하지만, 결장이라면 미생물이 거주하는 곳이므로 정상 반응으로 볼 수 있다.

수소 호흡검사는 주치의에게 받을 수 있다. 이 진단검사는 자신이 무엇을 찾고 있는지 정확히 알고, 호흡 표본을 채집하는 데 능숙한 의사가 시행해야 한다. (불행하게도 이런 의료진은 드물다.) 주치의에게 소장세균 과증식에 관해 물어보되, 의사의 무지, 무관심, 저항을 맞닥뜨리더라도 놀라지 마라. "의사 선생님, 식사하고 나면 배에 가스가 차고 팽만감이 듭니다. 소장세균 과증식에 걸린 것은 아닐까요?" 이렇게 물으면 보통 대답은 다음과 같다. "그게 뭔지 모르겠군요.", "시간 낭비하지 맙시다.", "그런 병은 없어요.", "또 구글 의사한테 진료받았어요?" 더 나쁜 상황은 1차진료 의사를 통해 찾아간 소화기내과 의사가 늘 하던 대로 상부위장관내시경과 대장내시경을 시행한 다음, "좋은 소식이네요. 위궤양이나 결장암은 없습니다"라고 대답하는 것이다. "전 소장세균 과증식이 있는지 알고 싶은데요?"라고 물으면 "그게 뭔지 모르겠군요", "시간 낭비하지 맙시다", "그런 병은 없어요"라는 대답이 다시 돌아올 것이다. 의사는 기껏해야 효능이 40~60%밖에 되지 않는 기존 항생제를 처방하면서 당신이 왜, 혹은 어떻게 소장세균 과증식에 걸렸는지, 항생제 효능을 높이려면 어떻게 해야 하는지, 진균 과증식이 소장세균 과증식을 동반하는지, 치유를 강화하도록 점액층을 건강하게 만드는 방법은 무엇인지, 관리가 어려운 소장세균 과증식의 재발을 예방하는 방법은 설명하지 않을 것이다. 그리고 체중감량 정체기와 자가면역질환, 만성통증, 끝없는 항생제 치료를 당신 탓으로 돌릴 것이다.

수소 호흡검사가 번거로운 것은 맞다. 실험실이나 병원에서 호흡 표본을 반복해서 채집하는 과정은 오래 걸린다. 첫 검사가 끝나도 항생제가 제대로 효과를 나타냈는지 평가하려면 전체 검사 과정을 반복해야 하고, 재발이 의심되면 이후에 검사를 또 해야 한다. 게다가 검사 비용도 수십만 원씩 든다. 연구실에서 제공하는 키트로 수소 호흡검사를 직접 할 수도 있지만, 몇 시간에 걸쳐 여러 개의 호흡 표본을 채집해야 해서 번거로운 것은 마찬가지다.

직접 하는 소장세균 과증식 검사

다행스럽게도 호흡 속 수소를 측정해서 소장세균 과증식을 판별하는 과정은 최근에 놀라울 정도로 간편해지고 저렴해졌다. 소장세균 과증식 진단을 의사의 진료실에서 벗어나게 한 혁신 중 하나는 에어 AIRE라는 새로운 소비자용 기기다. 원래는 아일랜드 더블린의 공학자이자 발명가인 앵거스 쇼트가 과민대장증후군 환자들의 저포드맵 식단을 구성하는 기기로 고안했는데, 호흡에 있는 수소 기체를 측정하는 기기라 소장세균 과증식을 판별하는 데 이용할 수 있다. 에어 기기에 숨을 불어 넣으면 호흡 속에 있는 수소 기체 농도가 0부터 10까지의 단계로 측정되어, 블루투스로 연결된 스마트폰에 기록된다. 에어 기기를 사야 하지만 기기는 계속 사용할 수 있으므로 연구실에서 한번 검사할 때마다 수십만 원씩 내야 하는 수소 호흡검사보다 비용이 훨씬 절약된다. 기기 하나로 온 가족이 사용할 수도 있다. 최신 기종은 황화수소(H_2S)와 메테인, 그 외 기체도 측정할 수 있는데, 이런 기체가 당류나 프리바이오틱스 섬유소를 섭취한 후 초기에 검출되면 원치 않는 미생물들이 위장관 상부에 존재한다는 사실을 알 수 있다. (황화수소 측정은 아직 미지의 영역인데, 소장세균 과증식에 걸렸어도 수소 기체 검사에서 음성 반응을 나타내는 사람이 많다는 사실을 드러내 줄 것이다. 매우 흥미로운 발전이 아닐 수 없다.)

에어 기기가 처음 소비자에게 선보였던 2019년에 나는 사람들에게 호흡 속 수소 기체 농도를 측정해 보라고 권했으며, 그 결과는 놀라웠다. 앞서 계산했던 우리의 추정치가 암시한 대로, 소장세균 과증식은 어디에나 있었다. 남녀노소를 불문하고 많은 이의 호흡 속에서 비정상적인 수소 기체가 검출된 것이다. 내가 생각했던 대로 호흡 속 과량의 수소 기체는 10대 청소년의 얼굴에 난 여드름만큼이나 흔했다.

1980년대 이전의 당뇨병 관리법과 비교해 손가락 끝에서 채혈해 혈당을 측정하는 현재의 자가 혈당 측정기가 얼마나 유용한지 알고 있는가? 당시에는 1형당뇨병 환자들이 서른이 되기도 전에 신부전과 실명, 절단 수술에 이르렀다. 그때는 소변에 시약을 넣어 색 변화에 따라 혈당 농도를 간접적으로 측정하는 검사법을 바탕으로 인슐린을 관리했는데, 이 조잡한 검사법은 정확도가 엄청나게 떨어졌기 때문이다. 세 살 된 소아당뇨 환자가 의식을 잃었는데, 혈당이 너무 높아져서 생명을 위협하는 당뇨병성 케톤산증diabetic ketoacidosis이 나타날지, 아니면 혈당이 너무 낮아져서 몇 분 안에 뇌 손상으로 사망할지 소변검사를 하기 전에는 알 수 없다면 얼마나 위험할지 상상해 보라. 자가 혈당 측정기가 없다면 얼마나 끔찍한 상황일까. 자가 혈당 측정기는 상용화되자마자 당뇨병의 게임체인저가 되었다.

집에서 사용하는 호흡 속 수소 측정기 역시 장 건강의 게임체인저다. 호흡 속 수소 측정기는 세균이 위장관 상부에 침입했는지 확인하는 세균 위치추적기다. 소장세균 과증식을 박멸하려는 노력이 성공했는지 실패했는지, 소장세균 과증식이 재발했는지도 검사할 수 있다. 채혈 없이도 혈당을 측정하는 기기가 나오면서 혈당 관리법이 발전한 것처럼, 호흡 속 수소 측정기를 비롯한 다른 측정법의 발전은 장내미생물 균총 관리를 용이하게 할 것이다. 그러나 에어 기기는 온전한 가능성을 인지하지 못한 채 저포드맵 식단을 관리하기 위해 만들어졌으므로, 2부의 후반부에 에어 기기를 100% 활용해서 호흡에서 수소와 다른 기체를 검출해 소장세균 과증식을 관리하는 간단한 방법을 수록했다.

대부분 사람은 소장세균 과증식일 가능성이 매우 크므로 호흡 속 수소 기체의 농도를 군이 확인할 필요는 없다. 각자의 판단에 따라 소장세균 과증식과 소장진균 과증식을 박멸하는 프로그램을 진행해도 좋다. 섬유근육통이 있거나 배변할 때마다 지방 흡수장애가 뚜렷하게

나타난다면, 굳이 호흡 속 수소 농도를 측정할 필요 없이 소장세균 과
증식 박멸 과정을 시작한다.

가까운 미래에는 소장세균 과증식과 내독소혈증을 측정하는 다른
방법들이 생겨날 것이다. 현재는 연구 목적으로만 사용하지만, 혈중
LPS 농도 직접 측정법은 LPS의 장 투과력이 높아졌는지, 관리가 필요
할지를 간편하게 판별하는 유망한 검사법으로 꼽힌다.

소장세균에 뺨 맞고 포드맵에 눈 흘긴다

어느 날 회계사가 당신에게 세금이 상당히 올랐으며 그 금액을 국세청에 곧 납부해야 한다고 알려 주면, 당신은 순간적으로 화를 참지 못하고 가여운 회계사에게 소리 지를 것이다.

이런 상황을 일컬어 "종로에서 뺨 맞고 한강에서 눈 흘긴다"라고 한다. 세금이 늘어난 건 회계사 탓이 아니다. 회계사는 그저 운 나쁘게 당신에게 그 뉴스를 전했을 뿐이다.

그렇다면 발효성(미생물로 인해 발효되는) 올리고당, 이당류, 단당류(세 종류의 당)와 폴리올(당알코올이라고도 부른다)을 포괄하는 포드맵 식품에 과민증이 있다는 사실을 깨달았을 때 어떻게 해야 할까? 이런 사람들은 미생물이 발효하는 포드맵 당류가 든 식품을 먹으면 가스가 많이 차고, 복부 팽만감과 함께 복통과 설사를 겪는다. 과민대장증후군이나 궤양성결장염, 크론병 같은 염증장병을 앓는 사람에게는 더 위험할 수 있기에, 이들은 과일, 당류, 소비톨, 콩과 식물, 유제품 등 포드맵을 함유한 식품을 먹지 말라는 조언을 종종 받는다. 식품을 엄격하게 제한하면 증상을 줄일 수 있기 때문이다.

그러나 이 식품들이 혹시 그저 운 나쁜 '화풀이 대상'은 아닐까? 다시 말해 장이 불편해지는 원인은 따로 있지 않을까? 사실상 수많은 과민대장증후군 사례는 소장세균 과증식 때문이며, 설령 소장세균 과증식이 염증장병의 직접적인 원인은 아니더라도 상황을 악화시키는 것은 분명하다. 내가 보기에는 포드맵이 문제가 아니다. 소장세균 과증식을 일으키는 미생물이 위장관 전체에 서식하는 것이나, 이런 음식을 먹고 물질대사한 뒤 불쾌한 증상을 일으키는 결장 내 세균 불균형이 문제다.

식단에서 포드맵을 제외하면 유익하든 해롭든 세균 전체가 굶주리게 된다. 일부 종은 죽거나 수가 줄어들어 마이크로바이옴 구성이 바뀌는데, 정서를 조절하는 데 중요한 비피도박테리움 롱검과 피칼리박테리움 프로스니치*Faecalibacterium prausnitzii*(장 내벽을 치유하고 영양분을 공급하는 지방산인 부티레이트^{butyrate}를

120

가장 활발하게 생산한다) 같은 유익한 세균 종 수가 줄어든다. 소장세균 과증식에 관련된 세균 종 수가 줄어드는 것은 좋지만, 유익한 세균 종이 줄어들거나 사라지는 현상은 해롭다. 앞서 설명했듯 이런 세균 종은 잃어버리면 다시 살려 낼 수 없다.

두통이 생기면 아스피린을 먹는 대증요법처럼, 포드맵을 회피하는 것은 증상에만 집중하는 전략이다. 근본적인 원인은 해결하지 못한 채 마이크로바이옴 상황을 장기적으로 악화할 수도 있다. 근본 원인인 장내세균 불균형과 소장세균 과증식을 해결하면 다시 사과를 먹고 수프에 렌틸콩을 넣어 즐길 수 있다.

여기, 치명적인 조합이 있다. 보니와 클라이드, 델마와 루이스, 그리고 밀에 든 글리아딘 단백질과 내독소혈증의 LPS다. 소장세균 과증식으로 나타나는 내독소혈증과 밀에 든 글리아딘 단백질 때문에 장 투과성이 높아지면 결과는 '2+2=7'이다.

밀 속의 글리아딘 단백질을 비롯해 호밀에 든 세칼린secalin, 보리에 든 호이데인hordein, 옥수수에 든 제인zein은 비정상적으로 장 투과성을 높이는 몇 안 되는 식품이다. 장 투과성은 소화되지 않은 식품 성분과 세균 분해산물이 장 내벽을 가로질러 혈액으로 들어가는 현상을 가리킨다. 셀리악병 환자나 글루텐에 민감한 사람뿐 아니라 베이글, 프레첼, 빵 부스러기를 먹는 모든 사람에게 나타난다. 이제는 장 투과성이 류머티즘성관절염, 1형당뇨병, 그 외 자가면역질환이 시작되는 원인이라는 사실도 알려졌다.

세균 내독소혈증과 글리아딘 단백질 섭취는 각각의 과정만으로도 강력한 염증반응을 일으키지만, 이 둘이 합쳐지면 특히나 치명적인 조합이 되어 엄청나게 많은 질병, 체중 문제, 노화 촉진에 영향을 미친다.

내독소혈증이 동반하는 LPS는 아직 임상적으로 측정할 수 없지만, 혈액과 분변에서 조눌린zonulin 단백질을 측정할 수는 있다. 밀과 곡물을 섭취하면 장 투과성이 더 높아지면서 조눌린도 증가한다.

좋은 소식도 있다. 밀+소장세균 과증식+내독소혈증이라는 무서운 조합으로 장 투과성이 높아진 결과가 그토록 무시무시하다면, 이 요인들을 제거해서 상황을 되돌렸을 때의 변화도 강력할 것이다.

썩은 달걀 냄새의 황화수소, 인간 위장관까지 침입하다

수소와 메테인 외에도 바람직하지 않은 미생물 종의 존재를 드러내는 세 번째 기체를 호흡에서 검출할 수 있다. 바로 황화수소, H_2S다. 하수도에서 나는 독특하고도 불쾌한 냄새가 바로 황화수소 때문인데, 오래 노출되면 병에 걸린다. 이 기체는 썩은 달걀과 고기에서도 생긴다. 황화수소를 만드는 미생물이 위장관에 과증식하면 또 다른 형태의 장내미생물 불균형과 소장세균 과증식을 일으킨다. 배변할 때나 방귀에서 비슷한 냄새가 난다면 황을 생산하는 해로운 미생물이 증식한다는 뜻일 수 있다.

황화수소 검사법은 아직 크게 유용하지 않기에, 이 기체는 오랫동안 호기심의 대상으로만 남았으며 인간 질병에서 중요한 요인일 가능성은 무시되었다. 그러나 설사, 복부 불편감, 과민대장증후군, 염증 질환 등 소장세균 과증식의 신호와 증상을 보이면서도 호흡에서 수소 기체가 검출되지 않은 사람 중, 많은 이가 황화수소를 생산하는 미생물이 지배하는 소장세균 과증식을 앓고 있다는 증거가 예비 연구에서 실제로 나왔다.

그런데 공기증emphysema, 기관지염bronchitis 같은 질환이 있어도 황화수소를 과잉 생산할 수 있다. 구강에 살면서 황을 생성하는 미생물이 원인인 입 냄새 역시 호흡 속 황화수소 농도를 높일 수 있다. 황화수소를 측정하고 그 출처를 결정하는 '규칙'도 발전하고 있지만 아직은 예비 연구일 뿐이다. 그러나 최근 소장세균 과증식 전문가인 마크 피먼텔이 유용한 상업용 황화수소 검사법을 개발했고, 수소·메테인·황화수소를 측정할 수 있는 에어 기기도 출시되었다. 이 같은 발전을 통해 새로운 유형의 소장세균 과증식을 더 알아 갈 수 있으리라 본다.

메테인생성 소장세균 과증식

설사가 동반되는 과민대장증후군-D 환자는 배변 급박감이 낯설지 않다. 환자는 가장 가까운 화장실 위치를 모르면 어디에도 갈 수 없다고 호소하곤 한다. 우체국에 가거나 식당에서 식사하는 등의 일상생활도 할 수 없다. 이런 과민대장증후군에 전형적으로 처방하는 약은 장 활동을 늦추고 설사 빈도를 낮추는 약이지만, 이런 식으로는 이 질병을 유발하는 소장세균 과증식을 치료하지 못한다. 과민대장증후군 환자의 90%는 묽은 변 증상을 보이며, 호흡 속 수소나 황화수소 농도가 높아지는 증상으로 판별할 수 있다. 이와 반대로 변비가 나타나는 또 다른 형태의 과민대장증후군과 소장세균 과증식이 있는데, 과민대장증후군-C, 메테인생성 소장세균 과증식methanogenic SIBO, 장내 메테인생성세균 과증식이라고 부르며, 나머지 과민대장증후군 환자인 10%를 차지한다. 과민대장증후군-C는 대개 호흡 속 수소나 황화수소가 아니라 호흡 속 메테인 농도가 높아진다.

과민대장증후군-C와 메테인생성 소장세균 과증식은 고세균Archaea이라는 흥미로운 비세균성 미생물 집단과 연관성을 보인다. 고세균은 일반적인 배양법으로는 증식하지 않으므로 해양과 토양, 우리 주변 어디에나 존재하는데도 최근까지 저평가되어 왔다. 일리노이대학교 미생물학자 게리 올슨은 "고세균을 무시하는 것은 아프리카 사바나 지역 1km²를 조사하면서 코끼리 300마리를 무시하는 것과 같다"라고 지적했다. 사람 위장관에 있는 고세균도 마찬가지다.

고세균은 진화 연대기에서 포유류나 공룡보다 앞서며, 심지어 세균보다도 먼저 나타난 고대 생물이다. '호극성균extremophiles'이라고도 부르는데, 옐로스톤 국립공원에 있는 간헐온천의 끓는 물이나 수압이 엄청나게 높은 해저, 높은 염도의 사해처럼 극단적인 환경에서도 산다. 물론 인간의 위장관에서도 생존할 수 있다.

과민대장증후군-C는 메타노브레비박터 스미시 같은 고세균이 과증식하는 질환으로 밝혀졌다. 이 미생물은 장 활동(연동운동, 장의 수축운동)을 늦추는 메테인 기체를 생산해서 변비를 일으키는데, 미생물을 없애거나 줄이면 치료된다.

이 특이한 생물에 대한 우리의 지식은 여전히 발전하는 중이다. 세균처럼, 고세균 중에도 '유익한' 고세균과 '해로운' 고세균이 있다. 변비와 관련 있으며 염증장병을 악화하는 고세균 종이 있는가 하면, 인간 마이크로바이옴에 유익한 종도 있다. 예를 들어, 세균이 만드는 트라이메틸아민TMA은 심혈관질환 위험도를 높인다. (간에서 트라이메틸아민이 트라이메틸아민옥사이드TMAO로 바뀌면 그렇다.) 고세균 종은 트라이메틸아민을 섭취한다고 알려졌으므로 TMAO로 높아지는 심혈관질환 위험도를 낮출 가능성이 있다. 현대인과 수렵채집인의 몸속 세균 구성이 변한 것처럼 고세균의 구성 역시 변화가 일어났으며, 서구인은 고세균 종수가 더 적다. 고세균 종의 감소가 미치는 영향은 아직 알려진 것이 없다.

고세균은 수소 기체를 먹고 메테인 기체를 생성하므로, 수소를 생산하여 소장세균 과증식을 일으키는 세균 종의 존재가 가려질 수 있다. 이런 이유로 호흡에서 고세균 종의 과증식을 나타내는 메테인 기체를 검출하면, 수소를 생산하는 소장세균 과증식이 동반된다고 추정하곤 한다. 수소를 생산하는 세균과 고세균이 모두 과증식한다는 뜻이기 때문이다. (황화수소를 생성하는 미생물이 과증식할 때도 마찬가지다.)

장에서 고세균이 과증식하면 호흡에서 메테인이 검출되며, 기존 검사법이나 에어 기기로 측정할 수 있다. 메테인 농도가 높다면, 수소 농도가 높지 않더라도 고세균 과증식으로 소장세균 과증식이 악화했을 가능성이 있다.

과민대장증후군-D와 소장세균 과증식에 효과가 있는 식물 유래 항생제 치료법인 칸디박틴^{CandiBactin} 치료법은 다행스럽게도 과민대장증후군-C와 메테인생성 소장세균 과증식에도 효과적이다. 요구르트를 만드는 데 사용할 락토바실루스 루테리도 메테인생성세균을 억누르는 데 도움이 된다.

몸속 괴물 박멸하기

9m에 이르는 우리의 위장관에서는 괴물들이 광란을 벌인다. 프랑켄슈타인 박사의 괴물에 필적하는 미생물 괴물은 우리 몸속 마을을 약탈하고, 가축을 죽이고, 마을 사람들을 공포에 떨게 한다. 농담이 아니다. 괴물을 궁지에 모는 일처럼, 이 난장판을 해결하는 일도 재밌지만은 않다.

원치 않는 종을 물리치고 우리의 건강을 지켜 주는 종을 불러오는 일은 해로운 미생물 수조 마리를 박멸한다는 뜻이다. 미생물 수조 마리가 죽으며 유독한 성분을 배출하고 그 잔해가 홍수처럼 쏟아지면 일시적으로 감정과 신체 건강에 영향이 올 수 있다. 그러나 상쾌한 장을 구축하고 극적인 건강 효과를 나타내는 다양한 미생물 종을 키우면, 최종 결과로 경이로운 건강과 날씬한 몸뿐만 아니라 젊음까지 되돌려 받을 수 있다.

다행히도 당신의 결장에만 장내미생물 불균형이 있다면, 뒤에서 상세하게 설명할 기본 프로그램만 실천해도 반응이 나타난다. 소장세균 과증식이 없는 것은 좋은 소식이지만, 결장에만 장내미생물 불균형이 있는 상황이 해롭지 않다는 뜻은 아니다. 여전히 당신은 곁주머닛병이나 결장암에 걸릴 위험이 있으며, 지금 해결하지 않으면 앞으로 소장세균 과증식이 생길 수도 있다. 소장세균 과증식과 소장진균 과증식이 확실히 없다고 확신한다면, 고민하지 말고 3부로 건너뛰어도 좋다.

하지만 소장세균 과증식이 있다면 장내미생물 균총 구성에 과감한 변화가 필요하다. 해로운 세균 종을 제거하는 과정은 보통 항생제로 시작한다. 소장세균 과증식을 일으키는 장내세균 종을 줄이기 위한 항생제로는 리팍시민rifaximin을 선택할 수 있다. 처방전이 있어야 구할 수 있는 리팍시민은 40~60%의 효능을 나타내는 비싼 약으로 대개 건강보험이 적용되지 않는다. 나는 리팍시민보다 더 나은 선택지가 있다고 생각한다. 바로 식물 유래 항생제다.

원래 나는 식물 유래 항생제에 회의적이었다. 비과학적인 방법으로 아무렇게나 이것저것 뒤섞어 만들기 때문인데, 식물 유래 성분 중에서 오레가노유를 골라 베르베린berberine과 섞는 식이다. 오레가노유는 소장세균 과증식이 나타날 때 무성하게 자라는 세균 종인 황색포도상구균, 대장균, 클렙시엘라 등에 효과가 있다고 알려졌으며, 베르베린은 아유르베다요법에서 사용하는 식물 유래 화합물로 슈도모나스 종처럼 소장세균 과증식을 일으키는 미생물을 억제한다고 알려졌다. 그 외에도 다양한 항균 효능을 지닌 식물 유래 성분을 여럿 넣은 뒤, 식물 유래 항생제라고 이름 붙인다. 그러나 식물 유래 항생제는 이렇게 임의로 만들어서는 안 된다.

상황이 이렇다 보니, 존스홉킨스대학교에서 식물 유래 항생제 치료법 두 가지가 소장세균 과증식 치료의 표준 의약품인 리팍시민보다 효능이 더 크다고 발표했을 때 나는 깜짝 놀랐다. 이 연구에 따르면 (호흡에서 수소 기체가 검출되지 않은 피험자 중) 리팍시민의 소장세균 과증식 박멸 성공률은 34%였지만 식물 유래 항생제의 성공률은 46%였다. 식물 유래 항생제는 리팍시민에 반응이 없었던 피험자에게도 효과가 있었다. 이 연구에서 리팍시민의 총 성공률은 다른 논문들에서보다 낮았으며, 방법을 막론하고 소장세균 과증식을 박멸하기가 얼마나 어려운지를 선명하게 보여 주었다. 성공적인 결과를 보여 준 식물 유래 항생제 치료법 두 가지는 상표가 등록된 식물 성분 혼합물인 칸디박틴-AR와 칸디박틴-BR 조합, FC-사이덜FC-Cidal과 디스바이오사이드Dysbiocide 조합이었다. 주치의에게 리팍시민을 비롯한 항생제를 처방받을 수도 있지만, 처방전 없이 리팍시민보다 효능이 훨씬 뛰어나고 비용은 90%나 저렴한 식물 유래 항생제를 선택할 수도 있다.

특별한 프로바이오틱스 요구르트를 직접 만들어 소장세균 과증식을 박멸할 수도 있다. 이 요구르트는 상쾌한 장 SIBO 요구르트라고 이름 붙였다. 아직 예비 조사 단계지만, 점점 더 많은 사람이 이 요구르트를 만들어 먹고 호흡 속 수소 농도를 낮추는 효능을 경험하고 있다. 이 요구르트에는 락토바실루스 가세리*Lactobacillus gasseri*, 특히 BNR17 균주가 들어 있으며, 4부에서 소개할 특별한 과정으로 발효해서 세균 수가 매우 많다. 락토바실루스 가세리는 소장세균 과증식이 일어나는 위장관 상부에 서식하며, 박테리오신을 최대 7종까지 만든다는 점에서 특별하다. (상기해 보자면, 박테리오신은 세균이 만드는 천연 항생제다.) 락토바실루스 가세리는 사실상 박테리오신 공장으로, 소장세균 과증식을 일으키는 수많은 종에 대항할 효과적인 천연 항생제를 생산한다. 상쾌한 장 SIBO 요구르트는 소장세균 과증식을 제거할 가능성을 높여 주는 데다, 더 즐겁고 부드럽고 친숙한 방법이다. 이런 효능들이 예비 조사로 밝혀졌다는 것만 염두하면 된다. (공식적으로 효능을 입증하기 위한 임상시험을 준비 중이다.)

소장세균 과증식과 소장진균 과증식을 치료하기 위해 우리가 넘어야 할 장애물이 하나 있다. 점액과 비슷한 얇은 막이지만 세균과 진균이 생산하는 '생물막biofilm'이다. 세균과 진균이 생물막에 숨으면 인간의 면역계에 노출되지 않으며, 식물 유래 항생제든 기존 항생제든 항생제 효과도 어느 정도 막을 수 있다. 따라서 해로운 세균 종이 항생제의 영향을 더 크게 받게 하려면 생물막을 무너트려야 한다. 2부에 설명한 방법 중에는 생물막 붕괴제이자 시스테인 아미노산의 일종인 아세틸시스테인N-acetylcysteine, NAC을 이용하는 것이 있다. 낭성섬유증cystic fibrosis 환자와 폐렴환자는 에어로졸화한 아세틸시스테인을 분무해 기도에 있는 가래를 제거한다. 아세틸시스테인은 의약품으로서 효능과 안전성을 오랫동안 인정받았고, 앞서 헬리코박터 파일로리 감염을 치료하는 데 사용된 항생제요법의 성공률을 끌어올린 역사가 있다. 실제로 헬리코박터 파일로리 박멸 성공률을 10%가량, 즉 60%에서 70%까지 끌어올린다.

그러나 소장세균 과증식을 박멸하기 위해 장기간 생물막 붕괴제를 먹는 것은 해롭다. 뇌 건강을 위해 아세틸시스테인을 복용한다는 말을 들으면 나는 주춤거리곤 한다. 아세틸시스테인은 뇌에 있는 항산화제인 글루타싸이온glutathione을 강화하지만 동시에 위장관 점액층을 계속해서 무너뜨리기에 장기적인 관점에서 볼 때 위험해질 가능성이 있다.

진균도 잊지 말 것

소장세균 과증식을 앓는 사람은 대부분 소장진균 과증식도 앓는다. 소장세균 과증식을 박멸하는 과정은 일시적으로 미생물 사이의 균형을 무너뜨려 진균 증식을 촉진할 수 있으므로, 소장세균 과증식을 박멸하면서 진균 제거를 병행하는 것도 고려할 만하다. 개인적으로 소장세균 과증식을 제거할 때는 항상 진균을 제거하는 최소한의 노력을 병행해야 한다고 생각한다. 다음 장에서 설명하는 진균 과증식 신호가 조금이라도 있다면, 반드시 소장세균 과증식을 박멸할 때 항진균 과정도 고려해야 한다. 사람에 따라서는 소장진균 과증식이 더 중요한 문제일 수 있으며, 이럴 때는 항진균 과정에 더 신경 써야 한다.

그러니 이제 세균과는 다른 부류의 미생물을 살펴보자. 이들은 원주민의 장에도 존재하며, 해로운 세균 종이 그러듯이 과증식하고 위장관을 거슬러 올라가며, 몸의 다른 부분으로 침투한다. 어디에나 존재하는 이 미생물은 공기, 물, 토양을 비롯한 거의 모든 표면과 인간 몸 구석구석에서 발견된다. 그중에는 인간의 위장관이라는 특별한 환경에서 서식하도록 진화한 종도 있다. 그러니 이제 진균, 즉 곰팡이를 살펴보자.

19세기 말 유럽 의사인 아돌프 야리슈와 카를 헤르크스하이머는 매독의 원인 미생물을 제거하는 약을 투여한 후 열, 오한, 두근거림, 정서적 고통, 심지어 쇼크에 이르는 일련의 증상이 나타남을 보고했다. 이 현상은 '야리슈-헤르크스하이머 반응Jarisch-Herxheimer reaction'이라고 불리게 된다. 이 반응은 매독균의 사망 반응에만 한정되지 않으며, 폐렴구균성 폐렴pneumococcal pneumonia이나 대장균 신우신염E.coli pyelonephritis(신장 감염) 같은 주요 감염을 박멸하는 과정에서도 나타날 수 있다.

상쾌한 장을 일구기 위해 소장세균 과증식과 소장진균 과증식을 일으키는 해로운 미생물 수조 마리를 제거하면 강도가 약한 야리슈-헤르크스하이머 반응이 일어날 수 있다. 급격하거나 생명을 위협할 정도는 아니지만, 해로운 미생물이 '사망'했기 때문이다. 미생물이 죽으면 세균성 및 진균성 분해산물이 홍수처럼 쏟아지면서 일부가 혈액으로 유입되는 내독소혈증의 한 유형이 나타난다. 어떤 임상 연구에 따르면 우울증이 없는 피험자에게 LPS 내독소를 투여하면 즉각 우울증 증상이 나타났다. 해로운 미생물을 죽이면서 일어나는 사망 반응도 이와 비슷하다. 소장세균·소장진균 과증식을 일으키는 미생물, 즉 대장균, 클렙시엘라, 칸디다 알비칸스를 제거하면 일시적으로 불안, 우울, 통증, 미열, 분노 같은 불쾌한 반응이 나타날 수 있다.

소장세균 과증식·소장진균 과증식을 치료하는 도중에 이런 현상을 겪더라도 두려워할 필요는 없다. 과증식하면서 내독소를 양산하던 미생물을 제대로 박멸하고 있다는 신호다. 얼마 안 가 미생물은 제거되고, 부정적인 증상도 사라질 것이다.

미생물 사망 반응을 겪으면 힘들 수 있다. 그러나 두려움 때문에 건강과 체중·외모를 나아지게 하는 중요한 과정을 멈추지 말라. 2부에서 사망 반응을 최소화하는 데 도움이 될 여러 방법을 상세하게 설명하겠다.

상쾌한 장 SIBO 요구르트

소장세균 과증식을 박멸하는 방법의 하나인 상쾌한 장 SIBO 요구르트에 관해 알아보자. 이 요구르트 전략으로 호흡 속 수소 농도를 낮춘 사람이 점점 늘어나고 있다. 위장관 상부에 머무르는 수소를 만드는 세균을 원래 있어야 할 곳으로 쫓아냈다는 뜻이다. 이는 예비 조사 결과이며 아직 완벽하게 시험을 마치지는 않았지만, 근거를 살펴보면 당신도 그 안에 깃든 지혜를 알아차릴 것이라고 생각한다.

우선, 기존의 시판 프로바이오틱스는 어떻게 만드는 것일까? 프로바이오틱스를 만드는 제조업체는 각각의 세균 종이 인간에게 미치는 유익한 효과, 예를 들어 항생제 치료 후 설사를 완화한다는 식의 증거를 근거로 세균 종을 선택한다. 특별히 소장세균 과증식을 해결할 가능성을 높이는 종을 선택하지 않는다. 또한, 대부분의 시판 프로바이오틱스는 함유한 균주를 밝히지 않았다. 따라서 제품에 든 미생물이 어떤 유익함을 줄지 알 수 없다는 점도 기억해야 한다. (미생물의 균주란 종의 하위 분류다. 종은 다양한 균주가 속해 있는 더 큰 분류 단계로, 같은 종에 속해도 균주가 다르면 특성이 다르기에 어떤 경우 하늘과 땅만큼 그 작용이 다를 수도 있다. 3부에서 균주의 특이성을 더 자세히 설명한다.) 이런 이유로 시판 프로바이오틱스는 소장세균 과증식을 해결하고 건강을 크게 증진한다는 측면에서 실망스러운 결과를 보였다.

하지만 소장세균 과증식과 맞서 싸울 프로바이오틱스를 만들 때, 다음에 나열한 유익한 특성을 충족하는 종과 균주를 우리가 직접 고르면 어떨까?

- 소장세균 과증식 지배종이 서식하는 위장관 상부에 머물 수 있어야 한다.
- 생물막을 형성하는 능력이 있어서 위장관 상부에 장기간 서식하면서 소장세균 과증식 종들과 오랫동안 상호작용해야 한다.
- 소장세균 과증식을 일으키는 장내세균 종들을 억제하거나 제거하는 천연 펩타이드 항생제인 박테리오신을 생산할 수 있어야 한다.

놀랍게도 비교적 명확한 이 전략을 적용해 본 전례는 아직 없다. 그러니 우리가 직접 시도해 보자.

내 프로그램을 따르는 사람들은 아래의 종과 균주를 사용한다.

1. 락토바실루스 가세리(BNR17 균주). 위장관 상부에 서식하며 박테리오신을 최대 7종 만든다.

2. 락토바실루스 루테리(DSM 17938 균주와 ATCC PTA 6475 균주). 위장관 상부에 서식하며 생물막을 생성하고 강력한 박테리오신 몇 가지를 만든다.

3. 바실루스 코아귤런스*Bacillus coagulans*(GBI-30,6086 균주). 박테리오신을 생산하며 과민대장증후군 증상을 완화한다. (과민대장증후군은 사실상 소장세균 과증식과 동의어임을 기억하라.)

위의 세균 종이 모두 들어 있는 제품은 없어서 각각의 균주를 서로 다른 제품에서 찾았고, 세균 수를 증폭하는 발효법으로 요구르트를 만들었다. (세 가지 종을 모두 섞어서 발효했다.) 그런 뒤 요구르트를 매일 반 컵 먹으면서 호흡 속 수소 기체 농도를 측정했는데, 처음 시작했을 때부터 요구르트를 먹은 후 4주 이상 지났을 때까지 시행했다. 이 과정을 대부분의 항생제 치료에 필요한 기간보다 오래 유지했다.

예비 시험 결과, 상쾌한 장 SIBO 요구르트는 수소 기체를 생성하는 소장세균 과증식을 박멸할 수 있는 한 가지 방법이다. 식물 유래든 전통 의학이든 항생제의 세계로 뛰어들기가 불안하다면 이 요구르트를 시도해 볼 만하다. (만드는 방법은 4부에서 설명한다.) 항생제를 사용할 때와 마찬가지로, 며칠 동안은 불안, 우울감, 피로감, 수면장애 등으로 나타나는 세균 사망 반응에 대비하도록 한다.

몸속 곰팡이 정글

장기적으로 보자면 우리의 위장관에 사는 미생물의 지배종은 세균이다. 그러나 여기, 위장관에 조용히 살면서 남의 일에 간섭하지 않지만, 세균처럼 증식하며 우리의 위장관을 위협하는 또 다른 미생물 집단이 있다. 바로 진균이다.

진균은 공기, 물, 토양, 건물 표면, 부엌에 있는 조리기구 등 어디에나 있다. 봄비가 내린 하룻밤 사이 정원에서 자란 독버섯은 토양에 사는 진균 중에서 가장 흔히 보이는 유형이다. 진균은 오래된 빵이나 축축한 지하실 벽에 곰팡이로 나타나기도 한다. 샐러드에 넣는 흰 양송이나 맛있는 소스에 든 크레미니 버섯에서뿐 아니라, 기도부터 손톱 밑까지 사람 몸 구석구석이나 틈새, 심지어 장기에서도 진균을 찾을 수 있다. 진균은 입부터 혀, 목구멍과 아래로 이어지는 직장까지, 그리고 위장관에도 서식한다. 어디에나 존재하지만, 정상이라면 사람 몸에 있는 모든 미생물 중에서 진균은 1% 이하다.

최근까지 인간의 위장관에 서식하는 진균 종은 소수라고 여겨졌다. 유전자 지도 검사법DNA mapping이라는 최신 검사법이 등장하면서, 세균과 마찬가지로 위장관 전체에 서식하는 진균 종의 다양성이 놀라울 정도로 풍부하다는 사실이 드러났다. 최근 조사에 따르면 위장관 속 진균은 거의 200종에 이르며, 장 속 진균은 서로, 그리고 세균이나 당신과 상호작용한다. 나는 장에 존재하는 진균 복잡계를 '곰팡이 정글'이라고 부른다. 세균보다 100배나 큰 진균은 작디작은 미생물 사이에서는 상대적으로 거인이다.

다수의 진균 종은 합법적인 거주자로, 당신이 어릴 때부터 장 속에 서식하면서 복잡한 위장관 미생물 생태계에서 유익한 역할을 했을 것이다. 사람마다 수와 종은 다양하지만 모든 사람의 장 속에는 진균이 산다. 이웃인 세균과 마찬가지로 정상적인 미생물 질서가 무너지면 진균은 과증식한 뒤 위장관을 거슬러 올라가고, 유독한 부산물을 몸에 퍼뜨리며, 기회가 닿으면 온몸으로 퍼져 나간다. 항생제 복용이 특히 진균 증식을 촉진한다고 알려졌다. 예를 들어 부비동염sinus infection이나 인두통sore throat이 왔을 때 아지트로마이신azithromycin을 복용하면, 칸디다 알비칸스와 칸디다 글라브라타 같은 진균이 몸 여러 부위에서 손쓰지 못할 정도로 증식할 수 있다. 진균이 증식하면 보통 겨드랑이, 목, 서혜부, 질 표면이 붉어지고 가려워지는 진균성 발진이 생긴다. 위장관의 진균 증식은 언제나 몸 외부의 증상을 동반한다.

진균은 인공 무릎관절이나 심장판막, 몸에 삽입한 카테터 등 몸에 인공장치를 이식한 이들과 면역계 기능이 약화한 이들에게 심각한 감염을 일으킨다고 알려졌다. 이 경우 진균감염은 재앙이나 다름없으며, 정맥주사로 강력한 항진균제를 투입하는 장기 치료를 해야 한다. 진균은 통제가 어려울 만큼 파괴적이고, 암포테리신Bamphotericin B 같은 항진균제는 상당히 유독하기 때문에 진균감염으로 인한 사망률은

30%에 이른다. 실로 심각한 질병이다.

칸디다 알비칸스는 진균 중에서도 가장 흔하게 나타나는 골칫거리다. 기회만 있으면 증식해서 자신만의 보호용 생물막(점액과 그 외 요소로 이루어진 막)을 형성한다. 이 끈적거리는 생물막은 칸디다 알비칸스가 항진균제의 영향을 받지 않도록 보호하므로 제거하기 가장 어려운 감염을 일으킨다. 인공 심장판막이나 인공 엉덩관절에 생기는 칸디다 감염을 항진균제로 박멸하기가 거의 불가능한 이유다. (따라서 감염된 인공장치는 대부분 외과적 수술로 제거해야 한다.)

진균과 세균은 한쪽이 다른 한쪽의 감염을 촉진하는 방식으로 협동하기도 한다. 요로감염에서 이런 현상을 볼 수 있는데, 대장균이 방광에 대량으로 서식하면서 진균에 감염될 수 있는 환경을 만든다. 인공호흡기를 사용하는 폐렴환자에게서 증식하는 칸디다 종은 슈도모나스 세균 종이 자리 잡게 돕는다. 진균이 연쇄상구균이나 황색포도상구균 같은 세균과 '협력'해서 특히나 맹렬하고 파괴적인 감염을 유발하는 사례도 있다.

병원에서 치료해야 하는 심각한 수준의 칸디다 감염은 잠시 옆으로 미뤄 두고, 흔하지만 심각성은 조금 낮은 진균 과증식에 초점을 맞춰 보자. 어쨌거나 진균은 아기가 태어난 후 첫 몇 주 동안 정상적으로 몸속에 정착하며, 이후 평생 다양하게 변화하면서 우리와 함께 살아간다. 죽음, 세금, 부부 싸움처럼, 진균도 사람의 삶에서 빼놓을 수 없다.

진균이 불꽃놀이를 시작하는 데 꼭 인공장치가 필요한 것은 아니다. 위장관과 몸 구석구석에 서식하는 진균은 항생제, 스테로이드, 과도한 당류와 알코올 섭취, 위산 억제제 복용으로 증식이 촉진되기 전까지는 건강에 문제를 일으키지 않고 조용하게 산다. 여기 나열한 요인 중 대다수는 소장세균 과증식이 발달하는 요인과 일치한다. 장 내벽에 염증이 생기는 상황이라면, 즉 장내미생물 불균형, 소장세균 과증식, 크론병, 궤양성결장염, 그리고 과민대장증후군이 있다면 진균 증식에 유리한 환경이 갖추어진다.

진균 과증식은 결장에 있는 칸디다 알비칸스의 수가 증가하는 현상으로 가장 많이 나타난다. 진균이 행복한 거주자인지 건강 문제를 일으키는 범인인지를 판별할 때 가장 어려운 부분은 문제의 질병이 생기려면 얼마나 많은 진균이 존재해야 하는지를 결정하는 것이다. 건강한 사람의 50%가량은 분변 1ml에 칸디다 알비칸스가 최대 1만 CFU 들어 있으므로, 진균감염이 일어나려면 분변 1ml에 진균이 10만 CFU는 있어야 한다고 주장하는 사람도 있다. (CFU는 '집락형성단위colony forming unit'의 약자로 표본에 든 살아 있는 미생물의 수를 나타낸다.) 분변 표본들을 분석해 봐도 이와 같거나 비슷한 측정치가 보고된다. 그러나 21세기의 '정상인'은 건강한 마이크로바이옴을 가지지 못했으므로, 건강한 사람에게서 발견되는 진균 수가 신뢰할 만한 기준인지에 관한 의문이 다시 제기된다. 해로운 세균 종이 위장관을 거슬러 올라가 위장관 전체를 침략하듯이, 진균도 위장관 전체를 침범한다. 내시경으로 십이지장의 체액을 수집하듯이 위장관 상부에서 채취한 표본을 검사한다면, 소장진균 과증식을 판별하는 기준은 보통 1,000CFU/ml 이상(분변에서의 예상 수치보다 훨씬 낮다)이다.

당류를 과도하게 섭취하는 습관은 지난 100년 동안 나타난 독특한 현상으로, 진균 종이 증식해서 위장관을 거슬러 올라가게 하는 공통 요인이다. 진균은 탄산음료, 과일주스, 설탕이 든 과자, 아침 식사용 시리얼에 든 당류의 열정적인 소비자이며, 단 음식들을 먹으며 번성한다. 맞다, 빵으로 덮은 햄버거와 감자튀김, 탄산음료 470ml로 구성한 패스트푸드점의 특판 세트 메뉴는 섬유소 함량이 높은 시리얼과 오렌지주스를 함께 먹는 아침 식사와 마찬가지로 진균 증식을 부르는 초대장이다. 또한 진균은 혈당이 높아서 조직 내 당 농도도 높은 사람들에서 번성하기에, 당뇨병 환자에게 진균감염이 일어날 확률이 높다. 즉 몸 전체의 당 농도가 높은 사람은 진균감염이 다양한 부위에서 동시다발적으로 흔하게 일어난다. 당뇨병이 있거나 비만이라면 날씬하고 당뇨가 없는 사람과 몸에 서식하는 진균 종이 다르다. 혈당조절이 제대로 되지 않을수록, 혈액과 조직 내 당 농도가 높을수록, 체중이 통제 범위에서 더 많이 벗어날수록, 진균감염도 전신에 넓게 퍼지며 감염 수준도 심각해진다. 높은 당 농도와 세균 무리의 붕괴가 맞물리면, 당연히 진균은 당신의 장내 마이크로바이옴에서 광란을 벌일 것이다.

소장진균 과증식에 딸려 오는 것들

앞서 설명한 대로, 세균이 과도하게 자라는 소장세균 과증식은 놀라울 정도로 흔하지만 기존의 보건의료체계에서 심각할 정도로 무시당하고 있다. 소장진균 과증식도 마찬가지다. 습진, 낮의 피로감, 관절통증, 인지장애가 위장관에 과증식한 진균 때문이라고 의심하는 일반 의사는 흔치 않다. 소장세균 과증식만큼 흔하지는 않지만, 다양한 증상으로 나타나도 인정되지 않는 소장진균 과증식을 겪는 사람이 여전히 수천만 명에 이른다.

증상만 보고 세균 과증식인지 진균 과증식인지를 구분하기는 어렵거나 불가능하다. 두 미생물이 나타내는 증상이 겹치기 때문이다. 최근 연구 결과를 보면, 원인을 알 수 없는 복부 통증을 앓는 사람에게 소장세균 과증식이 있다면 그중 36%는 소장진균 과증식도 있으며, 그와 별도로 소장진균 과증식만 있는 사람도 24%나 된다. 쉽게 상상할 수 있듯, 소장세균 과증식과 소장진균 과증식이 손잡으면 숙주의 건강을 사정없이 파괴할 가능성이 상당히 크다. 그러면 우리는 9.1m에 이르는 위장관 전체에 서식하면서 끊임없이 태어나고 죽으며, 아찔한 속도로 해로운 부산물을 배출하는 거대한 세균과 진균 무리를 상대해야 한다. 가끔은 진균 과증식이 해당 질병의 원인인지 결과인지 명확하지 않을 때도 있다. 닭이 먼저냐 달걀이 먼저냐의 문제는 차치하더라도, 진균의 과도한 증식은 소장세균 과증식과 결합했는지와 상관없이 건강에 상당한 부담을 준다.

소장세균 과증식처럼 진균 과증식도 아래에 나열한 수많은 유사 증상 및 건강에 미치는 영향과 연관이 있다.

- **피부발진**: 특히 스테로이드 연고를 비롯한 치료에 거의 혹은 전혀 반응하지 않는 아토피성피부염과 습진.
- **알레르기**: 피부, 기도, 부비강, 그 외 점막에 생기는 알레르기 중 최소한 몇 종류는 진균 단백질 배출이 원인이다.
- **자가면역질환의 유발 혹은 악화**: 1형당뇨병을 앓는 어린이는 장내에 진균이 군체를 형성했을 가능성이 크다.
- **복부 불편감, 팽만감, 설사**: 과민대장증후군과 유사한 증상이다.
- **피로감, 정서불안**: 이유를 알 수 없는 피로감을 느끼거나, 기분이 이유 없이 극단적으로 변해서 힘들다면 진균 과증식을 의심해야 한다.

단 음식을 끊임없이 먹어도 충족되지 않는 당류 갈망 역시 소장진균 과증식이 불러오는 특징적인 증상의 하나다. 진균은 당류를 먹고 번성한다. 음식으로 유입되는 당인지 당뇨병 때문에 몸 조직 전체에 분포하는 당인지는 상관없다.

진균이 과증식한다는 신호가 있다면, 진균 집락을 억제할 전략을 실행하거나 분변 분석을 통해 정말로 진균 집락이 과도하게 증식했는지 확인해야 한다.

위장관에 증식하는 진균은 파괴적인 거주자들로 보호용 점액층을 공격적으로 분해하고 장 세포를 손상한다. 세균 과증식이 그렇듯이, 진균 과증식으로 나타나는 모든 결과는 진균 자체만 문제인 것이 아니다. 진균은 자기 세포벽에 있는 유독한 성분인 베타글루칸^{beta-glucan}

을 혈액으로 배출하는데, 이 과정은 소장세균 과증식에서 나타나는 내독소혈증과 유사하며 루푸스, 궤양성결장염 등 다른 질병을 일으키는 중요한 현상으로 밝혀졌다. 흔히 볼 수 있는 소장세균과 소장진균의 동시 과증식은 몸에 유독한 분해산물 쓰나미를 일으키고, 이 쓰나미는 대부분 혈액으로 유입되어 멀리 떨어진 기관에 염증반응을 일으킨다. 앞서 언급했듯이, 이 독소 폭풍은 위장관의 세균·진균 과증식이 어떻게 장미증과 습진, 섬유근육통의 관절·근육통, 알츠하이머성 치매로 인한 심각한 뇌 장애를 일으키는지 설명해 준다.

위장관을 비롯한 다양한 기관에 서식하는 진균은 놀라울 정도로 저항력이 높아 세균보다 제거하기가 힘들다. 진균은 생존하기 위해 강에 있는 바위 밑부터 욕실에 바르는 회반죽까지, 온갖 극단적인 환경에 자연스럽게 적응한다. 포자와 생물막을 만드는 능력이 있어서 항진균제의 영향을 덜 받고, 단세포 형태나 공격적으로 퍼지는 실 같은 형태의 균사체로 모습을 바꿀 수도 있다. 진균 집락을 감소시키려면 우리가 진균보다 더 영리해져야 한다. 다양한 약을 동시에 사용하고 여러 주, 때로는 여러 달에 걸쳐 복용하면서, 소장세균 과증식을 박멸할 때보다 더 오래 노력해야 한다. 다행스럽게도 혜성처럼 나타난 새 항진균제들은 효과적인 데다가 순하고 가격도 비싸지 않아서, 상대적으로 이용하기 쉽다.

부산물뿐만 아니라 세균 자체가 위장관의 울타리를 벗어나 다른 기관에 서식할 수 있듯이, 진균도 그렇게 할 수 있다. 현재 진균은 피부부터 기도, 질, 뇌를 채우는 뇌척수액까지, 전혀 예상하지 못한 곳에서 발견되는 중이다. 입과 콧속은 진균으로 가득하다. 원래는 해를 끼치지 않는 거주자가 신체에 질병을 일으키는 때는 대체 언제일까?

뇌를 점령한 진균

진균감염의 가장 충격적인 사례는 뇌에서 발견된 경우다. 마드리드자치대학교의 루스 알론소 연구 팀에 따르면, 자동차 사고나 다른 외상으로 사망한 청년들의 뇌에는 진균이 없었다. 치매에 걸리지 않은 노인들의 뇌에는 중간 수준의 진균이 존재했다. 치매에 걸린 사람의 뇌는 진균이 뇌 구석구석을 가득 채우고 있었다. 치매 환자의 혈액과 뇌를 채우는 뇌척수액을 검사하면 진균 단백질과 DNA가 높은 농도로 검출된다. 소량의 진균을 쥐의 혈액에 주입하면 뇌에 치매의 전형적인 특징이 빠짐없이 나타난다.

진균이라는 점을 계속 연결해 보자. 알츠하이머성 치매 연구는 치매 환자의 뇌에 축적되는 베타아밀로이드beta-amyloid 플라크에 초점을 맞추어 왔다. 제약회사는 베타아밀로이드 플라크 형성을 억제하는 약을 개발했다. 그러나 이런 신약을 인간 피험자에게 투여하면, 베타아밀로이드 플라크는 감소하지만 약을 먹지 않았을 때보다 치매 진행은 물론이고 기억력 저하와 다른 정신 기능장애 진행도 더 빨라진다. 그러므로 베타아밀로이드 플라크 축적을 억제하는 것은 알츠하이머성 치매의 해결책이 아니라는 사실이 명확해졌다.

이 현상을 다시 분석해 보면, 베타아밀로이드 플라크는 치매의 원인이기보다는 반응 결과라고 추측할 수 있다. 수십 년간의 연구를 산산이 부서뜨리는 결과였고, 베타아밀로이드 플라크 치매 이론은 폐기되었다. 매사추세츠종합병원과 보스턴대학교 연구 팀의 최근 연구 결과는 베타아밀로이드 플라크가 강력한 항진균 특성을 보인다는 사실을 밝혔다. 혹시 베타아밀로이드 플라크의 축적은 뇌의 진균감염에 맞서는 몸의 저항이었던 것일까? 근본적인 치매 치료법 진균감염을 막는 것이 아닐까?

알츠하이머성 치매 외에도 위장관의 진균감염과 다발경화증multiple sclerosis,[1] 루게릭병Lou Gehrig's disease[2]에 걸린 뇌를 연관 짓는 증거가 나타나고 있다. 분변 이식 후 다발경화증이 차도를 보였다는 예비 연구도 있다. 건강한 미생물의 힘일까? 중추신경계 질병이 왜 장내미생물 균총을 바꾼 뒤에 회복되는 것일까? 진균은 대부분 인간의 뇌 속까지 포함해서 어디에나 있는데 말이다.

진균은 대체 어디서 왔을까? 피부, 서혜부, 질, 부비동, 두피, 기도, 입, 목, 뇌에 씨를 뿌리는 진균 종의 주요 공급원이 있는 걸까? 이제 막 수면 위로 올라오기 시작한 주제이지만, 분변 이식으로 호전되는 초기 경험이 일치하는 것을 보고 나는 위장관이 진균 공급지라고 확신했다. 그렇다면 위장관에 서식하는 진균이 어떻게, 그리고 왜 몸의 다른 부위로 퍼져 나가는가 하는 고약한 질문이 따라온다. 예컨대 우

[1]   중추신경계에서 수초가 탈락하면서 생기는 질병
[2]   운동신경세포가 선택적으로 사멸하는 근육위축성 질환

리는 락토바실루스 종을 함유한 식품이나 프로바이오틱스 보충제를 먹으면 락토바실루스 균이 질까지 이동해서 진균 집락을 억제한다는 사실을 안다. 하지만 대체 어떻게 하는 것일까? 어떻게 입으로 들어간 락토바실루스 균이 위장관을 통과해서 질까지 이동하는 걸까? 두 기관은 가까이 있지만 직접 연결된 경로는 없다. 나는 장에 사는 미생물이 배변 활동을 통해 외부로 나가서 질까지 갔다는 주장이 지나친 비약은 아니라고 생각한다. 아니면 진균이 다양한 기관에 서식할 수 있다는 최근의 발견을 고려할 때, 위장관의 미생물이 장 내벽을 통과해서 빠져나간 뒤, 혈액을 타고 다른 기관까지 이동하는 방식으로 퍼질 수도 있다고 본다.

만약 그렇다면, 오래전부터 위장관 상하부에 서식했던 진균이, 뇌에 감염 환경을 조성해서 치매나 다른 신경퇴행성질환으로 나타났을 가능성이 있다. 장 속 진균 과증식을 박멸하면 인지능력 감퇴, 기억력 저하, 알츠하이머성 치매의 무력감, 다발경화증의 점진적인 기능장애를 예방할 수 있을까? 분명히 더 많은 연구가 이루어져야겠지만, 실제 경험을 바탕으로 한 상향식 연구가 흥미로운 해결책을 내놓을 수 있으리라 생각한다.

과증식 정글을 막아라

이 책의 4부에서 안전하고 효과적으로 진균 과증식을 억제할 프로그램을 소개한다. 만약 진균 과증식으로 진단되면, 더 많은 항진균제 음료와 천연 식물성 제품, 프로바이오틱스 제품을 추가할 수 있다. 물론 진균을 죽일 항진균제 처방도 포함된다. 그러나 나는 처방전 없이 바로 구할 수 있으며, 상대적으로 순하지만 위장관 전체에서 진균의 수를 줄일 수 있는 항진균제에 초점을 맞추려 한다. 그런데 이 방법은 매우 대담한 도전일 수 있다. 우리가 선택한 항진균제가 위와 십이지장뿐만 아니라 저 아래쪽의 6m가량에 이르는 회장과 결장에서도 작용한다고 보장하는 셈이기 때문이다. 우리는 위장관 전체에서 진균 수를 감소시킬 가능성이 더 많은 천연 약제를 선택한다.

커큐민

커큐민curcumin은 향신료인 터메릭turmeric[3]에 든 성분으로, 고농도로 사용해도 부작용이 없으며 다양한 진균 종에 효과적으로 작용하는 항진균 물질의 챔피언이다. 극소량만 흡수되므로 섭취한 양의 99% 정도는 위장관에 남아 화장실에서 몸 밖으로 배출되기 전까지 항진균 효과를 나타낸다. 아이러니하게도 제조업체는 피페린piperine(흑후추에 있는 알칼로이드)과 바이오페린bioperine(흑후추 추출물) 같은 다른 성분을 첨가하거나, 나노입자나 리포솜 형태로 만들어서 커큐민의 흡수량을 높이는 데 집중하고 있다. 그러나 항진균제로 사용하는 우리 처지에

3   강황의 뿌리를 건조해 가루로 만든 노란 향신료

서는 커큐민이 흡수되지 않고 위장관에 남아 있어야 한다. 따라서 커큐민 흡수를 높이는 성분이 없는 제품을 찾아야 한다.

커큐민은 낮은 흡수율 때문에 약제로써의 효용이 과소평가되어 왔다. 방광이나 피부의 진균 혹은 세균 감염을 치료하기 위해 커큐민을 경구로 복용할 수 없기 때문이다. 그러나 이 같은 비판은 커큐민이 낮은 흡수율 덕분에 경이로운 장내 항미생물제로 작용한다는 것, 나아가 궤양성결장염 같은 질병을 누그러뜨리고 과민대장증후군을 완화한다는 사실을 깨닫지 못한 결과다. 무릎관절염이나 피부발진 같은 염증성 질병에서 해방된 많은 사람은 아마 염증 질환의 원인이었을 소장세균 과증식과 소장진균 과증식을 커큐민으로 우연히 치료했을 것이다. 물론 이들이 섭취한 커큐민은 거의, 혹은 전혀 흡수되지 않았겠지만 말이다.

그런데, 입으로 섭취한 커큐민의 99%가 흡수되지 않고 그저 몸을 통과해 나가 버렸다면, 왜 커큐민이 혈액 속 염증 지표를 낮추고 관절염 통증과 부기를 가라앉히는 데 그토록 뚜렷한 효과를 나타낼까? 커큐민의 대사산물이 혈액으로 흘러 들어간다는 추측도 있지만, 말 그대로 추측일 뿐이다.

훨씬 더 그럴듯한 다른 추측을 해 보겠다. 커큐민은 혈액을 통해 무릎관절, 간, 혹은 다른 기관으로 들어가 항염증 효과를 나타내는 것이 아니다. 커큐민 대사산물이 커큐민의 유익한 효과 대부분을 나타내는 것도 아니다. 대신, 커큐민은 장내미생물 불균형, 소장세균 과증식, 소장진균 과증식에 걸린 사람들의 위장관 안에서 항균 및 항진균 효과를 발휘해 내독소혈증을 억제하고, 온몸의 염증반응을 줄인다. 커큐민은 그 외에도 다른 강력한 효과를 장에서 나타낸다고 증명되었다. 장 내막을 따라 LPS해독효소 알칼리인산분해효소$^{lipopolysaccharide-detoxifying\ enzyme\ alkaline\ phosphatase}$의 활성을 두 배로 높여서 장 내벽을 강화하고, 점막을 튼튼하게 유지하며, 장 세포 사이에서 일어나는 '누수 현상'을 줄이고, 항미생물 특성이 있는 펩타이드 생산을 늘리는 것이다. 다시 말하면 커큐민이 무릎, 엉덩이, 피부에 좋은 결과를 나타내는 것은 세균과 진균이 일으키는 내독소혈증을 줄여서 염증반응도 줄어들기 때문이다.

커큐민은 항균 및 항신균 특성 때문에 장기간 섭취하면 안 되며, 진균 수를 줄이는 동안만 먹어야 한다. 우리의 목표는 진균 박멸이 아니라 진균과 세균의 균형을 다시 맞추는 것이다.

베르베린

전통적인 한방약초 추출물인 베르베린은 혈당을 낮추고 염증반응 수치를 줄이는 등 건강에 유익하다. 하지만 커큐민처럼 흡수율이 극히 낮아서 복용해도 혈액에서의 농도는 거의 변함없다. 즉 베르베린의 매우 낮은 흡수율은 베르베린의 엄청난 효능이 흡수를 통해서가 아니라 장내미생물 균총과 장 내벽에 영향을 줌으로써 나타난다는 점을 보여 준다. 커큐민처럼 베르베린도 소장세균 과증식을 일으키는 일반적인 종인 포도상구균^{Staphylococcus}, 연쇄구균^{Streptococcus}, 살모넬라,

클렙시엘라, 슈도모나스에 항균 효과를 나타내고, 소장진균 과증식을 일으키는 칸디다 알비칸스 같은 종에는 항진균 효과를 나타낸다. 베르베린은 아커만시아 종의 수를 증가시키며 장 내벽 기능을 향상하고, 부티레이트 생산을 늘리며, 세균이 일으키는 내독소혈증을 감소시킨다. 따라서 베르베린은 소장세균 과증식과 소장진균 과증식을 박멸할 때 유용하며, 우리가 사용하는 식물 유래 항생제 치료법에도 들어 있다. 커큐민과 마찬가지로, 베르베린도 항생제 효과를 고려할 때 소장세균·소장진균 과증식을 박멸하는 프로그램 외의 용도로 섭취하는 것이 안전한지는 명확하지 않다.

에센셜오일

에센셜오일은 식물에 있는 파이토케미컬phytochemical을 농축한 것으로 용도가 다양해서 인기가 높아졌다. 우리는 흔히 먹는 계피처럼 안전성이 증명된 식품에서 추출한 에센셜오일에 초점을 맞추기로 한다. 여러 해 동안 에센셜오일을 둘러싼 격렬한 논쟁을 수없이 지켜보면서 나는 처음에는 에센셜오일의 효능에 의구심을 가졌다. 그러나 과학이 발전하면서 에센셜오일은 가장 강력한 항진균제라는 사실이 증명되었다.

에센셜오일은 천연 테르펜terpene과 테르페노이드terpenoid(천연 식물 화합물) 혼합물을 함유하며, 다양한 효과를 나타내는 독특한 향기가 있다. 예를 들어 앞에서 설명한 커큐민은 테르펜이 풍부하게 들어 있다. 에센셜오일은 지용성이라서 진균의 세포벽을 파괴할 수 있다. 진균 종이 스스로 보호하려 만드는 생물막도 마찬가지다. 이 같은 효능을 볼 때, 에센셜오일은 우리가 항진균 프로그램에 활용할 수 있는 가장 효과적이며 접근하기 쉬운 물질이다.

계피, 정향, 오레가노, 박하처럼 식품에서 추출한 에센셜오일이 가장 효과가 뛰어나다. 실험을 통해서 이 에센셜오일들이 기존 항진균제인 암포테리신B와 플루코나졸fluconazole보다 더 강력한 항진균제라는 사실이 증명되었다. 이 중에서도 계피유가 항진균 효과가 가장 강력했고, 정향유는 보호 기능을 가진 장 점막을 두껍게 해서 장 치유 과정을 돕는 유제놀이 풍부했다. 에센셜오일은 소량으로도 효과를 볼 수 있으며, 약 33~200㎍에 해당하는 1~6방울을 올리브유나 아보카도유, 생선 기름 등 건강에 좋은 기름 1큰술에 희석해 사용한다(물이 아니라 기름이어야 한다). 에센셜오일은 부식성이 있어서 입과 위장관의 민감한 점막을 손상할 수 있으므로 원액 그대로 사용해서는 절대 안 된다. 대신 아주 소량을 먹을 수 있는 기름에 희석한다. 전신감염을 치료하기에는 적합하지 않으며, 질에 사용하는 것도 적절한 임상시험 결과가 없다.

사카로미세스 보울라디

진균 종인 사카로미세스 보울라디Saccharomyces boulardii는 맥주효모균, 즉 사카로미세스 세레비지에Saccharomyces cerevisiae에 속한 균주로 와인 제조, 빵 발효, 맥주 발효에 사용한다. 프로바이오틱스 보충제로도 살 수 있으며, 장 속 진균과 경쟁하는 방식으로 진균을 억제한다. 가장 일반적인 복용량은 매일 50억 CFU다. 위장관에 집락을 형성하지 않으며 며칠 지나면 몸에서 빠져나가지만, 몸속에 머무는 동안은 다른 진균 종의 증식을 억제한다.

세균 프로바이오틱스

칸디다를 억제하는 이상적인 프로바이오틱스의 구성을 정확하게 알 수는 없지만, 칸디다를 감소시키는 성분 몇 가지는 알아냈다. 프로바이오틱스 섭취의 결과가 나타나기까지는 1년 이상의 오랜 시간이 걸렸다. 락토바실루스에 속한 균주인 락토바실루스 람노서스 중에서도 GG 균주는 특히 칸디다에 효과적이다.

소장세균 과증식을 치료하기 위해 사용하는 식물 유래 항생제 중 칸디박틴-AR와 칸디박틴-BR는 항진균제 효과가 다소 있다. 이 제품의 AR 타입은 오레가노유가, BR 타입은 베르베린이 함유되어 두 제품 모두 항진균 특성을 나타낸다. FC-사이덜과 디스바이오사이드 조합도 오레가노, 타임, 딜에서 유래한 카바크롤carvacrol이 있어서 항진균 효과가 있다.

수는 세균보다 훨씬 적지만, 진균은 치료하기 더 힘들다. 감소시키려면 보통 하나 이상의 제제를 더 오래, 대개 4주 이상 사용해야 한다. 소장세균 과증식과 소장진균 과증식이 모두 있다면, 2주 동안 식물 유래 항생제로 소장세균 과증식을 치료한 뒤, 4~8주 동안 항진균제를 사용하면 피부발진이나 당류 갈망, 더 나아가 알츠하이머성 치매의 장기적인 위험까지 완화한다.

진균 과증식을 치료하는 많은 사람이 피로감, 미열, 불쾌감을 호소한다. 이런 증상은 진균이 죽으면서 해로운 성분을 배출하는 사망 반응이 원인으로 추정된다. 항진균제의 종류와 상관없이 나타나기에 치료제의 부작용이 아니라 진균의 사망 반응 결과로 봐야 한다. 항진균 프로그램을 시작하기로 했다면, 이런 사망 반응 효과를 최소화해서 '오래, 그리고 천천히' 가는 방법을 알려 주려 한다. 우리는 항진균제를 한 번에 하나씩 첨가하다가 세 가지 항진균제를 함께 먹으면서 진균이 저항하지 못하도록 하는 방법을 시도할 것이다. 건강한 마이크로바이옴을 회복하는 모든 과정 중에서 진균의 수를 줄이는 것이 가장 힘든 단계가 될 것이다.

나는 소장세균 과증식 박멸 프로그램을 실천하는 사람 모두에게 진균을 억제할 최소한의 전략을 함께 실행하라고 권한다. 소장세균 과증식을 박멸하는 데 필수 단계인 세균 집락의 붕괴는 때로 진균 과증식을 촉진하기 때문이다. 또한, 만약 소장세균 과증식을 치료하려 했지만 절반의 성공만 거두었다면 진균 과증식이 있는지 의심해야 한다. 연구실 서비스를 이용하면 분변 표본에서 칸디다 등의 진균 종을 분석할 수 있다. 그러나 시간이 흐르고 사례 경험이 늘어나면서, 나는 소장세균 과증식 치료법을 시작한다면 진균과 세균의 수를 함께 줄이는 것이 언제나 최상의 방법이라는 결론에 도달하는 중이다. 현재 선택할 수 있는 항진균제는 상대적으로 순하며 사용하기 쉽고, 소장세균 과증식 치료법이 때로는 진균 증식을 촉진할 수 있다. 따라서 소장세균 과증식을 박멸할 때 항상 항진균제를 함께 사용하는 편이 바람직하다.

마이크로바이옴 관리 노력에 따라오는 기복이 복잡해 보일 수 있다. 상쾌한 장에 관해 지금까지 알게 된 사실을 뽐내고 싶은가? 간단하다. 주치의에게 호흡 속 수소 기체 검출에 관심이 있다고 말해 보라. 아니면 장내 항진균제로서 커큐민의 잠재력에 흥미가 있다거나, 정향유에 든 유제놀 테르펜이 장 점막에 유익할지 화두를 던져 보라. 주치의가 멍한 표정으로 바라보거나, 틀에 박힌 반응을 하거나, "아, 또 구글 의사한테 진료받으셨군요?"라고 말한다면, 당신은 자신이 마이크로바이옴 여정에서 얼마나 멀리 나아왔는지 깨달을 것이다.

빼앗긴 소장 탈환 대작전

아무리 화가 났어도 괴물을 무찌르겠다고 건초용 갈퀴를 휘두르는 농부는 없을 것이다. 대신, 우리의 힘을 무도하게 탈취해 가는 소장세균 과증식과 소장진균 과증식이라는 유행병을 해결할 구체적인 단계를 밟아 나가 건강, 체중, 젊음의 통제권을 멋지게 다시 찾아오자. 이번 장에서 소장세균·소장진균 과증식을 치료하는 상쾌한 장 프로그램을 뒷받침하는 근거를 설명하고 단계별 프로그램 실천 방법도 제시한다.

사실상 모든 현대인은 장내세균 불균형을 어느 정도는 겪고 있다. 항생제 치료를 한 번도 받은 적이 없다고, 아스파탐으로 단맛을 낸 다이어트 탄산음료나 폴리소베이트 80으로 부드럽게 만든 아이스크림을 양껏 먹은 적이 없다고 장담할 수 있는 사람이 몇이나 될까? 정상 체중을 유지한다고, 항염증제를 한 번도 먹은 적이 없다고 말할 수 있는 사람은? 인간 사회는 장내미생물 균총 구성에서 엄청난 변화를 겪었다. 그러나 만약 당신이 장내미생물 균총의 구성과 위치라는 측면에서 훨씬 더 심각한 붕괴 현상인 소장세균·소장진균 과증식의 신호를 나타내는 세 명 중 한 명이라면, 이 장을 꼭 읽어야 한다.

좋은 소식도 있다. 소장세균·소장진균 과증식을 치료하도록 우리를 도울 정보와 기술은 지난 몇 년 동안 여러 차례 도약했다. 우리를 괴롭히는 설명할 수 없는 질병 목록이 왜 이렇게나 길어지는지 주치의가 설명하지 못해도, 우리가 무엇을 하려는지 주치의가 이해하지 못하더라도, 이제는 이 문제를 해결하는 데 필요한 수많은 도구를 직접 이용할 수 있다.

우리는 이제 세균과 진균 과증식에 관한 최신 정보를 갖추었다. 또 최소한 기존 항생제만큼 효과적인, 아니 어쩌면 더 효과적인 식물 유래 항생제를 구할 수 있다. 이들은 더 안전하고 가격 대비 성능도 더 좋다. 항생제 대신 프로바이오틱스를 직접 섞어 만든 상쾌한 장 SIBO 요구르트로 소장세균 과증식을 물리칠 수도 있다. 호흡검사 기기로 세균이 어디에 서식하며 어떤 기체를 생성하는지 확인할 수 있다. 더불어 일단 소장세균·소장진균 과증식 박멸 프로그램을 마치면 건강에 경이로운 혜택을 가져다줄 다양한 발효식품을 꾸준히 만들어 먹을 수도 있다.

먼저 소장세균·소장진균 과증식을 치료하는 기본 규칙을 살펴보자. 아직 연구가 진행 중이지만, 아래의 내용은 확실한 것들이다.

- 기존 항생제든 식물 유래 항생제든, 더 잘 맞는 것으로 선택하면 된다. 항생제가 꺼려진다면 상쾌한 장 SIBO 요구르트를 선택할 수도 있다. 이 요구르트는 예비 시험에서 일부 사람들의 소장세균 과증식을 치료했으며, 이 사실은 호흡 속 수소 기체 농도의 정상화로 증명했다.

- 숨길 수 없는 신호, 예컨대 프리바이오틱스 섬유소 과민증, 호흡 속 수소·황화수소·메테인 기체 농도 등을 추적해서 성공과 실패를 가늠할 수 있다.

- 소장세균 과증식을 치료할 때는 종종 진균 과증식을 함께 관리해야 할 필요가 있다. 소장세균 과증식을 앓는 사람의 3분의 1가량은 두 질병이 함께 있기 때문이다. 이런 이유로 소장세균 과증식과 소장진균 과증식 프로그램에는 모두 항진균제 특성을 갖춘 커큐민이 있다. 진균 과증식이 있다고 확신한다면, 우선 소장세균 과증식을 해결한 후에 최소 4주가량 커큐민과 희석한 에센셜 오일을 조합해서 소장진균 과증식 프로그램을 추가하는 편이 제일 좋다. 소장세균 과증식과 소장진균 과증식을 동시에 완벽하게 치료할 수도 있지만, 미생물 사망 반응을 견디기가 힘겨울 수 있다.

- 소장세균 과증식 박멸 프로그램을 마친 뒤에도 식단에 락토바실루스 루테리(우리가 요구르트에 넣을 세균이다)를 넣으면 소장세균 과증식의 잦은 재발을 예방할 수 있다. 위장관 상부에 서식하면서 박테리오신을 만드는 이 세균을 활용하라.

- 호흡검사 기기와 숨길 수 없는 신호를 통해 소장세균 과증식의 재발을 인지한다.

- 발효 프로젝트는 흥미롭고 즐겁지만, 소장세균·소장진균 과증식 박멸 프로그램을 마친 뒤에 도입하는 편이 가장 효과가 좋다. 소장세균·소장진균 과증식 박멸 프로그램을 진행하면서 발효 프

로젝트를 실천해도 해가 되지는 않지만, 소장세균·소장진균 과증식 박멸 프로그램을 마치기 전까지는 유익함을 경험하지 못할 것이다.

소장세균 과증식과 소장진균 과증식이 당신의 문제임을 어떻게 확인하는지 다시 한번 살펴보기로 하자. 소장세균 과증식의 존재를 입증하는 여정을 시작하는 방법은 세 가지가 있다.

1. 장에 서식하는 세균 종 구성이 변화했으며 일부가 결장에서 올라와 위장관을 감염시켰다는 숨길 수 없는 신호가 드러난다. 이 신호로는 화장실에서 변에 섞여 나오는 기름방울, 콩과 식물이나 이눌린처럼 프리바이오틱스 섬유소를 함유한 식품을 먹었을 때 나타나는 과민증, 기타 식품에의 과민증, 과민대장증후군, 섬유근육통, 자가면역질환, 염증 질환 등이 있다. 해당하는 질병의 완전한 목록은 2부에서 확인한다.
2. 주치의에게 호흡 속 수소 기체 검사를 요청한다. 황화수소와 메테인 기체도 함께 검사하면 좋다.
3. 에어 기기로 직접 검사한다. 이 기기의 최신 제품이 수소, 황화수소, 메테인 기체를 모두 측정할 수 있기 때문에 가장 좋은 선택지다.

확인 검사를 하지 않아도 한두 가지 이상의 숨길 수 없는 신호가 보인다면 이를 근거로 소장세균 과증식 박멸 프로그램을 시작하는 편이 합리적이다. 노력에 따른 개선이 얼마 정도 되는지, 혹시 재발하지는 않았는지 확실히 평가하려면 과량의 수소, 황화수소, 메테인 기체 검사를 하는 것이 유리하지만, 많은 사람이 앞에서 언급한 신호와 증상을 나타내므로 경험적 접근법, 즉 당신이 가진 증거를 바탕으로 최선의 판단을 내리는 것도 합리적이다. 물론 예산이 넉넉하다면 에어 기기를 사서 사용하는 것은 큰 도움이 된다.

소장세균 과증식이 있으면 진균 과증식이 함께 있을 확률이 36%라는 사실을 잊지 말아야 한다. 소장진균 과증식이 있으면 진균성 피부발진(얼굴, 두피, 이마, 목, 목구멍, 가슴 아래쪽, 서혜부, 발톱 등), 재발하거나 지속되는 피부발진, 당류 갈망, 원인 모를 심각한 정서 변화 등이 나타난다. 소장진균 과증식은 분변 분석으로도 확인할 수 있지만, 비교적 순한 항진균제를 선택할 수 있기에 직접 판단하는 경우가 많다.

식물 유래 항생제

수많은 식물 유래 항생제가 소장세균 과증식과 소장진균 과증식에 효과적이라고 선전하지만, 오직 두 가지만 공식적으로 효능이 입증되었다. 바로 칸디박틴-AR+칸디박틴-BR와 FC-사이덜+디스바이오사이드다. 다른 제품도 효과가 있을 수 있지만 증거가 없기에 그저 믿으면서 사용해야 할 것이다. 내가 제시하는 박멸 프로그램에서는 이 두 가지 식물 유래 항생제 치료법 중 하나를 골라 복용한다. 기간은 14일 동안, 혹은 프리바이오틱스 섬유소를 먹고 에어 기기로 호흡에서 수소 기체를 측정했을 때 최소한 이틀 연이어서 4 이하가 나올 때까지다. 아래의 두 가지 중 하나를 선택할 수 있다.

1. 칸디박틴-AR 한두 캡슐을 하루 두 번 복용하고, 칸디박틴-BR 두 캡슐을 하루 두 번 복용한다.
2. FC-사이딜 한 캡슐을 하루 두 번 복용하고, 디스바이오사이드 두 캡슐을 하루 두 번 복용한다.

불행하게도 100% 효능을 보이는 항생제나 항진균제는 없다. 소장세균 과증식에 처방하는 기존 항생제인 리팍시민의 효능은 겨우 40~60%에 지나지 않는다. 식물 유래 항생제 치료법의 효능이 더 높지만, 완벽히 박멸했다고 보장하기에는 여전히 모자란 감이 있다.

이런 이유로 성공적인 반응을 끌어낼 가능성을 높이는 전략을 덧붙여야 한다. 이 전략은 세 가지 범주로 나뉜다. 장 내벽을 강화하거나, 미생물의 생물막을 파괴하거나, 프리바이오틱스 섬유소를 제공하는 것이다.

장 내벽 강화하기

커큐민이 다양한 방법으로 장 내벽을 강화해서 내독소혈증을 줄이고 장내미생물 균총, 즉 세균과 진균의 구성에도 좋은 영향을 미친 다는 사실을 상기해 보라. 나는 항생제나 항진균제를 먹는 누구에게 나 커큐민을 함께 먹으라고 조언한다. 시작할 때는 300mg을 하루 두 번 먹는 것부터 시작해서 점차 600mg을 하루 두 번 먹는 최대량까지 늘리며, 항생제나 항진균제를 먹는 동안은 계속 먹어야 한다. 이때 선 택한 커큐민에는 흡수율을 높이는 첨가물이 없어야 한다는 점을 명심 하라. 우리는 커큐민이 흡수되기를 바라는 것이 아니기 때문이다. 4부 에서 설명하겠지만 기본 영양보충제인 비타민D와 생선 기름에서 추 출한 오메가3 지방산도 장 내벽을 강화하므로 프로그램에 넣어야 한 다. '상쾌한 장 요리법'에서 소개하는 정향 녹차도 함께 섭취한다.

생물막 붕괴

항생제요법에 생물막을 붕괴시키는 아세틸시스테인(NAC) 600~ 1,200mg을 하루 두 번 넣을 수도 있다. 아세틸시스테인은 낭성섬유증 환자의 기도에 있는 끈적한 점액질을 제거하기 위해 에어로졸화한 약 제로 투여하면서 효과가 입증되었다. 궤양을 일으키는 미생물인 헬리 코박터 파일로리를 박멸하는 항생제에 첨가하면 헬리코박터 파일로 리가 만드는 생물막을 파괴해 치료 효능을 높인다. 그러나 아세틸시스 테인을 오래 복용하는 것은 추천하지 않는다. 뇌 건강 등의 이유로 장 기 복용을 권하는 사람도 있지만, 소장세균 과증식과 소장진균 과증식 이 아니라면 생물막을 붕괴시키는 것은 건강에 좋지 않기 때문이다.

프리바이오틱스 섬유소 제공

일부 세균과 진균은 포자를 형성할 수 있어서 항생제의 영향을 피하기도 한다. 포자형성은 특히 미생물에게 프리바이오틱스 섬유소가 부족할 때 일어난다. 소장세균·소장진균 과증식 박멸 프로그램에 프리바이오틱스 섬유소를 첨가해서 포자형성을 막고, 미생물이 계속 활발히 활동하면서 항생제와 항진균제에 민감하게 반응하도록 하면 결정적인 영향을 미칠 수 있다. 이전에는 소장세균 과증식 때문에 프리바이오틱스 섬유소에 과민증이 있었더라도, 항생제 치료를 며칠 동안 해 왔다면 섭취해도 괜찮을 것이다. 프리바이오틱스 섬유소는 결장에서 건강을 증진하는 세균의 먹이가 되어 유익한 균들이 번성하게 하고, 이 균들이 병원성미생물과의 경쟁에서 이기도록 돕는다.

프리바이오틱스 섬유소 섭취를 늘려 보고 별 탈 없다면 최대 20g, 혹은 그 이상을 매일 먹는다. 콩과 식물, 마늘, 아스파라거스, 리크,[4] 민들레 잎, 히카마,[5] 익히지 않은 흰 감자, 익지 않은 초록색 바나나, 이 눌린 가루, 펙틴^{pectin}, 아카시아 섬유소 등이 좋다.

---

4   부추와 비슷한 납작한 잎, 양파와 비슷한 흰 뿌리를 가진 식용식물
5   아메리카대륙 열대 지역의 콩과 식물

앞서 설명했듯이 이 경이로운 기기의 발명가는 과민대장증후군을 앓는 사람들이 저포드맵 식단을 관리해 복부 팽만감과 배변 급박감을 줄이도록 도우려 했다. 그러나 이 기기로 호흡 속 수소, 황화수소, 메테인 기체를 검출하고 소장세균 과증식이 일으키는 다양한 음식 과민증을 확인할 수 있다. 과민증은 가짓과 식물, 견과류, 콩과 식물, 과당, 히스타민 함유 식품에 생길 수 있고, 혈액검사, 즉 IgG 항체검사로 판별할 수 있다. 하지만 음식 과민증이 있는 거의 모든 사람은 소장세균 과증식이 있어서 과민증을 촉발하는 음식을 먹으면 수소, 황화수소, 메테인 기체를 생산한다. 드러나는 소장세균 과증식 증상이 없더라도 이 기체들이 검출되는 경우가 흔하다.

정식 호흡검사가 번거로운 것은 사실이다. 전날 준비할 것도 있고, 긴 시간에 걸쳐 호흡 표본을 30분마다 채집해야 하고, 검사 결과가 나오려면 시간이 걸린다. 의사 없이도 직접 호흡 표본을 채집할 수 있다면, 직접 표본을 수집해서 연구소로 보내도 된다. 검사 키트 가격은 150~200달러까지 다양하다. 주치의가 검사하면 보통 추가 비용을 내야 한다. 검사 키트는 일회용이다. 항생제 치료를 마친 뒤 소장세균 과증식이 치료됐는지 확인하고 싶다면, 검사 키트를 하나 더 사서 과정을 반복해야 한다. 소장세균 과증식 재발을 확인할 때도 마찬가지다. 또 다른 검사 키트를 사고, 또다시 호흡 표본을 채집해서 연구소로 보내야 한다.

따라서 반복해서 사용할 수 있는 에어 기기는 게임체인저다. 기기 가격은 200달러로 사용할수록 비용이 절약되며, 호흡검사의 번거로움도 크게 줄여 사용법도 간편하다. 기기 전원을 켜고 스마트폰 앱을 열면 된다. 간단한 예열이 끝나면 기기가 5초 동안 취구에 숨을 불어 넣으라고 하는데, 시키는 대로 숨을 불면 몇 초 뒤 수소, 황화수소, 메테인 기체 측정 결과가 표시된다.

이 기기의 유용성의 핵심은 시간에 따라 기체 검출 결과를 볼 수 있다는 데 있다. 즉 식사하기 전에 기본 측정을 하고, 프리바이오틱스 섬유소를 함유한 음식을 먹고 최대 3시간 동안 30~40분마다 호흡검사를 한 뒤, 양성 결과를 확인하고 검사를 멈출 수 있다. 이런 방식의 검사는 위장, 십이지장, 공장, 회장 중 어느 곳에 서식하는 세균이 프리바이오틱스 섬유소를 수소 기체로 전환하는지 평가할 수 있다. 프리바이오틱스 섬유소를 섭취한 지 90분 안에 수소 기체가 검출되면 소장세균 과증식이 있는 상태다. 90~180분 사이에 나오는 수소 기체는 반드시 소장세균 과증식이라고 할 수는 없다. 위에서 2.7m 정도 떨어진 회장에 경미한 소장세균 과증식이 있는 것인지, 결장에서 발효가 일어난 것인지 구별하기 어렵기 때문이다. 특히 통과 시간이 빠른 사람들은 음식이 빨리 소화되어 결장으로 이동하기 때문에 더욱 그렇다. 이럴 때는 반응을 분석할 때 주의해서 판단해야 한다. 마찬가지로 90분 안에 황화수소나 메테인 기체가 검출되면 비정상적인 세균이 위장관 상부에 서식한다는 뜻이다. 그러나 황화수소 기체 평가 '원칙'은 아직 완벽하게 정해지지 않았다. (어느 정도까지가 비정상일까, 황화수소의 출처는 단백질이니 섬유소 대신 단백질로 검사해야 할까, 등의 기준을 정해야 한다.) 에어 기기는 치료 과정의 반응을 평가할 때도 유용하다. 예를 들어 항생제 치료를 할 때, 프리바이오틱스 섬유소를 먹은 뒤에는 수소 기체 농도가 계속 높게 유지되다가, 치료 후 6~7일이 지나면 수소 기체 농도가 낮아지는 현상을 볼 수 있다. 이는 선택한 항생제가 긍정적인 결과, 즉 소장에서 수소를 생성하는 세균 수의 감소를 불러왔다는 뜻이다. 소장세균 과증식을 성공적으로 치료한 뒤에는 에어 기기로 재발 여부를 검사할 수 있다. 재발할 때는 원래 나타났던 증상이 반드시 똑같이 나타나지는 않으므로 호흡검사가 중요하다. 만약 소장세균 과증식의 원래 신호가 하지불안증후군이었는데 소장세균 과증식을 박멸하면서 증상이 사라졌다면, 반년 후 나타난 불면증과 불안 증상이 소장세균 과증식 탓일 수도 있다. 이를 확인하려면 에어 기기로 호흡검사를 하는 수밖에 없다. 검사는 다음과 같이 한다.

검사 전날

호흡검사 최소 열두 시간 전에는 당류나 프리바이오틱스 섬유소가 없는 음식만 먹는다. 콩과 식물, 후무스, 이눌린과 아카시아 섬유소를 함유한 모든 식품, 과일, 전분 채소나 뿌리채소, 양파, 마늘, 당류나 과당, 모든 유제품은 먹지 말아야 한다. 술도 마시면 안 된다. 식단은 지방과 단백질이 풍부한 식품, 즉 달걀, 소고기, 가금류, 생선, 푸른잎채소, 올리브유 같은 기름, 전분이 없는 채소(시금치, 케일, 상추, 풋고추, 오이, 껍질 콩, 애호박)로 제한한다.

검사하는 날

1. 에어 기기 전원을 켠다.
2. 스마트폰에서 에어/푸드마블 앱을 켜고 앱의 지시를 따른다.
3. 앱의 지시에 따라 기기에 숨을 불어 넣는다. 이 측정치가 당신의 기본값이다.
4. 프리바이오틱스 섬유소가 든 식품을 먹는다. 예를 들어 이눌린이나 아카시아 섬유소 2작은술을 커피나 요구르트에 타 먹거나, 콩과 식물을 4분의 1컵 먹는다. 달걀, 베이컨, 소시지 등 원하는 다른 음식을 먹어도 좋다.
5. 3시간 동안 30~40분 간격으로 측정하고 결과를 기록한다.

결과 분석

에어 기기의 측정 단위는 0부터 10까지 나뉘며, 직전 수소 기체 측정치보다 5ppm 늘어날 때마다 단위가 올라간다. 측정치가 4라면 수소 기체 20ppm이고, 8이라면 40ppm, 10은 50ppm 이상을 나타낸다.

프리바이오틱스 섬유소를 먹은 뒤, 결과는 다음과 같이 분석한다.

- 측정치가 4~6 사이라면 소장세균 과증식이 있을 수 있다.
- 기본값보다 4단위 높게 나와도 소장세균 과증식이 있다는 뜻일 수 있다. 즉 기본값이 2.0인데 측정치가 6.0이 나온 경우다.
- 기본값이든 측정치든 6 이상이 나오면 확실하게 소장세균 과증식이 있다. 수치가 더 커질수록 소장세균 과증식이 있을 가능성도 더 크다.

소장세균 과증식이 있는 사람은 대부분 결과가 명확하게 나온다. 예를 들어 기본값이 1.2였는데 처음 30~45분 측정에서 9.8이 측정되기도 한다.

훌륭한 기기지만, 몇 가지 단점도 있다.

1. 사용 설명서에 따르면 이 기기는 포드맵 식품 과민증을 식별하는 데만 유용하다. 다시 말하면, (과당이 있어서 고포드맵 식품으로 분류되는) 사과를 먹었는데 30분 후 호흡검사에서 수소 기체가 나오면 푸드마블 앱은 사과를 먹지 말라고 권한다. 포드맵에 관해서는 이 앱뿐만 아니라 다른 모든 곳에서도 비슷한 권고를 하지만, 이는 식품이 일으키는 반응 뒤에 숨어 있는 소장세균 과증식이나 심각한 장내미생물 불균형이라는 원인을 해결하지 않는다. 저포드맵 식단은 증상을 완화하는 책략일 뿐, 기저 원인을 해결해 주지도, 건강한 마이크로바이옴을 회복해 주지도, 염증반응의 강력한 근원(소장세균 과증식)을 제거하지도 않는다. 기기 작동법을 따르되, 포드맵을 피하라는 조언은 무시한다.

2. 이 기기는 개인 혹은 가족 단위로 사용할 수 있다. 취구는 교체용이 아니지만 젖은 수건이나 휴지로 닦을 수 있다. 실리콘으로 만든 취구가 망가질 수 있으므로 알코올로 닦지 않는다. 아주 친하거나 가족이라면 기기를 함께 사용할 수 있지만, 직장 동료나 이웃과 공동으로 사용하는 것은 추천하지 않는다. 검사하고 싶은 사람이나 가족은 기기를 하나 사도록 한다.

한 세기 전에 매독을 항생제로 치료하는 과정에서 처음 관찰된 야리슈-헤르크스하이머 반응을 보통 '사망 반응'이라고 부른다. 항미생물제가 투여된 후 목표인 미생물이 죽으면 열, 오한, 피부발진, 정서적 동요 같은 반응이 나타나는 현상을 일컫는다. 소장세균·소장진균 과증식은 9.1m에 이르는 위장관에 미생물이 증식할 때 나타나므로, 이 미생물들을 박멸하기 위해 제제를 복용할 때 비슷한 반응이 일어나곤 한다. 소장진균 과증식을 박멸하는 프로그램을 진행할 때 특히 불쾌한 경험을 할 수 있다.

사망 반응은 대개 항생제나 항진균제를 먹은 처음 며칠 동안 일어난다. 그런 반응이 나타난다면 겁먹지 말고 아래 사항을 확인한다.

- 미생물 사망 반응은 감염을 물리치면서 나타나는 자연스러운 결과다.
- 복용하는 약의 종류나 복용량을 줄일 수도 있다. 만약 2주 동안 성공적으로 식물 유래 항생제 프로그램을 진행한 뒤, 커큐민, 오레가노유, 계피유로 이루어진 항진균 치료를 시작한다고 해 보자. 이때 불안해지고 기분이 가라앉는다면, 치료제로 커큐민과 오레가노유 저용량만 사용하라(올리브유 1큰술에 오레가노유 세 방울만 희석). 이후 오레가노유의 용량을 서서히 늘리고, 2주가량 지나면 계피유 두세 방울을 올리브유 1큰술에 희석해서 저용량으로 시작한다. 시간이 지나면 계피유를 5~6방울까지 늘려 나가면서 몇 주 동안 프로그램을 지속한다. 이런 식으로 진행하면 사망 반응은 시간이 지나면서 약해진다.
- 활성탄을 먹어 사망 반응을 줄이는 방법도 있다. 1,000mg 캡슐을 복용하거나 물 226g에 활성탄 2분의 1작은술을 섞어서 하루 두 번 먹는다. 사망 반응으로 일어나는 증상을 완화하는 데 보통 15분 정도 걸린다.

소장세균 과증식 줄이기

우리에게는 소장세균 과증식과 소장진균 과증식의 존재를 판별하고 확인할 엄청난 통제권이 있다. 의사가 무시하더라도 직접 이 상황을 해결할 수 있다.

하지만 만약 "박멸 프로그램이라니, 너무 힘들어. 그냥 가지고 살지 뭐"라고 생각한다면? 절대 좋은 생각이 아니다. 타조처럼 머리를 모래 속에 처박은 채 소장세균·소장진균 과증식을 해결하지 않고 그저 버틴다면, 시간이 지나면서 다음과 같은 더 큰 위험에 처하리라고 확신한다.

- 2형당뇨병
- 비만
- 섬유근육통
- 과민대장증후군
- 궤양성결장염, 크론병, 셀리악병 증상 악화
- 자가면역질환
- 우울증, 불안
- 지방간
- 곁주머닛병, 곁주머니염
- 대장암
- 신경퇴행성질환: 알츠하이머성 치매, 파킨슨병, 다발경화증

그렇다, 소장세균 과증식과 소장진균 과증식을 치료하려면 힘이 든다. 사망 반응으로 며칠 동안은 악전고투할지도 모른다. 조금이지만 돈이 드는 것도 사실이다. 그러나 통제권을 되찾으면 건강은 놀랍도록 좋아질 것이며, 그 결과는 평생 이어진다.

소장세균 과증식에 효과적인 프로바이오틱스를 만든다는 개념을 조금 더 살펴보자. 소장세균 과증식을 박멸할 때 기존 프로바이오틱스 제품에 마냥 의존할 수 없는 이유는 이 제품들의 효과가 제한적이고, 대개 소장세균 과증식을 회복시키는 효능도 없기 때문이다. 예를 들어, 호흡 속의 높은 수소 기체 농도, 음식 과민증, 섬유근육통은 규칙적으로 프로바이오틱스를 먹더라도 보통은 없어지지 않는다. 기존 프로바이오틱스 제품은 소장세균 과증식을 박멸하는 효능을 가진 특정 종과 균주를 선택하는 데 초점을 맞추지 않으므로 당연한 결과다.

대신 소장세균 과증식을 박멸하는 효과를 가진 특정 미생물 종과 균주를 찾아서, 이 종과 균주들로 요구르트를 만들어 그 수를 늘리면 어떨까? 우리는 아래의 조건을 충족하는 미생물을 탐색했다.

- 위장관 상부에 서식한다. 소장세균 과증식은 집락을 이루는 종이 이동해서 소장을 장악했다는, 즉 소장분변화가 일어났다는 뜻이기 때문이다.
- 박테리오신을 만든다. 훌륭한 후보 균이라면 천연 펩타이드 항생제를 생산해야 한다. 특히 소장세균 과증식의 지배종인 장내세균뿐 아니라 연쇄구균과 장내구균에도 효과적이어야 한다.

- 다른 유익한 세균 종의 증식을 돕는다.
- 메테인을 생성하는 고세균을 억제한다.

소장세균 과증식을 박멸할 때 이런 미생물을 통해 프로바이오틱스 효과를 높일 수 있을까? 메테인을 생성하는 소장세균 과증식도 억제할 수 있을까? 그러면 항생제를 사용하지 않아도 될까?

설명에 앞서 먼저 경고한다. 아래에 소개하는 구성은 훗날 발표하기 위해 진행 중인 연구 결과의 일부다. 하지만 점점 더 많은 사람이 이 요구르트를 먹고 호흡 속 높은 수소 기체 농도를 회복하는 데 성공했다고 보고하고 있다. (요구르트 효능을 수치회하기에는 새로 추가된 황화수소 검사 결과가 아직 부족하다.) 아래에 나열한 종과 균주는 소장세균 과증식을 줄이고 박멸하는 프로그램에서 제일선의 후보가 될 가능성이 있다.

- 락토바실루스 루테리 DSM 17938과 ATCC PTA 6475(바이오가이아의 개스트러스 제품에 든 균주): 락토바실루스 루테리는 위장관 상부에 서식하며 소장세균 과증식 지배종 억제에 효과적인 박테리오신을 생산한다. 락투바실루스 루테리 자체로는 소장세균 과증식이나 소장진균 과증식을 억제할 수 없지만, 박테리오신을 생산하는 다른 종과 함께 있으면 더 좋은 효과를 낼 수 있다. 락토바실루스 루테리는 메테인을 생성하는 소장세균 과증식에서 고세균도 억제한다고 알려졌다.

- 락토바실루스 가세리 BNR17: 락토바실루스 가세리 균주는 위장관 상부에 서식하며 박테리오신을 최대 일곱 종류 생산해서 박테리오신 생산 공장으로 불린다. 사실상 소장세균 과증식의 동의어인 과민대장증후군 증상을 완화한다.
- 바실루스 코아귤런스 GBI-30,6086: 바실루스 코아귤런스의 일부 균주는 과민대장증후군 증상을 완화한다. 바실루스 코아귤런스도 박테리오신을 생산한다.

우리 요구르트 발효 프로젝트에서는 1회 섭취량인 반 컵당 세균 총수를 2,000억 마리 이상으로 늘려서 요구르트의 소장세균 과증식 억제 잠재력을 높였다. 세균 세 종에 속한 균주 네 가지를 모두 함께 발효했다는 점을 기억하도록 한다.

프로바이오틱스는 항생제처럼 강력하지 않으므로 SIBO 요구르트는 4주 정도 먹어야 한다. 그래도 상쾌한 장 SIBO 요구르트 역시 항생제처럼 사망 반응으로 추정되는 효과를 일으킬 수 있다는 점을 주의하도록 한다.

기묘한 아이러니가 하나 있다. SIBO 요구르트를 4주 동안 먹은 후, 소장세균 과증식을 박멸했는지 확인하는 호흡검사는 그로부터 2주 뒤에 한다. 락토바실루스 루테리는 해로운 미생물처럼 소장에서 프리바이오틱스 섬유소를 수소로 전환할 수 있다. 따라서 재검사를 하려면 락토바실루스 루테리가 위장관 상부에서 물러날 때까지 기다려야 한다. 일단 수소 기체가 검출되지 않는 것을 확인한 뒤, 락토바실루스 루테리 요구르트를 다시 먹으면서 놀라운 혜택을 누린다.

4주간의 소장세균 과증식 프로바이오틱스 프로그램을 마친 뒤에는 다양한 종이 섞인 효능 높은 프로바이오틱스(아니면 다양한 종이 든 케피어[6]나 프로바이오틱스로 발효한 요구르트), 발효식품, 프리바이오틱스 섬유소를 꾸준히 먹으면서 기본적인 장내미생물 균총의 건강을 유지한다.

소장진균 과증식 줄이기

소장세균 과증식이 나타나는 상당수의 사람에게는 소장진균 과증식이 함께 나타난다. 진균 과증식은 애초에 어느 정도 세균총 구성이 무너졌기 때문에 일어났을 가능성이 있다. 다시 말하면 소장진균 과증식은 세균총 구성이 붕괴했다는 증거로 볼 수 있다. 세균총은 원래 진균을 감시하고 있는데, 유익한 세균 종이 임무를 수행하지 못하게 되면 고세균, 클로스트리듐 디피실리, 그 외 병원성 미생물이 출현하면서 진균도 통제를 벗어나게 된다.

지난 몇 년 동안 효과적이면서도 상당히 순하며, 중간 정도부터 강력한 수준까지 다양한 항진균 특성을 갖춘 보충제들이 시중에 많이 나왔다. 물론 칸디다 같은 진균 종을 억제한다고 알려진 항진균 처방전 약품도 있지만, 이제는 효과적인 항진균 특성을 갖춘 천연 약제를 구할 수 있다.

우리가 소장세균 과증식을 치료하기 위해 사용하는 식물 유래 항생제는 항균 효과와 함께 중간 정도의 항진균 효과를 나타낸다. 또 진균을 억제할 때는 항상 항진균 특성과 장 내벽 강화 특성을 갖춘 커큐민을 사용해야 한다고 본다. 베르베린도 이와 비슷하게 항진균 및 장 내벽 강화 효과가 있으므로 커큐민 대신 사용하기 좋다.

진균을 감소시키려면 소장세균 과증식 치료보다 더 오랜 기간이 필요하다. 보통 4주 이상 걸리는데, 진균 종은 보호막 역할을 하는 생물막을 형성하는 경향이 있고, 항진균제에 영향을 덜 받는 휴지기, 즉 포자형성 단계에 들어갈 능력이 있기 때문이다. 진균 수를 분석하기 위해 분변검사를 반복하기에는 번거롭고 비용이 많이 들기 때문에, 숨길 수 없는 신호나 소장진균 과증식 증상, 즉 피부발진, 당류 갈망, 감정 기복이 나타난다면 치료 반응을 추측하기가 쉽다. 항진균 프로그램의 지속 기간은 처음 시작할 때 소장진균 과증식의 심각도에 따라 달라지지만, 적어도 4주는 예상해야 한다.

아래는 소장세균 과증식과 소장진균 과증식이 동시에 기승일 때 권장하는 치료법이다.

- 2주간 칸디박틴 치료+커큐민, 혹은 2주간 FC-사이딜/디스바이오사이드 치료+커큐민을 시행한다.
- 식물 유래 항생제 대신 상쾌한 장 SIBO 요구르트를 4주간 커큐

민과 함께 먹는다.

- 식물 유래 항생제나 상쾌한 장 SIBO 요구르트요법을 마쳤다면, 커큐민과 식품 유래 에센셜오일 1~2개를 조합해서 4주 이상 시행한다.

소장진균 과증식만 있다면 커큐민과 식품 유래 에센셜오일 조합을 4주 정도 시행하면 좋다. 최상의 결과를 보고 싶다면 식품 유래 에센셜오일을 최소 두 개 사용하고, 천천히 에센셜오일 용량을 늘려 진균의 저항을 억제한다.

우리가 사용할 수 있는 항진균제는 아래와 같다.

- **커큐민**: 항균 효과도 있지만, 여러 칸디다 종과 균주에 항진균제로도 효과적이다. 기존 항진균제에 내성을 가진 종에도 커큐민은 효능을 입증했다. 안전한 데다 사실상 흡수되지 않는다는 두 가지 장점이 있기에, 위장관 속에서 집중적으로 효과를 나타낸다. 흑후추, 피페린, 바이오페린을 첨가한 제품이나 나노입자화한 제품처럼 흡수율을 높이는 첨가물이나 가공법을 자랑하는 제품은 피해야 한다. 커큐민은 장 내벽을 강화하는 데 도움이 되며, 미생물 과증식으로 일어난 염증반응을 치유할 때 큰 장점이 된다. 모든 항진균 전략이 그렇듯이, 커큐민도 사망 반응 증상을 최소화하기 위해 저용량으로 시작하는 편이 좋다. 예를 들어, 300mg을 하루에 두 번 먹기 시작해서 용량을 600mg까지 늘린다.

- **베르베린**: 커큐민처럼 흡수가 거의 되지 않는 이 식물 성분은 안전성과 항진균제 효능을 볼 때 매우 훌륭한 선택지다. 용량은 300mg부터 500mg까지 하루 두세 번 먹는다. 용량을 조절할 수 있는 제품을 사면, 커큐민처럼 처음 며칠이나 몇 주 동안은 용량을 줄여서 사망 반응 효과를 약화할 수 있다. 커큐민과 베르베린의 항진균 효능은 거의 비슷하므로, 둘 중 하나를 고르면 된다.

- **식품 유래 에센셜오일**: 식물성 파이토케미컬을 농축한 에센셜오일은 강력한 항진균제로 입증되었다. 에센셜오일에 함유된 테르펜과 테르페노이드 혼합물은 지용성이며, 따라서 진균의 세포벽을 붕괴시키는 능력이 있다(생물막을 파괴하는 제제를 첨가할 필요가 없다). 가장 효과적인 에센셜오일은 계피유, 정향유, 박하(페퍼민트)유, 오레가노유 등 우리가 먹어도 안전한 식품에서 나온 것들이다. 에센셜오일은 기존 항진균제이자 심각한 부작용을 나타내는 암포테리신B와 플루코나졸보다 강력하다는 사실이 증명되었다. 언급한 에센셜오일 중에서 계피유가 가장 강력하다. 각각의 에센셜오일은 올리브유나 아보카도유, 생선 기름 등 건강에 좋은 기름 1큰술에 소량 희석해서 사용하면 장내 진균 집락을 감소시키는 데 효과적이다. 희석하지 않고 직접 사용해서는 절대 안 된다. 캡슐 형태의 제품도 있다. (캡슐 제품은 전신감염을 치료하기에 적절하지 않으며, 질에 사용하는 것도 적절한 임상시험 결과가 없다.) 진균 과증식을 치료하려면 하나 이상의 에센셜오일을 반드시 섭취해야 한다. 나는 소장진균 과증식 치료를 하면서 한 번에 하나씩 에

센셜오일을 첨가해 좋은 결과를 얻었다. 올리브유 1큰술에 한두 방울 정도의 소량을 추가하는 것으로 시작해, 점점 양을 늘려서 4~6방울(캡슐을 샀다면 최대 용량은 200mg까지다)을 하루 두 번 먹는다. 사망 반응을 최소화하려면 처음에는 천천히 시작하고, 최소 2주 동안 지속해야 하며, 더 오래 할 수도 있다. 최대 용량에 이르면 한두 종류의 에센셜오일을 더 추가하고, 다시 한번 한 방울부터 천천히 시작해서 점차 용량을 늘린다. 에센셜오일을 음식에 넣어 먹을 수도 있다. 예를 들어 계피유 한두 방울을 생강빵 커피에 넣어 마신다. 나우푸드, 플랜트테라피, 두테라에서 믿을 수 있고 품질이 좋은 에센셜오일을 판매한다.

- **사카로미세스 보울라디**: 맥주효모균 균주인 사카로미세스 보울라디는 진균 종으로 와인 제조, 빵 발효, 맥주 발효에 사용한다. 장속에 있는 칸디다와 경쟁해 억제할 수 있어서 프로바이오틱스 보충제로 먹는다. 하루에 50억 CFU가 효능을 볼 수 있는 적정량이다. 사카로미세스 보울라디는 위장관에서 집락을 이루지 않으며 섭취를 멈추면 며칠 내로 몸속에서 사라진다.

- **세균 프로바이오틱스**: 칸디다를 억제할 수 있는 이상적인 프로바이오틱스의 정확한 구성은 알 수 없지만, 칸디다를 감소시키는 조제법은 몇 가지가 있다. 효과를 보려면 최대 1년까지 지속해야 한다. 락토바실루스 람노서스 균주(GG 균주)가 특히 효과적일 수 있다.

칸디다 같은 진균을 감소시키기 위한 프로그램을 몇 주 지속한 뒤, 분변검사를 다시 해서 진균이 얼마나 남아 있는지 확인할 수 있다. 어떤 증상이든지 회복됐다면 효과가 있다고 판단할 수도 있다.

진균 과증식을 치료할 때 많은 사람이 피로감, 미열, 불안, 불쾌감을 토로한다. 미생물이 죽으면서 해로운 성분이 혈액으로 배출되는 진균 사망 반응이 원인으로 추정되며, 소장세균 과증식 치료 중에 나타나는 사망 반응과 비슷하다. 이 현상은 어떤 항진균 치료법을 사용해도 나타나는 것으로 보이며, 따라서 치료에 사용한 제제들의 부작용이 아니다.

식단에 오랫동안 아래의 식품을 넣어 먹으면 진균 과증식 재발을 막을 가능성이 커진다. 모두 항진균 효과를 보인다고 알려졌다.

- 정향
- 오레가노
- 타임
- 계피
- 커민
- 로즈메리
- 고수
- 박하

위의 향신료와 식물에서 추출한 에센셜오일은 식물 속에 온전한 형태로 들어 있을 때보다 효능이 더 강력하다. 따라서 이 식품들을 향신료나 허브로 음식에 넣어도 좋지만, 효능은 비교적 약할 것이다. 그래도 장기간의 예방적 조치로는 유용하다.

소장세균 과증식이 재발하는 이유

모든 것을 바르게 실천해도 소장세균·소장진균 과증식이 재발할까? 그렇다, 재발한다. 대부분은 세균과 진균 과증식에서 벗어난 자유를 오래 즐기지만, 잦은 재발로 홍역을 치르는 사람도 가끔 있다. 당신 이야기라면, 근본 원인으로 고려할 사항은 아래와 같다.

• **위산저하증**: 소장세균 과증식이 재발하는 가장 흔한 이유는 헬리코박터 파일로리 감염이나 자가면역위염autoimmune gastritis, 위산 억제제 복용으로 위산이 부족해지기 때문이다. 기능의학 전문의처럼 이 문제를 잘 아는 의사라면 베타인 HCLbetaine HCL, 다양한 식초, 탄산수 등 산성화요법을 사용하기 전에 혈액 내 가스트린 gastrin[7] 농도나 위의 pH 검사를 통해 이 상황을 해결할 수 있다.

• **헬리코박터 파일로리**: 이 미생물은 미국인 약 15%와 미국 외 인구의 무려 50%에 존재한다. 헬리코박터 감염은 장내미생물 균총

---

7 위에서 분비되어 소화액 분비를 촉진하는 호르몬

이 붕괴하는 데 일조한다. 혈액, 호흡, 분변검사를 통해 즉시 판별할 수 있으며, 항균제로 박멸한다.

- **갑상샘저하증**: 아이오딘은 기본 보충제다. 아이오딘 결핍이 오래 계속되면 장 움직임이 느려지면서 소장세균 과증식을 촉진한다. 다른 원인으로 유발된 갑상샘저하증, 예를 들어 자가면역 갑상샘 염증 같은 경우에도 소장세균 과증식이 재발할 수 있다. 갑상샘호르몬 T3 농도를 조절하지 않은 채 T4(레보티록신) 호르몬만 복용하는 것도 소장세균 과증식을 촉진한다고 여겨진다.

- **당뇨병 관리 소홀**: 기억하겠지만, 세균과 진균은 조직의 당 농도가 높으면 좋아한다. 1형이든 2형이든 오래 지속되는 당뇨병도 위 마비gastroparesis로 이어지며, 위가 비워지는 속도가 느려지면 소장세균 과증식이 재발하는 또 다른 요인이 된다.

- **부적절한 담즙 혹은 췌장 효소 생산**: 드물지만 소장세균 과증식의 재발 원인으로 종종 등장한다. 내 경험으로는 밀과 곡물을 식단에서 제외하면 대부분 사람은 효소 생산량이 부족하지 않다. 콜레시스토키닌cholecystokinin 차단제이자 담즙과 췌장 효소가 분비되는 것을 막는 밀배아 응집소wheat germ agglutinin가 사라지기 때문이다. 엘라스테이스elastase가 감소하거나 분변검사에서 소화되지 않은 지방이 보이는지 확인해 본다.

- **연동운동 저하**: 이 문제 역시 식단에서 밀과 곡물을 빼서 장 활동을 손상하는 글리아딘 유래 오피오이드를 배제한 사람에게는 거의 나타나지 않는다. 밀과 곡물을 배제했는데도 장 움직임이 느

려졌다면, 연동운동을 도와줄 약으로는 저용량 날트렉손, 저용량 에리트로마이신, 생강 뿌리가 있다.

- **면역계 기능장애**: 유전적 원인으로 장내 면역글로불린 A(IgA, 점막 면역기능에서 중요한 역할을 하는 항체)를 만들지 못하는 사람은 소장 세균 과증식에도 걸리기 쉽다.

- **만성 스트레스**: 사랑하는 사람이 사망하거나, 인지기능이 손상된 사람을 간호하거나 하는 등의 이유로 오랜 시간 쌓인 스트레스는 즉시 소장세균 과증식의 재발로 이어진다.

- **해부학적 구조 변형**: 위장관 구조가 비정상적인 경우, 즉 게실[8]이나 비정상적인 연결, 비만 대사 수술, 결장 절제, 그 외 외과적 처치를 했다면 마이크로바이옴 균형에 영향을 줄 수 있다. 해부학적 구조 변형은 위장병 전문의나 일반 외과 의사가 정식으로 검사해야 알 수 있다.

알다시피 이 문제 중 빠르고 쉬운 해결책이 없는 것도 있다. 최선의 해결책은 기능의학 전문의나 통합의학 전문의 같은 유능한 의사를 찾아서 소장세균·소장진균 과증식 재발에 시달릴 때 도움을 받는 것이다.

---

8   위장관 일부가 바깥쪽으로 주머니처럼 튀어나온 것

소장세균 과증식의 재발 예방법, 처음부터 다시

앞서 나열한 여러 가지 요인으로 인해 소장세균 과증식이 재발하면서 불안과 공포가 당신을 덮칠 수 있다. 해로운 장내세균이 다시 한 번 과증식하면서 위장관을 타고 올라오는 것이다. 기존 의약품으로 제거 프로그램을 했던 사람들의 절반가량은 예방 조치를 하지 않으면 몇 달 뒤 재발을 경험할 것이다. 특히 기존 항생제를 처방받아 먹었다면 소장세균 과증식 재발을 예방하라는 조언을 거의 듣지 못하기 때문에 더욱 그렇다. 따라서 재발을 줄이거나 없앨 여러 전략을 논의할 것이다.

위장관에서 다시 과증식할 세균·진균·고세균 종은 엄청나게 다양하므로, 소장세균 과증식이 재발했을 때의 증상은 당신이 겪었던 원래 증상과 다를 수 있다. 처음과 다른 종이 증식할 수 있기 때문이다. 예를 들어 원래는 관절통과 하시모토병을 겪었다면, 재발했을 때는 복부 팽만감과 불안이 나타날 수 있다. 따라서 호흡 속 수소, 가능하다면 황화수소와 메테인 기체까지 측정하는 방법이 유용해진다. 그러나 원래의 소장세균 과증식 증상과 매우 비슷한 증상이 재발했다면, 확인 절차를 건너뛰고 항균 프로그램을 진행하는 것이 합당하다. 경험을 바탕으로, 최선의 정보에 근거해 판단하도록 한다.

아래 항목을 지키면 장기간 성공할 확률을 높이고 재발을 예방할 수 있다.

- 마이크로바이옴을 붕괴시키는 요인을 계속 회피한다. 글리포세이트가 든 유전자변형식품, 위산 억제제, 항염증제, 당류, 아스파탐 같은 합성 감미료, 유화제, 그 외 미생물에 비우호적인 물질을 포함한다. 애초에 장내미생물 균총을 붕괴시켰던 이 요인들은 회피하지 않으면 또다시 장내미생물 균총을 붕괴시킬 수 있다.

- 다양한 종으로 구성된 강력한 프로바이오틱스를 섭취한다. 3부에서 제시하는 핵심종과 균주 일부는 최소라도 포함해야 한다. 프로바이오틱스는 해로운 종의 증식을 억제하고, 점액 생산을 촉진하며, 소장세균 과증식과 소장진균 과증식을 일으키는 종을 억제하는 박테리오신을 생산하는 종과 균주를 제공한다.

- 매일 발효식품을 (여럿은 아니더라도) 최소 하나 열심히 먹는다. 발효식품은 장 점액 생산을 늘리고, 유익한 세균 종의 증식을 촉진하며, 해로운 종의 증식은 억제한다.

- 프리바이오틱스 섬유소를 매일 식단에 넣는다. 4부 3주차 목록에 있는 프리바이오틱스 섬유소를 하루에 최소한 20g 먹는 것을 목표로 삼고, 끼니마다 먹으면 더 좋다. 먹이를 제공하면서 유익한 세균을 돌보면 유익한 세균도 당신을 돌볼 것이다.

- 락토바실루스 루테리 요구르트를 만들어 먹는다. 락토바실루스 루테리만 넣거나 혼합배양해서 요구르트를 발효한다. 위장관 상부에 서식하며 박테리오신을 생산하는 락토바실루스 루테리의 독특한 특성은 원치 않는 미생물의 부활을 막아 줄 것이다.

위의 예방법 역시 아직 시험이 진행 중이다. 그러나 이 단순한 방법이 섬유근육통, 과민대장증후군, 수많은 자가면역질환, 체중증가를 회복시키는 데 있어서 기본 식이요법과 영양보충제보다 큰 성공을 거두었다.

상쾌한 장 SIBO 치료법

소장세균 과증식(SIBO) 치료를 위한 여러 선택지가 있다.

1. **식물 유래 항생제 치료법**: 칸디박틴-AR/BR이나 FC-사이덜+디스바이오사이드 둘 중 하나를 선택한다.
2. **상쾌한 장 SIBO 요구르트 마시기**: 식물 유래 항생제 대신 소장세균 과증식을 치료하는 요구르트를 마신다.
3. **항진균**: 소장진균 과증식이 있든 없든 커큐민을 섭취한다. 소장진균 과증식(SIBO)이 있다고 확신한다면, 뒤에 소개하는 SIFO 치료를 위한 추가 전략을 실행한다.

식물 유래 항생제 치료법

병원성미생물을 위장관 상부에서 제거하기 위해 식물 유래 항생제를 먹는다. 아래의 두 가지 식물 유래 항생제 치료법은 치료 효과가 입증되었다. 칸디박틴-AR+칸디박틴-BR 조합과 FC-사이덜+디스바이오사이드 조합이다. 둘 중 하나를 선택해서 14일 동안, 혹은 프리바이오틱스 섬유소를 섭취한 뒤 호흡 속 수소를 측정해서 에어 기기 측정 수치가 4 이하로 낮게 나올 때까지 치료법을 따른다.

칸디박틴-AR 한두 캡슐을 하루 두 번, 칸디박틴-BR 두 캡슐을 하루 두 번, 14일 동안 먹는다.

혹은, FC-사이덜 한 캡슐을 하루 두 번, 디스바이오사이드 두 캡슐을 하루 두 번, 14일 동안 먹는다.

상쾌한 장 SIBO 요구르트 마시기

상쾌한 장 SIBO 요구르트를 만들어서 식물 유래 항생제 대신 먹는다. 이 요구르트는 예비 실험에서 호흡 속 수소 농도를 정상화시켰는데, 이는 위장관 상부에 서식하는 골칫거리 미생물을 제거했다는 뜻이다. 요구르트는 항생제가 아닌 프로바이오틱스를 이용하는 방법이므로 2주 동안 먹는 항생제보다 더 오랜 기간인 4주 동안 먹어야 한다. 이 요구르트에 든 세균 세 종은 41℃에서 함께 발효해야 한다. 상쾌한 장 SIBO 요구르트는 하루에 1/2컵을 먹는다.

커큐민도 섭취한다. 식물 유래 항생제 치료법을 택하든 상쾌한 장 SIBO 요구르트를 선택하든, 커큐민을 첨가하는 것이 좋다. 커큐민은 항진균 효과와 장 내벽 강화 효과를 나타내므로, 흡수되지 않는 커큐민 300mg을 하루 두 번 먹고 여러 날에 걸쳐 양을 늘려서 600mg을 하루 두 번 먹는다. 커큐민은 300~600mg 하루 두 번, 14일 동안 먹는다.

상쾌한 장 SIFO 치료법

소장세균 과증식을 치료하지 않고 항진균 프로그램만 진행한다면 커큐민 300~600mg을 하루 두 번 먹는 것부터 시작하고, 여기에 식품 유래 에센셜오일(오레가노, 계피, 정향) 한두 개를 더한다.

절대로 에센셜오일을 희석하지 않고 먹으면 안 된다는 점을 주의하라. 처음에는 올리브유, 아보카도유, 녹인 코코넛유 1큰술에 에센셜 오일 한두 방울을 희석해서 하루 두 번 먹는다. 그런 뒤 서서히 양을 늘려 5~6방울을 식용 기름 1큰술에 희석해 최소 4주, 혹은 진균 과증식의 신호가 사라질 때까지 먹는다.

식물 유래 항생제 치료법을 시작했거나 소장세균 과증식을 치료하기 위해 상쾌한 장 SIBO 요구르트를 먹는다면, 커큐민을 계속 먹는다. 커큐민 300~600mg을 하루 두 번 먹고, 여기에 오레가노, 계피, 정향(정향은 앞의 두 에센셜오일과 함께 넣어도 좋다) 에센셜오일 한두 방울을 식용 기름 1큰술에 희석해서 최소 4주 먹는다. 처음에는 올리브유, 아보카도유, 녹인 코코넛유 1큰술에 에센셜오일 한두 방울을 희석해서 하루 두 번 먹는 것으로 시작하고, 그 후 서서히 양을 늘려 5~6방울을 식용 기름 1큰술에 희석해 최소 4주간, 혹은 진균 과증식의 신호가 사라질 때까지 먹는다.

아래의 두 가지 전략을 더하면 소장세균 과증식 박멸 프로그램의 성공 가능성을 높일 수 있다.

1. **생물막 붕괴**: 생물막을 무너뜨리는 아세틸시스테인을 첨가해 식물 유래 항생제의 효능을 높인다. 미생물이 생물막에 숨으면 항생제의 영향력이 줄어들기 때문이다. 우리가 사용할 생물막 붕괴제는 오랫동안 효능을 입증해 온 아세틸시스테인이다.
항진균 프로그램만 진행한다면 아세틸시스테인으로 생물막을 붕괴시킬 필요가 없다. 항진균 프로그램에 있는 오레가노, 계피, 정향 에센셜오일이 생물막을 무너뜨리기 때문이다. 아세틸시스테인은 600~1,200mg을 하루 두 번, 식물 유래 항생제와 함께 14일 동안 먹는다.

2. **포자 형성 막기**: 포자가 형성되지 못하게 하기 위해 식단에 프리바이오틱스 섬유소를 다시 넣는다. 프리바이오틱스 섬유소를 섭취하면 세균이 포자 형성 단계에 진입하는 것을 막아서 항생제에 더 민감하게 반응하게 할 수 있다. 항생제를 먹고 며칠이 지나면 이전에는 과민증을 일으켰던 프리바이오틱스 섬유소를 다시 먹을 수 있게 될 것이다. 과민 반응이 없다면 프리바이오틱스 섬유소 섭취량을 늘려서 하루 최대 20g 이상을 섭취하는 것을 장기 목표로 삼는다. 콩과 식물, 마늘, 아스파라거스, 리크, 민들레 잎, 히카마, 흰 날감자, 익지 않은 바나나, 이눌린 가루, 펙틴, 아카시아 섬유소는 훌륭한 프리바이오틱스 섬유소 공

급원이다. 프리바이오틱스 섬유소는 하루 20g 이상을 끼니마다 먹는다.

미생물 우주의 주인이 되자

우리는 우주의 주인이 될 수 없다. 하지만 위장관 9.1m에 자리 잡은 미생물 우주의 주인은 될 수 있으며, 이에 따라 건강을 장악할 수 있다. 5G가 연결된 스마트폰, 수백만 개의 앱, 전 세계 정보의 즉각적인 연결로 무장한 우리는 분명 지극히 작은 생물을 상대로 우위를 차지할 수 있다. 고혈압이나 궤양성결장염 같은 질병뿐만 아니라 느끼는 방식, 감정, 그리고 당신 몸속에서 이루어지는 대화까지, 수많은 건강 문제를 해결할 수 있는 놀라운 힘을 얕보지 말고 몸속에 사는 미생물에게 관심을 가져라.

인간 삶의 모든 것, 먹는 음식, 노출되는 빛과 어둠, 함께 지내는 사람들, 삶의 스트레스, 마시는 물까지, 모든 것이 우리 몸속에 사는 미생물과 그 미생물의 위장관 내 서식지에 영향을 미친다. 일상에 세심하게 주의를 기울이면 마이크로바이옴에 큰 영향을 줄 수 있다.

3부에서는 마이크로바이옴을 재구축할 때 이용할 여러 전략을 살펴보고, 상쾌한 장으로 향하는 길을 달리기 시작해 보자.

3부

상쾌한 장

야생에서 산책하기

　제왕절개를 통한 출산, 불필요한 항생제 사용과 가공식품 섭취까지 장내미생물 세상에 타격을 입힌 모든 일을 무효로 하고, 우리를 적대하지 않고 함께 일하는 마이크로바이옴을 재구축할 수 있을까? 그러면 건강과 날씬한 몸을 되찾고 현대 질병에서 벗어나게 될까? 식사를 마련하기 위해 사냥하고 채집하며, 태어난 아이에게 2년 이상 모유를 먹이고, 모닥불 앞에 모여 앉아 그날의 사냥감을 나누던 선조들이 누리던 건강을 우리도 되찾을 수 있을까? 원주민들은 상처와 말라리아, 뎅기열 같은 감염병으로 고통받고 현대 의학의 보호를 받지 못하지만, 선진국 사람들을 흔하게 괴롭히는 수백여 종의 만성질환에는 굴복하지 않는다. 나는 여기서 배워야 할 중요한 교훈이 있다고 생각한다.

　현대인은 인간의 장내미생물에 근본적으로 옳지 않은 일을 하고 있으며, 그 과정에서 우리의 건강을 위협하는 끔찍하고 기괴한 괴물을 만들어 냈다. 소장세균 과증식이든 아니든, 현대인은 인간의 위장관에 서식하던 세균 종의 다양성을 심각하게 훼손했으며, 유익한 종은 사라지고 해로운 기회주의자들만 증식하게 했다. 다행스럽게도 인간 대부분은 아직 회생 불능 지점까지 가지는 않았지만, 거의 가까이

다가섰다.

맞다, 우리는 마이크로바이옴의 모든 것을 알지는 못한다. 그래도 마이크로바이옴을 회복하는 방법은 정교하게 계획할 수 있다. 마이크로바이옴을 회복하면 섬유근육통 증상이 개선되고, 과민대장증후군으로 생기는 배변 급박감과 복부 팽만감에서 해방되며, 수많은 조기 노화 현상이 사라지고, 신경퇴행성질환의 일부 증상이 회복되기까지 한다. 그 외에도 빠른 체중감량, 꿈으로 가득한 숙면, 부드럽고 탄력 있는 피부와 주름 감소, 정서 안정, 에너지 증가, 더 행복한 관계 등 수많은 상쾌한 장의 혜택이 나타날 것이다.

3부에서는 건강한 마이크로바이옴을 재구축하기 위해 실천할 방법에 관한 배경 지식부터 익혀 보자. 그러려면 우리 안의 영장류를 데려와야 한다. 알다시피, 영장류의 욕구는 우리의 유전자에 새겨져 있다.

장내미생물 균총이라는 정원에 씨를 뿌려라

건강한 마이크로바이옴은 어떤 모습일까?

현대 마이크로바이옴 붕괴에 영향받지 않은 수렵채집인인 탄자니아의 하드자족이나 아마존의 야노마미족의 장내미생물 균총을 모방해야 할까? 항생제, 글리포세이트가 뿌려진 곡물, 혹은 폴리소베이트 80으로 유화한 로키로드 아이스크림을 한 번도 먹지 않은 수렵채집인은 현대인에게는 없는 세균 종을 가지고 있는 반면, 현대인은 수렵채집인에게는 거의 없는 종을 가지고 있다. 혹시 이 차이는 숲, 정글, 산이 아닌 세상에 현대인의 마이크로바이옴이 적응한 결과일까?

마이크로바이옴 구성에 일어난 변화의 일부분은 현대 세계의 요구에 부응하는 긍정적인 적응일 수도 있다. 하지만 제초제와 항생제에서 나온 역효과를 반영하는 것일 수 있다. 둘 사이의 차이점은 어떻게 알 수 있을까?

누구도 답을 전부 알지는 못한다. 그래도 우리는 더 건강한 마이크로바이옴을 만들기 위해 여러 전략을 선택할 수 있고, 그렇게 바뀐 마이크로바이옴은 처참한 현재 상황보다는 더 나을 것이다. 먼저 마이크로바이옴을 붕괴시키는 현대 요인을 최소화하는 전략을 논의한다. 그 후 과증식한 해로운 종을 박멸하고 그 자리에 유익한 종을 자라게 할 구체적인 전략을 자세하게 탐색한다. 소장세균 과증식, 소장진균 과증식, 내독소혈증의 세계를 더 깊이 파고들어 삶과 건강을 바꾸는 경험으로 이어 나갈 것이다.

독자들이 이 아이디어를 잘 받아들이도록, 건강한 장내 마이크로바이옴을 가꾸는 노력을 봄에 정원을 가꾸는 일에 비유했다. 지금이 5월이고 정원에 식물을 심는다고 생각해 보자. 먼저 잡초를 뽑고, 나뭇가지나 돌을 치우면서 땅을 고르기 시작할 것이다. 다음에는 콩, 당근, 주키니 호박, 오이, 토마토 씨앗을 심을 것이다. 그런 뒤 식물이 자라는 계절 동안 물과 비료를 주며, 귀중한 채소를 갉아 먹는 너구리나 토끼 같은 생물에게서 정원을 지킨다. 적절하게 돌보면서 두 달 정도 지나면, 수확할 채소가 풍성할 테고, 맛있는 샐러드와 건강에 좋은 요리가 식탁에 오를 것이다.

장내미생물 '정원'을 가꾸는 노력도 매우 비슷하다. 우리는 몸 안의 정원에서 '땅'을 고르고, '씨앗'을 심은 뒤, '물과 비료'를 줄 것이다. 물론 장내미생물 균총이라고 부르는 정원에서는 주키니 호박을 수확할 수 없지만, 건강을 위해 키운 미생물을 늘려 나가는 노력을 계속해야 한다.

땅을 고르는 일, 그러니까 장내미생물 정원을 붕괴시킨 요인을 제거하는 방법을 이야기해 보자. 이른 봄, 채소가 자랄 공간을 마련하기 위해 정원에서 나뭇가지나 돌을 치우는 일과 비슷하다.

삽을 준비하자

현대인은 장내 마이크로바이옴을 완전히 붕괴시켰기 때문에 이 정원을 살리려면 우리에게는 생물학적 삽, 곡괭이, 굴착기가 필요할지도 모른다. 비유적으로 말하자면 깊게 박힌 뿌리를 파내고 잡초와 돌을 외바퀴 손수레에 가득 실어 내다 버려야 한다.

마이크로바이옴에서 '뿌리', '잡초', '돌'은 무엇일까? 우리가 바꿀 수 있는 요인에 초점을 맞춰 하나씩 살펴보자. 당신이나 당신이 사랑하는 누군가가 40년 전에 제왕절개로 태어났다고 해도 자연분만으로 태어나지 않은 과거를 되돌릴 수 없다는 점은 분명하다. 모유보다 조제분유가 더 좋다는 분유 업체의 마케팅 때문에 당신의 어머니가 아기인 당신에게 분유를 먹였다 해도 그 시절로 돌아가서 이 비극적인 일을 없던 일로 할 수는 없다. 수년간 다양한 감염으로 항생제 치료를 열 번 정도 받았다고 해도 이 일을 없던 일로 되돌리기 위해 지금 할 수 있는 일은 없다. 아이스크림광이어서 유화제가 듬뿍 든 프렌치바닐라 아이스크림을 잔뜩 먹었어도, 시간을 되돌려서 아이스크림을 안 먹은 일로 할 수도 없다.

장내미생물 정원을 준비하기 위해 지금 우리가 바로잡거나 바꿀 수 있는 요인은 무엇일까?

- **당류를 먹지 않는다**: 장내미생물에게 당류는 새나 오리에게 던져 준 빵 부스러기와 같아 미생물들은 미끼를 물기 마련이다. 설탕이 든 탄산음료나 과자를 먹는 것은 세균과 진균에 위장관을 타고 올라와서 증식하라는 초대장을 전하는 것이다. 식단에 든 엄청난 설탕은 사실상 소장세균 과증식과 소장진균 과증식을 위해 마련한 무대나 다름없다.
- **칼로리가 없는 합성 감미료를 피한다**: 아스파탐, 수크랄로스, 사카린으로 단맛을 낸 음식을 먹지 않는다. 무가당 탄산음료, 아이스크림, 프로즌 요구르트, 껌, 그 외 비슷한 성분을 함유한 가공식품이 포함된다.
- **유화제가 든 가공식품을 배제한다**: 폴리소베이트 80과 카복시메틸셀룰로스는 점막을 분해하고, 장내미생물 종에 해로운 변화를 일으키며, 장 내벽의 투과성을 높여서 식욕을 돋우고, 체중을 늘

리며, 염증반응을 일으켜 자가면역질환으로 이어진다고 앞서 설명했다. 카라기닌, 프로필렌글리콜, 레시틴^{lecithin}처럼 약한 유화제가 얼마나 폭넓게 관여하는지는 아직 모른다. 상세하게 밝혀지기 전까지는 상식을 따르면 된다. 즉 아보카도, 달걀, 푸른잎채소 같은 자연식품을 먹고, 합성 성분이 첨가되지 않은 식품을 고른다. 가공식품을 살 때는 이름을 아는 성분이 들어 있고, 성분목록은 되도록 짧은 것을 고른다. 예컨대 샐러드드레싱을 살 때는 올리브유, 식초, 소금, 허브가 들어 있고 점도 증진제, 검^{gum},[1] 혼합제가 없는 제품을 고른다. 아이스크림은 크림, 산딸기류, 코코아, 그 외 천연 향미료와 나한과, 스테비아 같은 안전한 감미료만 든 것을 먹거나 '상쾌한 장 요리법'에서 제시하는 요리법으로 직접 만들어 먹는다.

- **유기농을 고른다**: 예산이 허락한다면 되도록 제초제와 살충제가 잔류할 가능성이 적은 유기농식품을 고른다. 제초제와 살충제는 극소량이라도 인간의 내분비계와 호르몬계, 그리고 장내미생물 균총에 해로운 영향을 미칠 수 있다. 유기농식품을 고르면, 옥수수와 대두 같은 유전자변형식품에 들어 있으며 항생제 특성을 가진 제초제인 글리포세이트 노출도 줄어든다. 딸기류나 사과처럼 껍질째 먹는 식품을 즐긴다면 특히 유기농법으로 키운 식품을 먹어야 하지만, 바나나와 아보카도처럼 껍질을 벗겨 먹는 식

---

1   점성 있는 용액이나 겔로 만들어 주는 물질

품을 좋아한다면 유기농법의 중요도는 조금 떨어진다. 전통적인 방식으로 키운 가금류, 소고기, 돼지고기, 양식 어류에서도 종종 항생제가 잔여물로 발견되므로 육류도 가능하다면 유기농을 골라야 한다.

- **정수를 마신다**: 상수도는 염소(클로라민^{chloramine}으로 소독하는 경우는 끓여서 제거하지 못하므로 더 나쁘다)와 불소로 소독하는데, 두 화합물 모두 장 점막에 해로운 효과를 나타낸다. 활성탄이나 역삼투압 필터 시스템으로 물속 오염물질을 대부분 제거할 수 있다. 물통형 정수 필터기도 최근 여과할 수 있는 오염물질이 늘어나서 실용적인 선택이 될 수 있다.

- **밀과 곡물을 피하거나 최소화한다**: 최근의 과학 연구 결과들은 밀에 들어 있는 글리아딘 단백질과 다른 곡물에 들어 있는 유사 단백질이 장내 투과성을 높여서 소화되지 않은 음식물, 미생물, 해로운 분해산물이 혈액으로 흘러가게 한다고 확신한다. 이 과정은 1형당뇨병과 류머티즘성관절염을 포함한 수많은 자가면역질환을 유발한다. 즉 밀이나 곡물을 섭취하는 데다 소장세균·소장진균 과증식이 유발하는 내독소혈증까지 있으면 장 투과성이 높아져 많은 질병에 문을 열어젖히는 것이나 다름없다. 해결책? 밀과 곡물을 먹지 않으면 된다. 호밀, 보리, 옥수수, 귀리, 조와 기장 같은 낱알 곡물, 수수, 콩을 먹지 않으면 글리포세이트 노출도 엄청나게 줄일 수 있다.

- **술은 가볍게 한다**: 알코올음료에는 온갖 잡동사니가 섞여 있다.

좋은 성분(색과 향을 위해 넣은 폴리페놀과 플라보노이드)도 있지만 나쁜 성분(알코올과 당류)도 있어서, 해로운 세균 종, 특히 진균 과증식을 촉진한다.

- **비스테로이드항염증제와 위산 억제제를 피한다**: 먼저 주치의에게 도움을 청해야 한다. 슬프게도 의사의 90% 이상은 일단 이 약들을 먹으면 끊을 도리가 없다며 도와주지 않을 것이다. 그러나 이 말은 사실이 아니다. 이 책에 설명한 기본 전략은 많은 사람이 이부프로펜과 나프록센 같은 비스테로이드항염증제를 끊을 수 있게 돕는다. 그러나 프로토닉스Protonix(판토프라졸pantoprazole)나 프릴로섹Prilosec(오메프라졸omeprazole) 같은 위산 억제제는 중단하기가 불가능하지는 않지만 상당히 어렵다. 주치의와 함께 위산저하증(위산의 양이 줄어드는 질병), 소장세균 과증식 등에 관한 문제를 탐색해야 한다.

이 항목들이 벅차게 느껴진다면, 통째로 먹는 진짜 음식으로 돌아가기가 핵심이라는 것만 기억한다. 수십여 종의 첨가물, 유화제, 혼합제, 감미료, 그 외 화학물질이 든 가공식품보다는 가능한 한 자연 그대로의 상태인 식품, 즉 달걀, 고기, 채소, 과일, 콩과 식물을 고른다.

물론 항생제 노출도 최소화해야 하므로 꼭 필요할 때만 항생제를 처방받는다. 예를 들어 독감이나 감기 같은 호흡기 바이러스에 감염되었는데 세균 감염으로 넘어갈지도 모르는 '만약을 위해' 항생제 처방을 받았다면, 이는 항생제를 먹어야 할 합당한 이유가 아니다. 분명히 항생제가 특정 상황에서는 매우 유익하지만, 필요악으로 여기며 항생제가 정말로 필요한지 먹을 때마다 자문해야 한다.

여러 요인이 복잡하게 얽힌 풍경은 현대인의 마이크로바이옴을 떼죽음으로 몰아넣었다. 붕괴 요인이 모두 밝혀지지는 않았다. 그러나 앞에서 제시한 지침을 따르다 보면 붕괴 요인 대부분을 줄이거나 제거했을 것이다. 그때가 되어야 겨우 잃어버린 미생물 씨앗을 심으면서 체중을 늘리고, 혈압을 높이며, 정서와 정신 건강을 무너뜨리는 미생물을 제거하거나 줄이는 일을 이어 갈 수 있다.

새로운 씨앗 심기

위장관에 씨앗을 심는 가장 좋은 방법은 자연분만으로 태어나서 최소한 생의 첫 두 해 동안 모유를 먹고 어머니와 가족 고유의 건강하고 풍부한 마이크로바이옴에 노출되는 것이다. 하지만 유감스럽게도 생의 초기에 내려진 결정의 해로운 결과와 이미 지나간 수많은 요인을 되돌릴 수는 없다. 그 대신 지금 당장 마이크로바이옴에 씨앗을 다시 심기 위해 할 수 있는 일에 집중하기로 하자.

프로바이오틱스와 발효식품은 씨앗을 다시 뿌리는 프로그램의 초석이다. 우선 프로바이오틱스의 세계를 파헤쳐 보자.

시판 프로바이오틱스 제품에는 유익하다고 여겨지는 살아 있는 미생물들이 들어 있다. 보통 캡슐 형태로 만들고, 미생물이 수백만에서 수십억 마리, 혹은 CFU 단위로 들어 있다. (살아 있는 세균 한 마리는 미생물학 용어로 1CFU로 나타낸다.) 시판 프로바이오틱스 제품에 든 미생물은 대부분 세균이지만, 때로 사카로미세스 보울라디 같은 유익한 진균 종도 들어 있다. 일부 프로바이오틱스는 포자 형태나 토양에 사는 미생물을 함유하기도 한다.

불행하게도 시판 프로바이오틱스 구성이라는 측면에서 우리는 여전히 암흑시대에 살고 있다. 대부분 제품은 유익하다는 종을 아무렇게나 섞었을 뿐이고, 특별한 목적을 위해 설계한 것도 아니다. 현재 시중에 판매하는 제품 대부분은 함유한 세균 종을 구체적으로 명시하지 않는다. 중요한 항목인 균주를 모르면 우리는 해당 프로바이오틱스 제품이 특별히 유익한 효과를 내는지 알 수 없다. 균주를 명시하지 않은 프로바이오틱스를 먹는 것은 특정 질병을 치료하기 위해 아무 약이나 집어 드는 것, 즉 위산 억제제, 항염증 스테로이드, 항정신병약, 항암화학요법 중에 아무것이나 고르는 것과 다를 바 없다. 같은 종이라도 균주가 다르면 다른 효과를 내기 때문에 세균의 균주를 모른다면 원하는 효과를 나타내는 제품을 선택할 수 없다. 그런데도 어떤 이들은 균주를 명시하지 않은 프로바이오틱스 제품을 사는 데 비용을 과하게 치르기도 한다.

시판 프로바이오틱스에는 또 다른 근본적인 딜레마가 있다. 만약 당신의 어머니가 모유수유를 통해 비피도박테리움 인펀티스라는 미생물을 주었다면, 이 미생물은 당신의 위장관에 수년간, 혹은 평생 서식할 수 있다. 당신이 항생제 치료를 받거나 마이크로바이옴을 붕괴시키는 다른 약을 먹고 의도치 않게 이들을 박멸하지 않는다면 말이다. 하지만 같은 미생물을 프로바이오틱스로 섭취하면 이 미생물은 몇 주나 몇 달 후에 위장관에서 사라진다. 왜 그럴까? 프로바이오틱스로 마이크로바이옴에 전달된 균주가 어머니나 환경을 통해 얻은 균주처럼 우리 몸에 장기간, 혹은 영원히 서식하지 못하는 이유는 무엇일까?

아직은 누구도 이 근본적인 문제에 답할 수 없다. 시판 프로바이오틱스 제품으로 먹은 유익한 종과 균주는 위장관에 자리 잡은 몇 시간, 혹은 며칠 동안만 유익한 혜택을 제공한다. 유익한 미생물이 장기간 서식하게 하는 것이 우리의 목표 중 하나지만, 시판 프로바이오틱스 제품으로는 이 목표를 이루기가 쉽지 않다.

다행히 이런 미생물들이 일시적으로만 머물러도 유익한 효과를 누릴 수 있다. 월요일에 먹은 프로바이오틱스 제품에 든 세균이 목요일에 화장실에서 몸 밖으로 배출되더라도, 이들은 다음과 같은 유익한 효과를 나타낸다.

- 장 점액 생산을 촉진한다. 비피도박테리움 종은 이 분야에서는 챔피언이다. 특히 프리바이오틱스 섬유소를 '먹으면' 부티레이트와 프로피오네이트 같은 지방산을 생산해서 장 세포의 점액 생산을 열정적으로 촉진한다.
- 플라보노이드와 폴리페놀(채소와 과일에 있는 식물성 영양소인 식물생리활성물질phytonutrient) 같은 영양소를 유익한 대사산물로 바꾼다.

- 병원성미생물의 성장을 억제한다.
- 영양소, 특히 비타민B_1, B_2, B_6, 엽산(B_9), B_{12}를 생산한다.

시판 프로바이오틱스 제품은 유익하지만 기대만큼 완벽하지는 않다. 나는 현재 시중에 나온 프로바이오틱스 제품이 상쾌한 장에 필요한 '핵심' 세균 종과 균주, 즉 다른 유익한 미생물의 증식을 돕지만 현대 마이크로바이옴에서는 사라진 소수의 미생물을 제공하지 못한다고 본다. 미래의 프로바이오틱스 제품은 유익하리라는 희망을 품으며 아무렇게나 대충 조합한 미생물로 구성되지 않고, 분명한 목적을 가진 핵심종과 균주로 구성되어 수백여 종의 유익한 종과 균주의 증식에 유리한 환경을 조성할 것이라 예측한다.

미래의 프로바이오틱스는 저명한 미생물학자인 라울 카노가 설명한 '길드' 또는 '컨소시엄' 효과를 제대로 활용할 것이다. 길드 효과는 미생물 A가 미생물 B에 유익한 대사산물을 생산하고, 미생물 B는 미생물 C에 유익한 대사산물을 생산하며, 미생물 C는 미생물 A와 B에 필요한 대사산물을 만드는 것이다. 즉 미생물들이 협력해서 숙주에 더 큰 이익을 만들어 내는 효과를 가리킨다. 다시 말하자면, 우리가 핵심 미생물, 혹은 길드 효과를 내는 미생물 종을 복구하면 수십, 혹은 수백의 다른 유익한 종도 뒤따라 복구된다. 현재 판매되는 제품 중에는 이쪽으로 방향을 바꾼 제품도 적게나마 존재한다. 독자들도 핵심종과 협력 종의 목록을 만드는 일이 장내미생물 균총을 재구축하는 성배가 되리라는 사실을 깨달았을 것이다. 핵심 세균 종들을 정확하게 심는 일, 바로 이것이 분변 이식에서 얻는 엄청난 혜택뿐 아니라 후술할 발효 프로젝트의 놀랍고도 유익한 결과를 설명한다.

포자 형태의 미생물과 토양에 사는 미생물을 이식했을 때의 유익한 효과가 서서히 증명되고 있지만, 이런 미생물들이 재구축된 마이크로바이옴에서 어떤 역할을 하는지, 추가적인 이점을 나타내는지는 아직 모른다. 광고는 엄청나게 많지만 믿을 만한 증거는 많지 않은 상황이다. 물론 바실루스 코아귤런스(상쾌한 장 SIBO 요구르트 재료다) 같은 포자 형성 미생물이 상당한 건강 혜택을 제공한다는 사실은 알려져 있다. 관절염 때문에 생기는 통증과 부기를 줄여 주고, 복부 팽만감과 그로 인한 부기도 줄여 주며, 격렬한 운동 후 회복을 빠르게 한다. 마지막 장점은 운동선수에게는 상당한 강점이다.

발효식품은 우리 위장관에 유익한 미생물을 '심는' 또 다른 방법이다. 발효식품도 시판 프로바이오틱스 제품처럼 유익한 종과 균주가 인간의 위장관에 오래 서식하지 않는다는 문제점이 있지만, 그래도 섭취하는 편이 더 유익하다. 인간은 수백 년 동안 맛과 영양을 향상하고, 식품이 상하는 것을 예방하는 식품 가공 기술로서 발효식품을 즐겨 왔다. 이탈리아의 프로슈토, 그리스의 올리브, 한국의 김치, 일본의 우메보시, 그 외에도 많은 발효식품이 세대를 넘어 전수되는 요리법에 따라 만들어진다. 현재 우리의 목적을 위해서는 당류를 맥주와 와인 같은 알코올로 바꾸는 진균 발효가 아니라(술은 보통 미생물을 필터로 거른다) 천연방부제인 젖산을 만드는 미생물 발효에 주목해야 한다. 사워 반죽 빵 같은 곡물 발효제품은 굽는 과정에서 유익한 미생물이 죽어 버린다. 우리가 관심 있는 발효식품은 살아 있는 미생물을 함유해서, 먹었을 때 그것들이 위장관 속을 짧게나마 탐험하면서 유익한 효과를 발휘하는 것이다.

발효식품은 전채요리처럼 종류가 많고 다채로우며, 발효 미생물은 수백 종이나 있고, 음식이 발효되는 주변 조건도 다양하다. 김치, 콤부차, 전통 사워크라우트, 발효한 피클, 케피어, 요구르트, 집에서 발효한 채소 등 전 세계 다양한 문화권에 수없이 존재하는 독특한 전통 발효식품을 먹도록 한다. 이는 락토바실루스, 비피도박테리움, 페디오코쿠스*Pediococcus*, 류코노스톡*Leuconostoc* 세균 종과 익숙한 진균 종, 특히 케피어와 콤부차에 들어 있는 진균 종 섭취를 늘리는 또 다른 방법이다. 무, 아스파라거스, 오이, 비트 같은 채소를 발효하는 것을 취미로 삼는 사람도 있고(거의 모든 식품은 발효할 수 있다), 케피어, 콤부차, 요구르트를 직접 만드는 사람도 있지만, 상업 제품의 수도 늘어나는 중이다. 제품을 살 때는 '살아 있는', '살아 있고 활성이 강한', '발효한' 따위의 표현이나 살아 있는 미생물이 들어 있다는 문구가 있는지 살펴본다. 소금물과 식초에 담근 피클이나 보관하기 쉽게 열을 가해 비활성화한 제품에는 살아 있는 미생물이 없다. 세균이 살아 있다고 보장하는 신호는 탁하고 우유처럼 뿌연 액체다. 맞다, 피클이나 사워크라우트를 다 먹은 후 그 걸쭉한 액체도 마실 수 있다.

발효식품에 든 미생물은 처음 음식을 만들 때 존재하는 종(채소 표면에 있는 미생물이나 케피어에 든 세균과 진균 혼합물)에 따라 달라지므로 우리는 특정 종이나 균주를 선택할 수 없다. 이런 식품에는 다양한 미생물이 수십억, 때로는 수조 마리씩 존재할 것이다. 보통 우리가 먹는 발효식품에 든 미생물은 장 속에 며칠, 혹은 몇 주 정도만 서식하며, 때로는 몇 시간 만에 장 속에서 빠져나가기도 한다. 그렇더라도 발효식품에 든 미생물은 시판 프로바이오틱스 제품과 비슷한 효과를 제공하며, 살모넬라 같은 병원체로부터 보호해 주고, 유익한 대사산물과 비타민을 생산하며, 비활성화된 영양소를 활성화한 형태로 전환한다.

발효식품이 건강을 향상한다는 증거는 제한적이지만, 변비가 개선되고, 2형당뇨병 위험이 낮아지며, 염증 지표가 감소하고, 체중증가를 막는 데 어느 정도 효과가 있다는 사실은 알려져 있다. 특히 케피어에 든 다양한 미생물은 소장세균 과증식에서 가장 많이 나타나는 장내세균의 증식을 막기도 한다.

어떤 프로바이오틱스 제품을 골라야 할까?

앞에서 간단히 설명한 균주의 특이성을 기억하는가? 대장균을 예로 들어 보자. 당신의 장 속에는 자연스럽게 발생하는 대장균이 서식한다. 당신의 친구와 가족 대부분이 대장균을 가지고 있다. 직장에서 당신이 눈여겨보는 사람도 마찬가지다. 그러나 재배지 바로 옆에 있는 목장의 소 배설물에서 나온 대장균에 오염된 로메인 상추를 먹으면 며칠 동안 계속 설사하거나 신부전으로 사망할 수도 있다. 똑같은 대장균이지만 균주가 다르기 때문이다. 하나의 종 속에서 나타나는 균주의 다양성, 즉 균주 특이성은 문자 그대로 생사를 가를 수 있다.

끔찍하게 지루할 수도 있지만, 프로바이오틱스를 더 깊이 이해하고 유익하거나 그다지 쓸모없는 미생물을 구분하는 데 도움이 될 내용을 설명하려 한다. 대부분의 시판 프로바이오틱스 제품은 함유한 세균 균주를 표시하지 않는다. 이는 문제다. 예를 들어, 락토바실루스 람노서스 GG(즉 GG 균주)는 항생제 치료 후 나타나는 설사를 빠르게 회복하도록 돕는다는 사실이 임상 연구로 증명되었다. 그러나 다른 락토바실루스 람노서스 균주는 이런 효능이 없다. 즉 락토바실루스 람노서스를 함유한 프로바이오틱스 제품 대부분이 이런 측면에서 실제로는 쓸모없다는 뜻이다. 효과가 있지만 값은 비싼 특정 균주를 사용하는 대신, 제조업체는 비용이 덜 드는 다른 균주를 종종 사용하기 때문이다. 기성품 원피스나 바지를 크기, 색상, 스타일을 고려하지 않고 무턱대고 손에 잡히는 대로 사는 것이나 다름없다. 당신의 스타일이 좋은 평가를 받지 못하는 것은 물론이고, 어쩌면 원피스나 바지를 입는 것조차 못할 수 있다. 마찬가지로 균주에 대한 아무런 지식 없이 날림으로 만든 시판 프로바이오틱스 제품을 먹는 것은 실패의 지름길이다.

쉽게 상상할 수 있듯, 여러 균주 중에서 하나를 선택하는 일은 프로바이오틱스의 세계를 복잡하게 만든다. 요구르트 발효 프로젝트도 더 나은 효과를 보장하기 위해 특정 균주만 사용한다. 상업 제품이 개선되어 협력적 효과를 나타내는 핵심 균주를 첨가하게 되면, 건강에 유익하고 효과적인 제품들이 시장에 나올 것이다. 비평가들이 "프로바이오틱스가 건강에 어떤 영향을 미치는지 증명되지 않았다"라는 말을 하는데, 이 말은 일정 부분 맞는 말이다. 하지만 몇 년 후에는 이런 상황도 바뀔 것이다. 나는 특정 종과 균주를 발효해서 세균 수를 늘려 시판 프로바이오틱스 제품보다 훨씬 뛰어난 효과를 얻는 방법을 상세하게 설명할 것이다. 변형한 발효법으로 우리는 엄청난 결과를 얻을 것이고, 목적이 뚜렷한 프로바이오틱스 응용법은 두루뭉술한 광고와 달리 놀라운 혜택을 안겨 줄 것이다.

유익한 세균 종과 균주를 일일이 재배치해야 할까? 그렇지는 않다고 본다. 여러 유익한 종의 증식과 생존에 중요한 역할을 하는 핵심종과 균주를 알아내서 대체하면 해결될 것이다. 바다의 플랑크톤이 해파리부터 고래까지 다양한 해양생물의 생존을 떠받치듯이, 인간의 장내 생태계에 있는 핵심 세균 종도 수많은 다른 미생물의 생존을 뒷받침해 준다. 신생아에게 있는 비피도박테리움 인펀티스가 좋은 사례다. 비피도박테리움 인펀티스가 어머니로부터 아기에게 전달되면 아기는 모유에 든 올리고당(당류)을 더 잘 분해할 수 있고, 이 대사산물은 아기의 마이크로바이옴에 있는 다른 세균 종의 양분이 된다. 비피도박테리움 인펀티스가 없으면 모유에 든 영양분을 소화하는 아기의 능력이 떨어지고, 성장이 느려지며, 유익한 종의 생존이 힘들어지면서 마이크로바이옴이 전체적으로 위태로워질 것이다. 따라서 프로바이오틱스를 사용할 때는 무분별하게 미생물을 이식하기보다 비피도박테리움 인펀티스 같은 핵심종을 대체하거나 복구하는 편이 훨씬 낫다.

존재만으로 마이크로바이옴의 복잡한 그물망과 인간의 건강을 뒷받침하는 핵심종 목록이 아직 완전하지는 않다. 그러나 현재 우리가 가진 지식과 증거를 바탕으로, 아래의 종들을 가장 중요한 종과 균주 목록에 넣었다.

- 비피도박테리움 인펀티스 ATCC 15697, M-63, ECV001
- 락토바실루스 루테리 DSM 17938, ATCC PTA 6475, NCIMB 30242
- 락토바실루스 가세리-BNR17, CP2305를 포함한 다양한 균주
- 락토바실루스 람노서스 GG, HN001
- 락토바실루스 플랜타럼 299v, P-F
- 피칼리박테리움 프로스니치 A2-165, L2-6. 인간 숙주의 건강에 유익한 장내 부티레이트 총생산량 25%를 책임진다.
- 비피도박테리움 롱검 BB536
- 아커만시아 뮤시니필라 ATCC BAA-835
- 바실루스 코아귤런스 GBI-30,6086, MTCC 5856. 피칼리박테리움 프로스니치를 비롯한 유익한 균주의 증식을 돕는다. 시판 프로바이오틱스 제품에서는 찾아보기 힘든 균주들이다.

이 목록은 완성된 것이 절대 아니며, 계속 보완되고 있다. 유익하다고 알려진 모든 세균 균주를 직접 얻기보다는 핵심종을 복구하는 것이 더 나은 전략이다. 핵심종을 키우면 이 종들이 '농부'가 되어 수

십, 수백 종의 유익한 세균 종을 키워 나갈 것이다.

목록을 외우거나 목록에 있는 모든 균주를 복구할 필요는 없다. 이런 종과 균주가 들어 있는 시판 프로바이오틱스 제품을 알려 주고, 이 제품들로 요구르트와 다른 발효식품을 만드는 법을 곧 설명하겠다.

시판 프로바이오틱스 제품은 얼마나 오래 먹어야 할까? 제품을 사려면 결국 돈이 든다. 누구도 확실한 답을 줄 수 없는 문제지만, 내가 보기에 시판 프로바이오틱스 제품은 처음 프로그램을 시작할 때, 그리고 복부 팽만감, 설사, 피부발진, 호흡 속 수소 기체 농도 등 성가신 증상 등 당신이 눈여겨보는 지표가 완화될 때까지는 유용하다. 프로바이오틱스를 계속 먹는다고 해도 해롭지는 않다. 그러나 일상에 발효식품을 끌어들이고, 프리바이오틱스 섬유소를 식단에 자주 넣고, 다양한 요구르트를 만들어서 중요한 세균 종을 복구하는 등 곧 알려 줄 다른 전략을 실천하는 것만으로도 비슷하거나 더 뛰어난 효과를 볼 수 있다.

부패를 막아라

아주 오래전부터 인간은 사냥으로 고기와 내장을 얻거나 우연히 산딸기밭을 발견하거나 염소젖을 간신히 짜면, 힘들게 얻은 식량이 먹을 수 없게 되거나 상해서 독이 생기기 전에 발효시켰다.

발효는 통제된 부패다. 세균은 젖산을 생산하고 진균은 알코올을 생성한다. 옛날 사람들은 고기, 생선, 달걀을 땅에 묻어 발효시킨 다음, 몇 주나 몇 달 후에 신선한 음식이 모자랄 때 꺼내 먹었다. 우유는 도축한 동물의 위에 넣어서 위 점막이 만드는 효소인 레닛rennet으로 발효시켜 치즈로 만들었다. 포도를 압착해서 나온 주스가 가득 담긴 단지를 땅에 묻었다가 몇 달 후에 와인이 되면 꺼내기도 했다. 통제된 부패는 수천 세대를 전해 내려온 인간 경험의 일부였다.

그 뒤 냉장법이 나타났다. 처음에는 제조업체에서만 사용했고, 1927년부터 소비자가 사용할 수 있게 되었으며, 프리지데어가 냉매인 프레온을 개발하면서 붐을 일으켰다. 냉장법은 항상 신선한 음식을 먹을 수 있다는 개념을 대중화하면서 발효식품을 미생물이 득실거리는 나쁜 음식으로 깎아내렸다. 한 세기가 채 지나기도 전에 많은 서구 국가에서는 세균과 진균이 풍부한 음식을 소비하는 오래된 식습관이 완전히 사라졌다.

냉장법은 발효를 지연시켜 식품을 더 오래 저장할 수 있다. 사람들은 부패에서 딱 한 발 떨어진 것처럼 보이는 발효식품을 불신하게 되었다(다만 맥주나 와인 같은 진균 발효식품은 예외였다). 대부분 사람은 채소를 소금물에 절이는 도중에 생기는 탁하고 걸쭉한 세균이 든 액체를 보면, 그것이 먹을 수 있고 실제로 건강에 좋은 음식이라는 사실을 모른 채 즉시 절임을 통째로 쓰레기통에 던져 버리게 되었다. 발효식품에 대한 거부감이 널리 퍼지면서 세균과 진균 종의 섭취량은 거의 제로로 떨어졌다. 대중적인 현대 발효식품인 요구르트에도 살아 있는 세균은 극소량만이 들어 있는데, 빨리 생산하려고 발효과정을 간략하

게 줄였기 때문이다. 전통적인 발효식품이었던 피클과 사워크라우트
는 더는 발효식품이 아니다. 그저 소금물과 식초에 담겨 있을 뿐, 그
안에 세균이나 진균은 없다.

거의 한 세기 가까이 세균과 진균이 가득한 발효식품을 섭취하지
못한 데다 장내미생물 균총을 붕괴시키는 현대 요인들이 합쳐지자,
장내미생물 불균형은 확실하게 자리 잡았다. 그 결과 장내미생물 균
총의 심각한 붕괴와 다양한 질병이 나타났다.

해결책은 냉장법이 우리의 비위를 약하게 만들기 전의 시대, 인간
이 수천 년 동안 먹었던 음식으로 되돌아가는 것이다. 직접 채소와 여
러 음식을 발효하고, 세균 수가 많은 요구르트를 만들며, 이미 발효되
어 살아 있는 미생물이 가득한 식품을 고르는 방법을 알려 주겠다.

정원에 물과 비료 주기

지금까지 정원을 가꾸기 위해 토양을 준비하고, 프로바이오틱스
와 발효식품을 이용해 씨앗을 심는 방법을 설명했다. 이제 정원에 줄
물과 비료에 관해 이야기해 보자.

이 이야기는 대부분 섬유소를 중심으로 이루어진다. 인간에게는
채소, 버섯, 콩과 식물, 견과류, 과일에 든 섬유소를 당류로 분해할 소
화효소가 없다. 당신은 섬유소를 당류로 생각하지 않겠지만 섬유소는
사실 긴 사슬 형태의 당 분자다. 인간과 달리 세균은 다양한 형태의

섬유소를 대사할 효소가 있다(식물의 구조 성분인 셀룰로스 섬유소는 예외다. 초식동물인 소나 말, 염소와 달리 인간 마이크로바이옴에 있는 세균은 셀룰로스 섬유소 같은 유형은 소화할 수 없다). 당신은 인터넷을 돌아다닐 수 있고, 공과금 고지서를 보관할 수 있으며, 10대 자녀와 삼각법을 논할 수도 있지만, 섬유소를 소화할 수는 없다.

세균은 섬유소를 무척이나 좋아한다. 이것은 인간과 세균의 놀라운 상호의존 사례다. 당신이 마이크로바이옴에 필요한 섬유소를 먹으면, 당신의 미생물 파트너는 섬유소를 당신과 당신의 위장관에 필요한 영양분과 대사산물로 바꿀 것이다. 인간이 식물을 먹어야 하는 근본적인 이유이기도 하다. 유행하는 식이요법은 채소, 과일, 콩과 식물을 식단에서 줄이거나 제외하라고 하지만, 동물성 식품만 먹으면 당신의 세균이 번성할 수 없다. 앞으로 설명하겠지만, 세균의 먹이인 섬유소 섭취를 소홀히 하면 이상한 일이 일어난다. 세균이 소화하기 쉬운 섬유소는 '프리바이오틱스' 섬유소라고 부른다. 프리바이오틱스 섬유소는 꼭 필요하며, 없으면 건강에 좋은 미생물이 번성하지 못한다.

그러므로 건강한 마이크로바이옴은 인간이 먹지만 소화할 수는 없는 프리바이오틱스 섬유소가 필요하다. 건강해지려면 반드시 있어야 하며, 장기적인 건강이라는 측면에서 볼 때 프로바이오틱스보다 중요하다. 프리바이오틱스 섬유소는 유익한 세균 종을 증식시킬 뿐만 아니라 세균이 건강한 지방산과 대사산물을 생산하는 데 필요한 영양분을 제공하기도 한다. 그리고 이렇게 만들어진 지방산과 대사산물은 장 내벽을 지지하고 영양을 공급한다.

앞서 설명했듯이 대부분의 미국인처럼 프리바이오틱스 섬유소 섭취를 소홀히 하면 위장관의 점막이 얇아져서 장내 염증, 자가면역질환, 장내미생물 균총 구성에 해로운 변화를 일으키는 포문을 열게 된다. 프리바이오틱스 섬유소가 부족한 식단은 마이크로바이옴 구성의 변화를 촉진하며, 때로는 그저 프리바이오틱스 섬유소를 다시 섭취하는 것만으로는 되돌릴 수 없을 정도로 심각해져서 아기에게 마이크로바이옴이 전달되지 못할 정도다. 프리바이오틱스 섬유소 섭취가 매우 중요하다는 사실을 명심하고, 건강한 식단에 관한 새로운 지식을 받아들여야 한다.

수렵채집인의 생활방식을 따르면 프리바이오틱스 섬유소를 하루에 100g 이상 섭취하기는 쉽다. 땅에서 파낸 식물 뿌리와 덩이줄기를 많이 먹기 때문이다. 평범한 현대인은 섬유소를 하루에 12g밖에 먹지 않으며, 이 중 5~8g이 다양한 프리바이오틱스다. 최상의 효과는 매일 프리바이오틱스 섬유소를 20g 이상 섭취해야 나타난다. (우리가 수렵채집인처럼 100g 이상을 섭취해야 하는지는 아직 입증되지 않았다.) 이 정도의 섬유소를 먹으면 건강한 장 점막을 유지하는 데 도움이 될 뿐 아니라 세균이 생산하는 풍부한 부티레이트가 주는 건강상의 혜택을 체감하기 시작할 것이다. 부티레이트는 체중 조절 통제력 향상, 인슐린 반응 개선, 혈당과 혈압 감소, 혈액 내 트라이글리세라이드 감소, 지방간 발생률 감소 등의 이점을 제공하는 지방산이다. 혈압약 두세 개를 먹고 다양한 부작용을 겪으면서 정상혈압을 유지하는 것과, 부작용 없이 혜택만 주면서 정상혈압을 유지하는 건강한 장내미생물을 키워서 혈압을 정상으로 되돌리는 것, 어느 쪽이 좋을까?

고통스러울 정도로 복잡해 보이지만 걱정할 것 없다. 이 개념들을 일상에 어떻게 꾸려 넣을지 4부에서 설명할 텐데, 그때 알려 줄 간단한 단계별 행동 지침을 실행할 때 프로바이오틱스, 발효식품 미생물, 프리바이오틱스 섬유소, 그리고 매혹적이며 강력한 발효 프로젝트에 관해 우리가 쌓아 온 지식이 도움이 될 것이다.

프로바이오틱스 대 프리바이오틱스: 먹거나 먹히거나

사람들은 프로바이오틱스와 프리바이오틱스라는 용어를 두고 때로 혼란에 빠진다. 하지만 사실 아주 간단한 문제다. 프로바이오틱스는 미생물 자체를 가리킨다. 현미경으로만 보이는 아주 작은 생물로 인간 숙주에게 유익한 효과를 선사한다고 추정된다. 락토바실루스와 비피도박테리움은 프로바이오틱스로 분류하는 가장 일반적인 세균이다. 프로바이오틱스는 우리가 음식으로 먹는 프리바이오틱스를 '먹는다'. 즉 흡수한 뒤 대사 작용을 한다.

프리바이오틱스는 식물에 포함된 영양성분으로 미생물이 이것을 먹어서 처리한다. 프리바이오틱스에는 이눌린, 렌즈콩과 강낭콩에 든 갈락토올리고당galactooligosaccharides, 유제품에 든 젖당 같은 당류 등 다양한 섬유소가 포함된다. 인간과 다르게 미생물은 먹이인 프리바이오틱스를 배설물이 아니라 인간 건강에 중요한 대사산물, 예를 들어 지방산인 부티레이트나 엽산, 비타민B$_{12}$로 바꾼다.

앞으로 차차 소개할, 세균 종과 균주를 이용한 요구르트 제조법은 전통적인 발효과정을 특별하게 변형해서 예상 외의 엄청난 효과를 나타낸다. 이 부분을 설명해 보겠다.

"10억 원을 받을래, 아니면 한 달 동안 매일 두 배로 늘어나는 10원을 받을래?"라는, 어린이들에게 던지는 흔한 장난 질문을 아는가?

어린이들은 대개 10억 원을 고른다. 그러나 매일 두 배로 늘어나는 10원은 10원, 20원, 40원, 80원으로 처음에는 시시해 보이지만 한 달 뒤에 총합이 50억 원이 넘는다! 정확하게는 30일 뒤에 약 53억 6,870만 원이 된다. 믿기지 않겠지만 이것이 복리의 힘이다. 우리는 이 원리를 이용해서 요구르트를 만들었고, 더 많은 효과를 보기 위해 엄청난 수의 세균을 키웠다.

똑같은 수학 현상이 세균 증식에도 적용된다. 시간이 지날수록 세균의 수는 1, 2, 4, 8로 두 배씩, 폭발적으로 늘어난다. 세균 한 마리로 시작하면, 처음에는 한 마리가 두 마리가 되고, 두 마리는 네 마리가 되며, 같은 식으로 두 배로 늘어난다. 계산하기 쉽게 세균이 죽지 않는다고 가정했다. 실제로는 그렇지 않지만 시간이 지나면서 수가 늘어나는 기본 원칙은 똑같이 적용된다.

락토바실루스 루테리는 우리가 고효능 발효 요구르트를 만들 때 이용할 세균 종으로, 37℃에서 세 시간마다 두 배로 늘어난다. 이를 토대로 두 가지 사항을 추정할 수 있다. 발효를 시작한 뒤 첫 30시간 동안 세균 수는 거의 증가하지 않고, 30시간부터 세균 수가 폭발적으로 증가하며, 30~36시간 동안 가장 많이 증가한다는 것이다.

즉 제품을 빨리 만들기 위해 보통 4시간만 발효하는(한 번만 증식한다) 시판 요구르트 제조업체와 대개 12시간 발효해서(네 번 증식한다) 집에서 직접 요구르트를 만드는 사람들은 아주 적은 세균 수만 얻는다. 우리는 많은 수의 세균이 불러올 최대한의 건강 효과를 위해 최소 30시간 발효하며, 36시간 발효를 선호한다. 이 세균 증식 현상은 가게에서 사는 요구르트에서 건강 효과를 거의 얻을 수 없는 이유를 설명해 준다. 짧은 발효 시간과 거의 효과가 없는 미생물 종이 합쳐져서 뚜렷한 효과가 나타나지 않는 것이다. 또한 시판 요구르트에 거의 항상 잔탄검xanthan gum이나 젤란검gellan gum 같은 합성 점도 증진제가 들어 있는 이유도 설명해 준다. 발효하는 동안 우유를 자연스럽게 걸쭉하게 만드는 세균이 거의 없고 세균 대사산물도 최소한만 들어 있으므로, 걸쭉한 요구르트를 만들려면 점도 증진제를 넣어야만 하는 것이다.

그렇다면 36시간 이상 발효하지 않는 이유는 무엇일까? 어느 시점에 이르면 젖당, 프리바이오틱스 섬유소처럼 미생물에 필요한 유용한 자원이 고갈되고, 세균이 죽는 속도가 증식속도보다 빨라진다. 우리 연구 팀은 유세포 분석기로 세균 수를 측정했는데, 36시간에 이르자 세균 수는 정체기에 들어섰다. 발효 시간이 더 길어지면 사망 속도가 증식속도를 넘어선다. 공기와 기구에 있는 진균이 요구르트에서 자랄 가능성이 생기면서 진균 오염 위험도 생긴다. 36시간 발효하면 락토바실루스 루테리 요구르트 반 컵 분량에 세균 수 2,000억~2,600억 마리가 나오는데, 시판 프로바이오틱스에 들어 있는 세균 수보다 훨씬 더 많고, 엄청난 혜택을 얻기에도 충분하다.

발효 시간을 늘리는 독특한 방법과 요구르트에 프리바이오틱스 섬유소를 먹이로 넣는 방법을 조합하면, 상당한 건강상의 이점을 불러올 세균 수천억 마리를 키울 수 있다. 점도가 높고 풍부하지만 점도 증진제는 없는 요구르트를 소량의 산딸기류와 함께 맛있게 즐길 수 있다는 뜻이다.

세균의 단식 투쟁

지방 섭취를 줄이고 곡물 섭취를 늘리라고 권고하는 미국농무부와 보건복지부의 '공식' 식생활 지침은 완벽한 재앙이었다. 이 지침은 현대의 비만, 2형당뇨병, 지방간, 자가면역질환 등의 유행병에 상당한 책임이 있다. 그래서 많은 사람이 식생활 지침을 거부하고 반대쪽으로 극단적으로 기울면서 모든 탄수화물 섭취를 중단했다. 현대인의 식습관에 닥친 재앙을 되돌리려면 탄수화물, 특히 곡물(통곡물과 흰 곡물은 당지수나 당부하지수, 그 외 다른 수많은 효과에서 차이가 없다)과 당류 섭취를 제한해야 한다는 데 의문의 여지가 없지만, 탄수화물을 완전히 제거하는 것은 정말 어리석은 생각이다. 하지만 수백만 명이 케토제닉 식이요법, 황제 다이어트, 그 외에도 다양한 극단적인 저탄수화물 식이요법을 한다. (탄수화물 섭취를 한 끼에 약 10g으로 줄이면 지방 저장 대사 과정에서 부산물인 케톤이 배출되며, 이를 '케토제닉 식이요법'이라고 한다.)

미생물의 먹이인 프리바이오틱스 섬유소는 식물에만 있으며, 위와 장 그 자체를 익히지 않고 직접 섭취하는 것이 아니라면 동물성 프리바이오틱스 섬유소는 없다. 따라서 식물성 식재료를 극단적으로 줄이면 프리바이오틱스 섬유소 섭취가 줄어든다. 이런 오류를 인지하고 저탄수화물 프리바이오틱스 섬유소 공급원인 아스파라거스, 마늘, 리크를 섭취하는 사람도 있지만, 이들은 예외다. 극단적인 식이요법을 하는 사람은 대부분 전분이 없는 푸른잎채소인 시금치, 케일, 브로콜리를 많이 섭취하며, 일반적인 양의 소고기, 돼지고기, 가금류, 생선을 먹으면서 자신이 장내미생물에게 부당한 타격을 준다는 사실을 깨닫지 못한다.

미생물의 먹이가 되는 섬유소를 충분히 섭취하지 않고 이런 극단적인 저탄수화물 식이요법을 따르면 어떤 일이 일어날까? 5장에서 설명하듯이 점액이라는 방어벽이 분해되는 상황은 기본이다. 이에 더해 프리바이오틱스 섬유소 섭취를 유지해서 균형을 맞추지 않은 채 탄수화물 섭취를 극단적으로 줄이면 아래와 같은 결과가 나타난다고 과학적으로 증명되어 있다.

- 세균 종의 다양성이 감소한다. 건강한 사람은 폭넓은 종 다양성을 보여
주며, 이는 세균 종의 수가 많다는 뜻이다. 반면 건강하지 않은 사람은
최소한의 종 다양성을 나타내며 해로운 종, 특히 분변 장내세균인 대장균,
살모넬라, 디설포비브리오가 증식한다. 디설포비브리오는 특히 악질적인
균으로 황화수소 농도를 높여서 장내 염증을 일으킨다. 마이크로바이옴을
굶기면 일부 세균 종은 줄어들거나 완벽히 소멸한다.
- 유익하다고 추정되는 세균 종이 줄어든다. 보통 부티레이트를 생산하는
가장 중요한 미생물인 프레보텔라Prevotella(하드자족, 말라위족,
야노마미족의 마이크로바이옴에 상당량 존재하는 종이다), 비피도박테리움,
피칼리박테리움 프로스니치가 감소한다.
- 담즙산에 내성이 있는 종의 증식을 촉진해서 암을 일으킬 가능성이 있는
담즙('2차' 담즙산인 리소콜산lithocolic acid과 데옥시콜산deoxycholic acid)
생산을 늘린다.
- 인간의 점액을 섭취하는 아커만시아 같은 세균 종의 과증식을 촉진한다.
- 장 내벽의 영양분이 되는 부티레이트 생산량이 50~75% 감소하는 원인이
된다. 부티레이트가 감소하면 결장암 예방 효과가 줄어들고 장내세균
억제력도 낮아진다.

케토제닉 식이요법은 수많은 임상 관찰 연구를 통해 유익함이 잘 알려져 있다.
항경련제에 반응하지 않는 뇌전증 어린이 환자 수천 명의 대발작 빈도가 케토제
닉 식이요법으로 줄어들었기 때문이다. 케토제닉 식이요법은 1920년대부터 이
런 목적으로 활용되면서 발작을 50% 이상 줄였기에 효과가 있다는 데는 의문
의 여지가 없다. 어린이를 대상으로 한 초기 실험에서는 유감스럽게도 케토시스
상태를 유지하기 위한 지방 섭취량을 대부분 옥수수기름으로 채웠다. 그러나 가
열하면 과도한 산화반응을 일으키는 옥수수기름은 장에서 세균 분해산물이 '누
수되는' 현상을 증가시켰다. 결국 이 실험 결과는 폐기되었으며, 현재 어린이들
은 중쇄 트라이글리세라이드medium-chain triglyceride(MCTs), 코코넛유, 지방이
많은 고기, 올리브유, 버터를 통해 지방 섭취량을 늘린다.
케토제닉 식이요법을 한 어린이 대부분은 관찰 연구 대상이었는데, 어린이는 드

물게 걸리는 신장결석, 뼈가 얇아지는 골감소증osteopenia, 성장 장애, 심부전에 이를 수 있는 심장근육 손상인 심근병증cardiomyopathy에 걸렸다. 엄격한 저탄수화물 식이요법을 한 성인과 어린이 모두 장내미생물 균총에 비슷한 변화가 일어났으며, 이런 변화는 변비와 곁주머닛병 위험도의 증가와 연관된다.

1부에서 설명하듯이, 프리바이오틱스 섬유소가 부족하면 많은 세균 종은 죽거나 수가 줄어들지만, 아커만시아 뮤시니필라는 점액을 먹으면서 번성하고 과증식한다. 그러면 장 점막은 약화하고, 세균이 장 내벽에 침입하게 되어 장내 염증과 내독소혈증이 증가하며, 염증을 몸의 다른 부분으로 전파하게 된다. 대개 프리바이오틱스 섬유소 섭취가 부족해지면 결과는 트라이글리세라이드 농도 증가, 인슐린저항성 증가, 혈당 증가, 혈압 증가 등이고, 이런 변화는 저탄수화물 식이요법의 유익한 효과를 상쇄한다.

요점은 다음과 같다. 탄수화물 섭취, 특히 모두의 건강에 가장 나쁜 밀, 곡물, 당류 섭취를 제한하라. 그러나 정원에서 자라는 행복한 미생물들이 배부르도록 프리바이오틱스 섬유소 섭취량에 주의를 기울여라.

상쾌한 장을 위한 든든한 지원군

4주간의 상쾌한 장 프로그램의 핵심으로 들어가기 전에, 내가 설명할 전략들이 건강한 마이크로바이옴을 재구축하는 데 실제로 도움이 된다는 근거를 조금 더 깊이 파헤쳐 보자. 당신은 마력horsepower과 걸 파워라는 용어에 익숙할 테니, 이제 '장의 힘'에 집중해 보기로 한다. 우리는 규칙적인 장운동이나 묽은 변, 치핵 등 흔한 증상의 완화 같은 평범한 목표를 겨냥하지 않는다.

경이로운 수준의 건강 향상, 즉 부드러운 피부, 숙면, 정서 향상, 근력 향상을 추구한다. 당신이 장이나 장 속에 든 미생물과 한 번도 연관 지은 적이 없었던 효과를 얻으려 하는 것이다. 4부에서는 식품을 활용하고, 현대의 삶에서 사라진 중요한 영양소를 보충하며, 건강한 장내미생물 균총을 재구축하는 방법을 설명한다. 그러나 그전에, 이 장에서 나는 추가적인 노력이 중요한 이유를 상세하게 설명하려 한다.

당신은 이 책에서 설명하는 방법이 항생제, 처방전 약품, 식생활 지침 같은 요인이 인간의 삶에 들어오기 전의 방식에 더 가깝다는 사실을 깨달을 수도 있다. 21세기를 사는 우리지만 상쾌한 장 프로그램을 진행하면서는 초기 문화가 인간의 삶을 통제했던 방식, 로인클로스[2]와 창의 시대로 가능한 만큼 되돌아갈 것이다. 식생활 지침이 섭취하라고 권하지만, 우리 유전자를 새기는 데 일조한 식습관을 가졌던 수렵채집인들의 식사에 없는 식품은 먹지 않는다. 야외 생활을 했던 사람들이 그저 피부를 햇빛에 충분히 노출하고, 간과 고기, 생선, 조개, 새의 알을 먹으면서 얻었던 비타민D를 우리도 복구할 것이다. 조상들이 동물의 뇌와 생선, 조개에서 얻었던 오메가3 지방산은 우리도 생선을 자주 먹고 생선 기름 보충제를 규칙적으로 먹어서 회복한다. 오메가3 지방산은 내독소혈증을 줄이고 장 내벽을 완전한 상태로 회복시킨다. 우리는 현대인이 잃어버린 미생물 종도 되찾을 것이다. 또한 현대인 세 명 중 한 명이 처한 비정상적인 상황, 즉 해로운 세균과 진균이 증식해서 위장관 상부로 기어 올라오는 소장세균 과증식과 소장진균 과증식을 정상으로 되돌릴 것이다. 그런 후에야 독특한 요구르트로 키운 놀라운 미생물을 섭취하는 과정으로 건너갈 수 있다.

인간 마이크로바이옴은 정상에서 너무나 크게 벗어나 있어서, 그저 건강한 식단을 먹고 생활 습관을 지키는 정도로 붕괴한 미생물 우주의 통제권을 다시 찾아올 수 있는 수준이 아니다. 건강한 식품을 먹고, 금연하고, 규칙적으로 운동하고, 모든 선거에 투표하더라도 여전히 예측할 수 없는 배변 급박감이나 수그러들 줄 모르는 피부발진을 일으키는 마이크로바이옴 재앙의 한가운데 서 있는 자신을 발견할 것이다. 지금부터는 커큐민과 베르베린, 정향, 녹차를 보충하는 등의 부

2   천 한 장만 허리에 두르는 원시적인 하의

가적인 전략을 소개한다. 이는 우리가 만들어 낸 부자연스러운 상황, 즉 장내세균의 과잉, 유익한 세균 종의 결핍, 장 점막의 붕괴를 회복하는 데 도움이 될 것이다.

다음 장을 읽을 때쯤이면 상쾌한 장 프로그램의 세부 사항을 이해할 수 있도록, 다양한 전략의 근거와 방법을 탐구해 보자.

비타민D

많은 사람이 이미 우리 대다수가 비타민D 결핍이라는 사실을 알고 있을 것이다. 건물 안에서 생활하고 일하며, 전신을 감싸는 옷을 입는 현대 생활 방식은 피부가 햇빛에 노출되는 상황을 제한해서 비타민D 활성화를 막는다. 자외선차단제는 햇볕에 타거나 피부가 손상되는 일을 막아 주지만, 남용하면 비타민D 결핍에 일조한다. 40세가 넘으면 우리는 피부에서 비타민D 생산을 활성화하는 능력을 잃게 된다. 예를 들어 65세에는 태닝을 오래 하더라도 비타민D가 결핍될 수 있다. 식품으로 얻을 수 있는 비타민D는 제한적이므로, 비타민D 보충제를 먹어야 한다.

비타민D가 결핍되면 장 점막이 약화한다. 회장에서 가장 뚜렷하게 나타나는데, 장 세포를 보호하는 면역반응이 손상되고, 마이크로바이옴 구성이 해로운 장내세균 쪽으로 기울어지며, 유독한 대장균 균주처럼 해로운 종이 장을 거슬러 올라가 소장세균 과증식을 일으킨다. 다시 말하면 비타민D 결핍은 결장에 서식하는 세균이 소장으로 진입하는 길을 닦는다. 소장세균 과증식과 비타민D 결핍이 합쳐지면 특히나 파괴적이다. 점액 생산에 문제가 생기고, 장 투과성이 높아지며, 내독소혈증이 현저하게 증가한다. 비타민D 결핍은 장 속 염증반응을 증폭하기 때문에 염증장병, 궤양성결장염, 크론병에 취약한 사람에게는 특히 중요한 문제다. 비타민D 결핍을 해소하면 인슐린저항성 회복, 자가면역질환 위험 감소, 다양한 암 위험 감소 등 건강에 좋은 점이 많다. 비타민D는 마이크로바이옴을 형성하는 데도 매우 중요한 역할을 한다.

그렇기에 상쾌한 장 프로그램에서는 건강한 마이크로바이옴을 되찾고 전체적인 건강을 향상하기 위해 건강한 비타민D 농도 회복을 중요하게 본다. 비타민D 농도를 정상으로 회복하면 건강이 상당히 좋아진다. 혈중 비타민D 농도(25-OH 비타민D)를 내가 이상적 농도로 여기는 60~70ng/ml까지 성공적으로 회복한 사람들도 만났는데, 이 수준이라면 독성 없이 최대의 효과를 누릴 수 있다. 태양의 광도가 약한 북부 기후, 노화로 인한 비타민D 활성화 능력 저하 등 여러 이유로 우리는 햇빛을 받아 비타민D를 생산하는 능력이 손상되었다. 15분 동안 햇볕을 쮜다고 비타민D가 쉽게 보충되지도 않는다. 현대 생활 습관을 고려할 때, 비타민D는 보충제로 먹는 편이 훨씬 낫다.

올리브유

올리브유를 많이 먹으면 건강이 좋아진다. 심혈관질환 위험이 낮아지고, 일부 암 위험이 감소하며, 다양한 염증반응도 줄어든다.

올레산은 올리브유에 든 지방산의 70% 이상을 차지한다. 올리브유는 이 불포화지방의 가장 풍부한 공급원이며 고기, 동물의 내장, 달걀, 아보카도에는 비교적 적은 양이 들어 있다. 올리브유를 먹으면 얻을 수 있는 효과 대부분은 마이크로바이옴을 형성하는 올레산의 효능에서 나온다.

여기부터는 집중해야 한다. 올레산은 엔도칸나비노이드[3]인 올레오일에탄올아마이드oleoylethanolamide, OEA로 바뀌고, OEA는 아커만시아를 증식시킨다. OEA는 대마초에 들어 있는 향정신성 성분인 테트라하이드로칸나비놀tetrahydrocannabinol, THC을 연구하다가 발견한 여러 천연 제제 중의 하나로, 칸나비디올cannabidiol, CBD의 폭발적인 증가로 이어졌다. OEA는 테트라하이드로칸나비놀이나 칸나비디올이 아니라 염증반응과 에너지 소비를 조절하고 마이크로바이옴 효과를 나타내는 엔도칸나비노이드이다. 아커만시아가 많으면 인슐린저항성과 혈당을 낮추는 데 강력한 효과를 나타낸다는 사실을 기억할 것이다. 따라서 논리적으로 올리브유를 열심히 먹으면 혈당이 낮아지고 인슐린저항성과 관련된 다른 모든 현상, 예를 들어 고혈압도 줄어

---

3 몸속에서 합성되는 칸나비노이드로, 대마초와 유사한 작용을 하는 지질 분자

든다. 또 OEA와 아커만시아의 작용을 통해 건강에 유익한 효과가 폭넓게 나타나는데, 두 물질은 장 세포와 점막의 치유도 돕고, 유익한 세균 종의 증식도 뒷받침한다.

엑스트라버진 올리브유('라이트' 올리브유는 해당하지 않는다)도 장내 미생물 균총에 유리한 환경을 조성하는 하이드록시타이로솔 같은 폴리페놀을 함유한다. 올리브유에 든 폴리페놀은 장내미생물 불균형과 소장세균 과증식을 일으키는 장내세균인 대장균과 살모넬라 같은 세균에 적절한 강도의 항생제로 작용한다.

아커만시아를 증식시키는 올레산의 효능과 하이드록시타이로솔의 항균 효과 덕분에 엑스트라버진 올리브유는 식단에 적절한 양을 포함하도록 권장하는 선호 기름 목록의 상위권에 올랐다. 적당량의 엑스트라버진 올리브유를 샐러드드레싱으로, 조리용 기름으로, 혹은 다양한 요리 위에 뿌려서 매일 먹는 것이 이상적이다. 걱정할 필요 없다. 올리브유를 과도하게 섭취할 일은 절대 없을 테니까.

오메가3 지방산

오메가3 지방산인 에이코사펜타엔산eicosapentaenoic acid, EPA 과 도코사헥사엔산docosahexaenoic acid, DHA 은 유전적으로 우리에게 꼭 필요한 대표적인 영양소다. 오메가3 지방산이 없으면 인간은 결핍 증후군으로 사망할 수 있다. 조상들은 동물의 뇌나 생선, 조개를 통해 장 건강과 심혈관질환, 뇌 건강에도 좋은 오메가3 지방산을 풍부하게 섭취했다.

오메가3 지방산은 장내세균이 생산한 유독한 LPS를 무력화하는 장내 알칼리인산분해효소의 발현을 늘리는 놀라운 효과가 있다. LPS를 무력화하면 내독소혈증도 줄어들며, 이는 오메가3 지방산이 관절, 피부, 간, 뇌, 몸 전체를 아우르는 염증반응을 줄이는 이유를 설명한다. 현대 미국인의 식단은 대부분 오메가3 지방산이 형편없이 부족하지만, 내독소혈증을 증가시키는 옥수수기름 같은 오메가6 지방산은 지나치게 많다. 이 외에도 풍부한 오메가3 지방산은 무너진 장 내벽의 회복을 돕고, 장내미생물 균총에서 유익한 종인 아커만시아와 비피도박테리움의 수를 늘리며, 장내세균을 줄여 준다. 최근 연구에 따르면, 오메가3 지방산을 풍부하게 섭취한 아기는 항생제가 마이크로바이옴을 붕괴시킬 때 부분적으로 보호받는다고 한다.

이상적인 세계라면 생선을 먹는 것만으로 오메가3 지방산을 풍부하게 섭취할 수 있을 것이다. 그러나 바다가 수은 등의 화학물질로 오염된 세상에서 건강한 오메가3 지방산을 섭취하려면, 생선은 가끔 먹으면서 정제한 생선 기름 보충제를 먹어야 한다.

아이오딘

아이오딘은 미량원소로 모든 사람에게 필요하다. 비타민C 결핍으로 인한 관절 분해, 치아 빠짐, 피부궤양(괴혈병)을 최고의 정형외과

의사나 치과 의사, 성형외과 의사가 아니라 오직 비타민C만이 치유할 수 있듯이, 아이오딘 결핍도 오직 아이오딘으로만 치유할 수 있다. 미국인의 최소 20%는 아이오딘 결핍이지만, 아이오딘 결핍의 정의가 느슨한 점을 고려할 때 실제 비율은 더 높을 것으로 생각된다.

아이오딘 결핍은 20세 초까지 전 세계의 공중보건 문제였다. 미국 식품의약국이 소금 제조업체에 소금에 아이오딘을 첨가하도록 독려한 1924년 전까지는 갑상샘저하증과 갑상샘종goiter(아이오딘 결핍으로 목에 있는 갑상샘이 커지는 질병)이 유행했고, 흔히 심부전, 목 혈관 압박, 기도 붕괴로 인한 질식으로 이어졌다. 증조할머니께 갑상샘종에 관해 물어보면, 아마 이 질병으로 친구와 이웃들이 사망했다는 무서운 이야기를 들려주실 것이다. 소금에 아이오딘을 첨가한 것은 공중보건의 위대한 승리로 일컬어진다.

이후 60년이 지나고 소금에 민감한 사람이 일부 나타나자, 미국식품의약국은 대부분의 미국인이 아이오딘을 소금으로 섭취한다는 사실을 잊은 채 소금 섭취를 절제하라고 권고했다. (미국 식생활 지침이 제한 없는 곡물 섭취를 지지했다는 사실을 인지하는 데도 실패했다. 제한 없는 곡물 섭취는 설탕으로 범벅된 과자와 탄산음료의 섭취 증가와 맞물리면서 인슐린저항을 통한 고나트륨혈증hypernatremia을 일으켰다. 이는 다시 소금과 관련해서 많은 장애를 일으켰다.)

예상대로, 소금 섭취를 줄이라는 식생활 지침을 권장하면서 아이오딘 결핍과 갑상샘종이 다시 나타나고 있다. 동시에 갑상샘저하증, 연동운동 저하, 그리고 소장세균 과증식과 소장진균 과증식도 돌아오고 있다. 상쾌한 장 만들기 프로그램 초기에 아이오딘을 보충하는 방법도 제시할 것이다.

플라보노이드와 폴리페놀

선명한 색을 지닌 채소와 과일에는 비타민C, 섬유소, 식물생리활성물질이 들어 있어서 건강에 좋다는 말을 들어 보았을 것이다. 녹차, 레드와인, 커피에서도 비슷한 효과가 관찰되었다. 이런 식품들에는 플라보노이드와 폴리페놀이라는 화합물이 풍부하며, 이 성분들은 가지의 짙은 보라색, 파프리카의 노란색, 와인의 빨간색 등 식품의 색을 나타낸다.

플라보노이드와 폴리페놀은 여러모로 건강에 좋은데, 90% 이상은 장운동을 통해 몸 밖으로 배출되고 10% 이하만이 흡수되므로 최근까지는 어떻게 유익한 효과를 나타내는지 알 수 없었다. 지금은 이런 성분이 대부분 장내미생물 균총에 영향을 미치기 때문이라는 사실이 명확하게 밝혀졌다. 플라보노이드와 폴리페놀은 프리바이오틱스 섬유소와 유사하게 작용한다. 플라보노이드와 폴리페놀, 그리고 우리의 친구 아커만시아 사이에는 특별한 관계가 있는데, 플라보노이드와 폴리페놀이 든 식품을 활발하게 섭취하면 올리브유와 프리바이오틱스 섬유소를 섭취했을 때와 마찬가지로 아커만시아 종이 번성한다. 폴리페놀 중에서도 포도, 석류, 크랜베리, 그 외 장과류에 든 프로안토

사이아니딘proanthocyanidin을 섭취했을 때 효과가 가장 두드러진다.

녹차에 든 폴리페놀인 에피갈로카테킨epigallocatechin과 에피갈로카테킨갈레이트epigallocatechin gallate는 장 건강에 특히 중요하다. 이 두 성분은 부티레이트를 생산하는 세균 종의 증식을 촉진해서, 결장암을 예방하고 혈당과 혈압을 낮추는 등 수많은 효과를 나타낸다. 녹차 폴리페놀은 대사 작용을 거쳐 흡수되는 대신 우리가 바라는 대로 장에 계속 머무르면서 위장관 전체에 영향을 미친다. 녹차의 카테킨catechin은 점액 속에 있는 뮤신 단백질의 교차결합을 유도해서 반액체 상태인 점액을 더 단단한 겔 형태로 강화하며, 미생물과 염증반응을 막는 데 더 효과적인 방어벽을 형성한다. 장 점막을 치유할 특별히 강력한 처방이 필요하다면 '상쾌한 장 요리법'에서 소개할 정향 녹차를 마시라. 정향 녹차는 녹차의 카테킨이 가진 뮤신 교차결합 효능과 정향의 유제놀이 가진 점액을 두껍게 만드는 효능, 그리고 프럭토올리고당 섬유소의 아커만시아 촉진 효능을 합쳐 놓은 차로, 위장관을 치유하는 삼중 효과를 나타낸다. 녹차의 체중감량 효과 역시 장 점막을 강화해서 내독소혈증을 줄이는 능력 덕분으로 추측된다. 녹차에서 핵심은 장과 점액이다.

플라보노이드와 폴리페놀이 나타내는 경이로운 효능 덕분에 상쾌한 장 요리법에는 두 성분이 널리 사용된다.

허브와 향신료

오레가노, 정향, 로즈메리, 생강, 계피, 박하, 커민 같은 허브와 향신료는 폴리페놀을 함유해서 락토바실루스와 비피도박테리움 종의 증식을 촉진한다. 폴리페놀은 유익한 세균 종에는 프리바이오틱스 섬유소와 유사한 효과를 나타내고, 장내세균을 비롯한 병원성 소장세균 과증식 종에는 적절한 항균 효과를 나타내기 때문에 소장세균 과증식과 소장진균 과증식 발생 및 재발 우려를 낮춘다. 분명 허브와 향신료의 효과는 그리 대단하지는 않다. 그렇지 않다면 이탈리아 요리나 호박파이를 즐겨 먹는 사람은 모두 소장세균 과증식이나 소장진균 과증식이 없을 테지만, 전혀 그렇지 않다. 그러나 건강한 마이크로바이옴을 지지하는 생활 습관의 일환으로 듬뿍 사용한다면 프로그램 성공 가능성을 더 높이는 장기적인 조리 습관으로 자리 잡을 것이다. 내가 제안하는 요리법에는 유용한 허브와 향신료가 넉넉하게 들어간다.

오레가노, 계피, 정향은 항진균 특성이 뛰어나며 수많은 해로운 종에 효능을 나타낸다. 가장 강력한 효능은 이들의 에센셜오일(소장세균 과증식과 소장진균 과증식 치료법의 구성 요소다)에서 나오지만, 허브와 향신료를 생으로, 혹은 말려서 요리에 풍부하게 넣으면 진균 과증식을 예방하는 데 도움이 된다.

정향은 장 점액을 늘려서 위장관을 치유하는 능력이 매우 뛰어나다. 정향을 압착해 만든 에센셜오일은 대부분 유제놀이라는 화합물로 구성되어 있는데, 이 물질은 클로스트리디아의 여러 유익한 종의 증식을 촉진해서 위장관 점막의 두께를 놀라울 정도로 증가시킨다. (클로스트리디아를 통해 같은 종이라도 얼마나 극단적으로 다를 수 있는지 알 수 있다. 이 사례의 경우 유익한 클로스트리디아가 점액 생산을 촉진하는 것인데, 심각한 염증반응을 일으키는 클로스트리듐 디피실리와는 다른 종이다.)

정향유는 강력하지만 직접 섭취하면 안 된다. 그러나 정향을 갈아서 가루로 만들면 많은 요리에 간편하게 넣어 먹을 수 있다. 관련해서 오렌지 정향 스콘과 생강빵 커피 요리법을 참고하도록 한다. 정향 녹차처럼 간단하지만 강력한 성분들을 조합한 요리법은 어떤 형태의 장내 염증반응이 있든 간에 장 점막을 치유하는 데 도움이 된다.

캡사이신

매운 고추에 들어 있는 성분인 캡사이신을 먹으면 찬 음료수를 벌컥 들이마시게 된다. 이 현상을 탐구한 연구를 통해 인간의 몸에 있는 독특한 열 감지 수용기가 발견되었는데, 이 열 감지 수용기는 캡사이신에 잘 속는다. (입안이 불타는 것처럼 느껴지지만, 실제로 타는 것은 아니다.)

이런 특성 때문에 캡사이신은 다양한 목적으로 활용된다. 호신용 스프레이에 들어 있기도 하고, 대상포진후신경통post herpetic neuralgia을 가라앉히는 국소 진통제에 사용되기도 한다. 거기에 더해 아래와 같은 흥미롭고 유용한 마이크로바이옴 효과도 있다.

- 소장세균 과증식을 일으키는 세균 종을 감소시킨다. 소장세균 과증식 치료제로 사용할 만큼 효과가 강력하지는 않지만, 장기적으로 예방하거나 박멸한 후 재발을 방지할 때 유용하다.
- 클로스트리디아 몇몇 종의 증식을 촉진한다. 일부 클로스트리디아 종이 장 점막의 '문지기' 역할을 할 수 있다는 사실을 기억하도록 한다.
- 핵심종인 피칼리박테리움 프로스니치의 수를 두 배 이상 증가시킨다. 피칼리박테리움 프로스니치는 가장 활발하게 장내 부티레이트를 생산하며, 부티레이트는 내독소혈증, 혈당, 혈압을 차례로 낮추는 효과를 발휘한다.
- 식욕을 억제한다. 글루카곤유사펩타이드-I glucagon-like peptide-I을 통해 전달되는 이 효과는 체중감량을 돕는다.

달걀부침, 볶음 요리, 매운 고추볶음에 핫소스를 뿌리는 습관을 들이면 캡사이신을 쉽게 섭취할 수 있다. 최근의 연구 결과에 따르면, 캡사이신을 하루에 10mg 먹으면 긍정적인 건강 효과를 얻을 수 있다. 핫소스에 든 캡사이신 함량은 소스를 만들 때 사용한 고추가 아바네로인지 카옌인지에 따라 다르고, 액체 소스 1큰술당 1.0~7.5mg으로 다양하다. 대개 고추가 매울수록(스코빌지수가 높을수록) 캡사이신 함량도 많다.

커큐민

커큐민은 터메릭 향신료에 든 활성 폴리페놀이다. 대중적인 허브와 향신료 중에서도 독특한 성분으로, 프리바이오틱스 섬유소라기보다는 항균 및 항진균제와 더 비슷한 활성을 나타낸다. 커큐민은 무릎 관절염 통증과 혈중 염증지표를 줄이는 데도 효과가 있다고 증명되었다. 그러나 대부분의 폴리페놀과 마찬가지로 흡수율이 극히 낮다(흡수가 된다면 말이다). 지금까지 설명한 대로, 커큐민은 장에서 유익한 효과를 나타내기 위해 흡수될 필요가 없다. 커큐민은 위장관에 있는 해로운 세균과 진균 종에 작용하고, 장 내벽을 재구축하는 일을 돕기 때문이다.

커큐민의 특성은 아래와 같다.

- 세균 LPS를 비활성화시키는 알칼리인산분해효소를 늘린다.
- 장 점막을 강화한다.
- 장 세포의 투과성을 낮춘다.
- 항미생물 펩타이드 생산을 늘린다.

이 같은 장점들이 어우러지면 혈중 LPS 농도도 낮아지고, 이에 따라 내독소혈증도 줄어든다. 커큐민이 몸 전체의 염증반응을 감소시키는 이유를 설명하는 결정적으로 중요한 관찰 결과다.

커큐민의 독특한 특성은 소장세균 과증식과 소장진균 과증식을 박멸하고, 장 내벽을 치유하는 프로그램으로 사용될 때 장점을 발휘한다. 그러나 해결하지 못한 문제가 하나 있다. 이 모든 장점에도 불구하고, 소장세균 과증식과 소장진균 과증식을 박멸하는 프로그램을 끝낸 뒤 커큐민을 장기간 복용해도 안전할까? 이 문제에 대한 답은 아직 누구도 알지 못한다. 따라서 우리는 커큐민을 소장세균 과증식과 소장진균 과증식을 박멸하는 프로그램의 일부로 사용하되 장기간 복용은 하지 않는다. 상쾌한 장 프로그램에서 커큐민을 사용한 후, 커큐민보다 효능이 낮은 터메릭을 음식에 넣어서 장 점막을 강화하는 효과를 얻는다.

베르베린

중국 전통 의학에서 오래 사용해 온 식물 추출물인 베르베린은 상당한 효능이 있다고 알려졌다. 그중 혈당을 낮추고 염증반응을 줄이는 효과도 있다. 그러나 커큐민처럼 베르베린도 거의 흡수되지 않으며, 섭취해도 혈액에서 극소량만 증가한다. 무시해도 될 정도의 흡수율은 베르베린이 장에 머무르면서 장내미생물 균총과 장 점막에 엄청난 영향을 미친다는 사실을 암시한다. 또한 커큐민처럼, 베르베린의 항균 및 항진균 특성은 소장세균 과증식을 일으키는 포도상구균, 연쇄구균, 살모넬라, 클렙시엘라, 슈도모나스 종과 소장진균 과증식을 일으키는 칸디다 알비칸스 같은 종에 활성을 나타낸다. 동시에 장

내벽 기능을 향상하고, 부티레이트 생산을 늘리며, 세균성 내독소혈증을 낮추는 아커만시아 수는 늘린다. 베르베린은 소장세균 과증식과 소장진균 과증식 박멸 프로그램에 매우 유용하며, 상쾌한 장 프로그램에서 사용하는 식물 유래 항생제 치료법의 구성 성분 중 하나다. 그러나 베르베린의 항미생물 효과를 고려할 때, 소장세균·소장진균 과증식 박멸 프로그램이 끝난 뒤에도 계속 섭취하기에 안전한지는 확실하지 않다.

마이크로바이옴 전투 소집령

장내 마이크로바이옴의 불균형을 바로잡는 일은 신체적으로도, 정서적으로도 어렵다. 우리는 미생물에 알맞은 검을 휘둘러 머리와 사지를 베고, 원래는 우리의 것이었지만 이제는 다루기 힘들고, 혼란에 빠졌으며, 다른 주인을 섬기는 영토를 얼마간 되찾을 것이다.

이제 우리 안의 괴물이 우리의 감정과 건강, 마음 상태, 내적 독백, 타인에 대한 기분까지, 삶의 거의 모든 면에 심오한 영향을 미치고 있다는 사실을 이해했기를 바란다. 많은 사람이 항우울제, 항염증제, 진통제, 혈당강하제, 주의력결핍 과다활동장애를 앓는 어린이의 과잉행동을 억누르는 약, 소화 부산물을 몸 밖으로 강제로 배출하는 약 등 처방전 약, 알코올, 그 외 수단에 의존한다는 사실 역시 인식하기를 바란다. 이 수많은 투쟁은 21세기에 인간으로 존재하기 위한 것이지만,

그러는 동안 투쟁의 진짜 원인은 잊히고 있다.

내가 바라는 것은 빛나는 아침 햇살이 무서운 그림자와 어두운 형상을 지워 버리듯이, 우리도 마이크로바이옴의 어두운 구석에 아침 햇살을 비춰서 우리가 만든 이 끔찍한 상황을 되돌릴 전략을 세우는 것이다. 몽둥이를 들거나 수도시설을 보이콧할 필요는 없지만, 그래도 가능한 한 인간의 초기 마이크로바이옴에 가깝게 회복하기 위해 노력하자. 수렵채집인에게만 남아 있는 잃어버린 종들을 반드시 복원할 필요는 없지만, 과민대장증후군, 섬유근육통, 자가면역질환 같은 질병을 역전시키고, 2형당뇨병으로부터 회복하고, 체중을 감량하며, 부드러운 피부를 얻고, 몸의 시계를 10~20년 정도 거꾸로 되돌릴 마이크로바이옴을 재구축하자.

이어질 4부에서는 정도를 벗어난 미생물 집단에 질서와 이성을 다시 세우는 방법을 상세하게 설명한다.

주로 감각 자극에 반응하는 사자, 개, 어류와 다르게, 인간은 경험 외의 또 다른 차원이 있다. 바로 우리 머릿속에서 진행되는 일종의 내적 독백이다. 내적 독백은 대부분 타인과 외부 사건으로 촉발되지만, 일련의 영상, 감정, 언어를 통해 일어나기도 한다. 네바다대학교 심리학자 러셀 헐버그가 '비상징적 사고'라고 부르는, 언어나 상징 없이 사고하는 행위를 통해 독백할 수도 있다.

세균이 우리를 위해 생각할 수는 없지만, 미생물이 인간의 사고와 감정에 영향을 미친다는 사실은 점점 더 명확해지고 있다. 이를 보여 주는 가장 강렬한 사례 중 하나는 사람을 대상으로 한 실험에서 나타났다. 정상이며 우울증이 없는 피험자에게 세균 LPS 내독소를 주사하자, 즉시 모든 피험자에게서 우울증과 관련된 감정이 발생했고, MRI로 확인했을 때 뇌에서는 우울증의 전형적인 특징이 나타났다. 프랑켄슈타인 장을 박멸하고 해로운 세균과 진균을 없애는 프로그램을 시작하면 당신은 불안, 분노, 우울 등의 감정을 몰고 오는 LPS 내독소의 홍수를 경험할 것이다. 이 모든 것은 당신의 내적 대화에 영향을 미칠 테고(우울증을 겪는 사람은 그렇지 않은 사람과 내적 독백의 내용이 다를 것이다), 당신의 위장관에 있는 미생물은 이 대화의 내용과 분위기에 영향을 준다. 우울증을 겪는 사람은 자신의 약점과 실패, 열등감, 포기하고 싶은 충동을 반복적으로 떠올릴 가능성이 더 크다.

뒤에서 만드는 법을 소개할 요구르트 중 하나에는 우울과 분노를 가라앉힌다고 알려진 락토바실루스 헬베티쿠스*Lactobacillus belveticus*와 비피도박테리움 롱검 균주가 들어 있다. 락토바실루스 루테리 요구르트는 타인에 대한 공감과 친밀감을 끌어내며, 타인을 의심하거나 경계하는 성향을 줄이고, 타인을 신뢰하고 친근함을 느끼는 성향을 늘린다. 우울과 분노가 줄어들거나, 타인을 좋아하고 신뢰하는 성향이 커지면 내적 독백의 내용이 크게 바뀌리라는 점을 당신도 상상할 수 있을 것이다.

그렇다면 그 영향은 어느 정도일까? 예를 들어, 소장세균 과증식을 박멸해서 내독소가 혈액으로 흘러가는 양이 줄어들면, 우울증이 완화하거나 자살 충동이 가라앉거나 아예 사라질 수 있을까? 올바른 구성으로 복구된 미생물이 가족 간의 친밀감을 높이거나 정치 담론의 열기를 가라앉혀 줄까?

나는 가능하다고 믿는다. 당신도 지금 시작할 수 있다.

4부

상쾌한 장 만들기 프로그램의 기간을 4주로 정한 데는 그럴 만한 이유가 있다. 더 짧은 기간, 예를 들면 열흘 정도 진행해서 결과를 보고 싶겠지만 장을 치유하려면 해로운 미생물이 죽고(더불어 사망 반응 효과에 압도되지 않고) 유익한 미생물이 '뿌리 내릴' 시간이 필요하다. 프로그램을 올바르게 실천해서 평생 계속된 마이크로바이옴의 파괴적인 행태를 해결했을 때, 수천 명의 사람이 누렸던 즐거움과 엄청난 건강상 이점을 독자들이 누리기를 바란다. 그러려면 역시 시간이 걸린다. 내가 제시한 순서대로 프로그램을 실천하고, 개인적으로 관심 있는 부분으로 건너뛰지 않는 것도 중요하다. 그 유혹을 이겨 내야 한다.

첫 3주는 수많은 질환을 회복하는 데 도움이 될 토대를 마련한다. 질환을 회복하는 것을 넘어 더 큰 효과를 느끼고 싶겠지만, 그건 4주차가 되어야 나타난다. 장 미생물이 일하게 하는 방법을 배우면, 4주차에는 더 건강한 피부, 빨라지는 치유 속도, 젊어지는 근육과 근력, 회복을 돕는 숙면 등을 누리며 몸의 생체시계를 적어도 10년, 어쩌면 20년까지도 되돌릴 수 있다. 제안대로 실천하면 여러분이 이후 60년을 40대의 몸으로 살 수 있으리라고 진심으로 믿는다. (물론 상쾌한 장 프로그

상쾌한 장 만들기
4주 프로그램

램을 40대 이전, 예를 들어 36세에 시작한다면, 36세의 몸으로 60년 이상을 살지 않을까? 그게 우리의 목표다.) 상쾌한 장 프로그램의 원칙을 실천하면 젊을 때의 활력, 힘, 에너지, 외모를 중년 그리고 노년에도 유지할 것이다.

발효식품 섭취 전략은 개선된 새 마이크로바이옴을 갖춘 상황에서 더 효과적이다. 즉 식단을 바꾸고, 영양보충제를 먹으며, 기본 마이크로바이옴 전략을 적용한 후라면, 무릎관절염 통증을 줄이기 위해 먹는 바실루스 코아귤런스 발효 요구르트가 더 큰 효과를 나타낼 것이다. 기본적인 노력만으로도 내독소혈증과 염증반응이 놀라울 정도로 줄기 때문이다. 다른 전략을 실천하지 않고 요구르트만 먹으면 원하는 결과를 얻지 못한다. 프로그램의 각 단계를 순서대로 따라하면 더 놀라운 결과를 누릴 것이다.

더 지체하지 말고 상쾌한 장을 재구축하는 프로그램을 시작해 보자. 프랑켄슈타인 장을 정복했을 때, 건강, 체중감량, 노화 되돌리기 등 헤아릴 수 없는 경이로운 효과가 나타날 것이다.

장내미생물 균총 정원의 토양을 다지는 1주부터 시작해 보자.

WEEK
1

정원 토양 다지기

우선 장내미생물 균총을 붕괴시키는 요인을 제거하는 일부터 시작한다.

- 당류를 함유한 식품을 먹지 않는다.
- 합성 무칼로리 감미료인 아스파탐(그와 유사한 아세설팜, 네오탐, 어드밴탐도 피한다), 수크랄로스, 사카린을 먹지 않는다.
- 폴리소베이트 80과 카복시메틸셀룰로스 같은 유화제를 먹지 않는다.
- 가능한 한 유기농식품을 먹는다.
- 모든 종류의 밀과 곡물을 회피하고, 이 같은 변화에 따라오는 오피오이드 금단 과정에 대비한다.
- 약을 먹지 않거나 최소한만 먹는다. 위산 억제제, 항염증제, 항생제, 스타틴 콜레스테롤 제제가 포함된다. 정보를 충분히 가지고 도와줄 의사와 상담해야 한다.
- 마이크로바이옴과 장 내벽에 영향을 미치지만, 현대인의 식단에서 부족한 필수 영양소인 비타민D, 생선 기름에서 추출한 오메가3 지방산, 아이오딘, 마그네슘을 보충한다.
- 건강한 장 점막을 재구축하는 정향 녹차를 마신다.
- 4주 코스의 커큐민 프로그램을 시작한다. 커큐민 300~600mg을 하루에 두 번 섭취해서 장 내벽을 재구축하고 장내미생물 불균형을 조절한다.

독자들이 부담 없이 이 과정을 감당할 수 있기를 바라는 마음에서 프로그램을 잘게 쪼개 4주로 나누었다. 이렇게 하면 7일 동안 프로그램의 각 부분을 올바르게 실천해서 4주간의 전체 프로그램을 효과적이고 완벽하게 마칠 수 있다.

첫 주에는 지금까지 우리의 장내미생물 균총을 붕괴시킨 모든 요인, 혹은 최소한 현재 시점에서 우리가 해결할 수 있는 요인을 다룬다. 앞서 말했듯이 자연분만이 아니라 제왕절개로 태어난 것은 되돌릴 수 없지만, 합성 감미료와 유화제, 글리포세이트 공급원은 없앨 수 있다. 안전한 천연 감미료나 민트초코 아이스크림을 즐기지 못한다는 뜻은 아니니 걱정하지 않아도 된다. 다만 마이크로바이옴에 부정저인 영향을 미치지 않는 안전한 대체재를 선택해야 한다.

둘째 주에는 식단에서 해로운 미생물을 촉진하고 장 투과성을 높이는 요인을 제거한다. 대신 마이크로바이옴을 돕고, 장 점막을 강화하며, 내독소혈증을 줄이는 영양보충제를 도입한다. 셋째 주에는 배 속에 있는 미생물 우주에 먹이를 주는 일이 중요한 이유와 그 방법을 깊이 배워서 올바른 미생물을 증식시키고 이들이 우리를 대신해서 질서를 유지하게 한다.

넷째 주에는 정말 놀랍고 재미있는 일, 바로 수많은 혜택을 줄 특별한 미생물을 대량으로 복원하는 일을 시작한다. 우리는 프로바이오틱스를 먹고 섬유소를 더 많이 섭취한다는 기본 개념 이상을 시도한다. 독특한 방법으로 미생물을 대량으로 증식시키고 이를 섭취해 장에 미생물을 다시 채워 넣고, 예상하지 못했던 효과까지 나타내도록 마이크로바이옴 전략을 최대한 강력하게 만들 것이다. 당신이 나를 비롯해 이 전략을 실천한 다른 많은 사람과 같은 경험을 한다면, "이걸 더 빨리 알았더라면!" 하고 탄식할 것이다. 나는 성인이 된 후 항상 만성 불면증을 앓았다. 잠들기 위해 애쓰고, 자다가 여러 번 잠에서 깨며, 새벽 4시에 깨어 눈을 크게 뜬 채 다시 잠들지 못했다. 이 수면 습관 때문에 다음날은 짜증스럽고 머릿속은 흐릿하며 피곤한 하루가 되었고, 이 과정이 밤마다 되풀이되었다. 수년 동안 나는 마이크로바이옴 관리가 열쇠라는 사실을 깨닫지 못한 채 고농도의 멜라토닌과 다른 '목발'에 의존했다. 이 책에서 만드는 법을 알려 줄 요구르트 중 일부는(요구르트가 아니라 특정 미생물 종과 균주를 대량으로 섭취하는 것이 중요하다) 깨지 않는 9시간의 숙면과 아이의 꿈처럼 생생한 꿈을 내게 선사했다. 이것은 시작일 뿐이었다. 아무리 유혹적이더라도, 엄청난 효과가 나타날 상쾌한 장 요구르트 제조법으로 건너뛰고 싶은 충동을 이겨 내야 한다. 중요한 예비 단계 전략을 실천한 후에 요구르트를 먹어야 더 큰 혜택을 누릴 수 있기 때문이다.

첫 주에는 우선 우리의 장내미생물 균총을 붕괴시킨 요인들을 해결한다. 식단도 완전히 바꾸고, 현대인에게 특이하게 나타나는 영양소 결핍 몇 가지를 해결하기 위해 영양보충제도 먹는다. 봄의 정원에 비유하자면 잡초와 돌을 제거하고 토양을 다지는 단계이며, 이 강력한 변화로 당신은 첫 7일 동안 해독 작용과 금단현상을 겪을 것이다.

다음은 마이크로바이옴을 붕괴시키는 요인들을 바로잡기 위해 따라야 할 사항이다.

- **당류를 먹지 않는다**: 모든 형태의 당을 먹지 않는다. 수크로오스
(설탕), 덱스트로스, 액상과당, 코코넛 설탕, 황설탕, 아가베 넥타
르, 터비나도 설탕, 말토오스(엿당), 말티톨, 말토덱스트린(말토올
리고당), 조청, 그 외 다양한 암호명을 가진 모든 형태의 당류를
피한다. 당류는 섭취한 지 단 며칠 만에 해로운 세균과 진균 종을
증식시킨다.

- **합성 무칼로리 감미료를 피한다**: 아스파탐과 그와 유사한 아세설
팜, 네오탐, 어드밴탐, 수크랄로스, 사카린, 그리고 이 감미료가
든 식품을 먹지 않는다. 거의 모든 '다이어트' 탄산음료를 식단에
서 빼야 한다는 뜻이다.

- **유화제를 배제한다**: 특히 폴리소르베이트 80과 카복시메틸셀룰
로스를 조심해야 하지만 카라기닌, 스테아로일젖산소듐 sodium stea-
royl lactylate, 레시틴도 먹지 말아야 한다.

- **유기농을 선택한다**: 유기농법으로 재배한 식품을 선택해서 제초
제, 살충제, 항생제에 노출되는 일을 최소화하고, 글리포세이트
와 Bt 독소를 함유한 유전자변형식품도 피한다.

- **물을 정화해서 마신다**: 염소, 클로라민, 불소 섭취를 피하기 위해
수돗물은 정화해서 마신다.

- **밀과 곡물을 먹지 않는다**: 식단에서 밀과 곡물을 제외하면 글리아
딘 단백질을 피할 수 있다. 글리아딘 단백질은 장 투과성을 높이
고 장 연동운동(자연스럽게 음식물을 밀어내는 위장관의 움직임)을 느
리게 한다. 제초제인 글리포세이트의 항생제 효과에 노출되는

것을 줄이고 장 염증반응의 주요 원인을 피할 수 있다. 이것만으로도 큰 진전이다.

- **순 탄수화물 섭취량을 제한한다**: 끼니마다 섭취하는 탄수화물이 15g을 넘지 않게 한다.
- **수분을 공급한다**: 평소보다 물을 많이 마시고 음식과 물에 소금을 살짝 넣는다.
- **술은 적게 마신다**: 하루에 한두 잔만 마신다. 체중을 줄이고 싶다면 절대 금주해야 한다.
- **마이크로바이옴을 붕괴시키는 약을 먹지 않는다**: 주치의와 상의해서 비스테로이드항염증제(이부프로펜과 아세트아미노펜 등), 위산 억제제, 스타틴 콜레스테롤 제제를 빼거나 줄인다.
- **항생제 노출을 최소화한다**: 정말 필요할 때만 처방받는다.

추가로, 한 가지 성분으로 된 진짜 식품을 선택한다. 라벨이 필요 없는 식품이면 더 좋다. 아보카도와 달걀은 안전하고, 브로콜리, 연어, 견과류 한 줌도 좋다. 설탕이나 합성 감미료, 유화제, 보존제가 없고 라벨이나 영양성분표가 필요 없는 식품이 좋다. 이런 식품을 사려면 쇼핑할 때 농산물 코너, 정육 코너, 유제품 코너를 주로 서성여야 할 것이고, 선반 아래부터 꼭대기까지 가공식품이 쌓인 진열대 안쪽으로 들어갈 일은 없을 것이다.

나아가 건강한 식단에 관한 기존 개념을 많은 부분 버려라. 지방이나 기름을 절대 제한하지 않고, 칼로리도 절대 제한하지 않으며, 접시를 밀어내지도 않고, '적당히 먹자'라는 구호도 거부한다. 이런 습관은 장기적인 측면에서 체중증가, 인슐린저항성, 담석으로 이어지는 흔한 실수이다. 만약 주치의가 우리의 이런 전략이 콜레스테롤 수치와 심장질환 위험을 높인다고 조언한다면, 심장질환이 생기는 과정을 더 잘 아는 의사를 찾아야 한다. 지방 총 섭취량이나 포화지방 섭취량이 심장질환을 일으킨다고 입증한 결정적인 증거는 없다.

불안하고 혼란스럽더라도, 밀과 곡물을 식단에서 제외하는 일은 건강한 장내미생물 균총을 재구축하는 강력한 전략이다. 빵, 피자, 파스타, 프레첼, 크래커 같은 식품은 먹지 못하지만, 달걀, 버터, 채소, 올리브유, 고기, 생선, 가금류, 견과류 같은 식품은 마음껏 먹을 수 있다. 가공하지 않아 안전하고 건강에 좋은 완전한 식품은 얼마든지 있다.

위대한 건강 파괴자, 밀과 곡물

밀가루 똥배 시리즈를 읽은 사람이라면, 식생활 지침과 반대로 밀과 곡물을 식단에서 제거하면 건강과 체중감량에 놀라울 정도로 효과적이라는 사실을 이미 알 것이다. 이 식이요법 전략은 농업이 출현하기 전의 인간 식습관을 모방한 것으로, 먹을 것을 사냥하고 채집하던 사람들의 식습관과 비슷하다. (사람들은 인간이 밀과 곡물을 먹은 기간이 인간이 지구에 존재한 시간의 0.5%에 불과하다는 사실을 알면 종종 놀란다.) 밀과 곡물을 식단에서 제거하면 장내 염증반응을 과도하게 일으키는 원인이 사라지며, 위장관 치유 과정이 시작된다. 지방과 포화지방 섭취를 줄이고 식단의 중심에 '건강에 좋은 통곡물'을 두라는 식의 건강한 식단에 관한 수많은 현대적 개념을 버려야 한다는 뜻이다.

1만 2,000년 전, 인간이 판단 착오로 식량으로 선택한 풀의 씨앗, 즉 곡물에는 독성 성분이 가득하다. 글루텐을 구성하는 글리아딘 단백질은 장내 방어벽을 붕괴시키고 자가면역질환을 촉발한다. 글리아딘 유래 오피오이드펩타이드는 강력한 식욕 촉진제이며 장 연동운동을 방해한다. 아밀로펙틴 A amylopectin A 탄수화물은 설탕보다 혈당을 더 높인다. 피트산염phytate은 철, 아연, 칼슘, 마그네슘 같은 필수 미네랄과 결합한 뒤 몸 밖으로 배출된다. 그러므로 모든 밀과 곡물을 식단에서 제거하는 것이 건강을 되찾는 여정의 시작이다.

위장관의 건강과 마이크로바이옴을 위해 밀과 곡물을 제거하는 데 찬성하는가? 우리는 할 수 있다. 다음은 위장관 건강에 영향을 미치는 밀과 곡물의 성분이다.

- **글리아딘**: 글리아딘과 글리아딘 유래 펩타이드(글리아딘이 일부분만 소화된 분해산물)는 장 내벽에 직접 독성을 나타낸다. 그러므로 글리아딘을 제거하면 강력한 장내 독소를 제거하는 셈이다. 글리아딘은 정상적인 장 방어벽을 무너뜨려서 글리아딘을 포함한 외부 물질이 혈액으로 침투하게 한다. 이것은 대부분의 자가면역질환의 시작인 데다, 세균 내독소혈증도 증폭한다. (밀에 든 글리아딘 단백질이 자가면역질환을 일으킨다는 것만으로도 식단에서 곡물에

사형선고를 내리기에 충분하다.)

- **글리아딘 유래 오피오이드**: 옥시코돈oxycodone이나 모르핀morphine
같은 오피오이드 약은 변비의 원인이다. 글리아딘 유래 오피오
이드도 장 연동운동을 늦춰서 변비를 일으킨다. (몇 주마다 변을 강
제로 빼내야 하는 최악의 변비 증상을 가진 사람을 본 적이 있다. 병명은 난
치변비obstipation였는데, 글리아딘 유래 오피오이드를 식단에서 제거한 지 며
칠 만에 증상이 사라졌다.) 연동운동 둔화는 소장세균 과증식이 동반
하는 중요한 문제이며, 대부분은 밀과 곡물을 식단에서 제거하
면 회복할 수 있다.

- **밀배아 응집소**: 밀배아 응집소는 밀에 들어 있는 해충 저항성 화
합물이다. 농부와 농업과학자들은 곰팡이·해충 저항성을 강화하
기 위해 밀배아 응집소를 많이 함유한 밀을 골라 재배했다. 그러
나 밀배아 응집소는 위장관을 통과하면서 장의 융모(장 내벽에 있
는 머리카락처럼 생긴 돌기로 영양소 흡수를 강화한다)를 손상하는 강력
한 장 독소이기도 하다. 또한 담낭에서는 담즙을, 췌장에서는 췌
장 효소를 분비해 음식 소화를 돕는 콜레시스토키닌 호르몬을
억제한다. 이렇게 밀배아 응집소는 소화를 방해하고 속 쓰림 증
상을 일으키며 담석 위험을 높인다.

밀과 곡물을 식단에서 없애는 것만으로도 많은 사람이 배변 급박
감, 위산 역류, 속쓰림, 변비가 완전히 사라지거나 현저하게 개선되었
다고 보고했다. 밀과 곡물 제거로 일어난 장내미생물 균총의 변화를

관찰한 결과는 예비 조사일 뿐이지만, 염증반응을 일으키는 종을 박멸해서 염증성 마이크로바이옴을 회복시킬 가능성을 제시한다.

요점은 이렇다. 밀과 곡물을 먹지 않으면 위장관 건강이 크게 향상되면서 장내미생물 불균형, 소장세균 과증식, 소장진균 과증식을 회복하고 건강을 되찾으려는 우리의 노력에 도움이 된다.

체중을 감량할 수 있을까?

이 프로그램을 실천하는 수천 명을 관찰한 결과, 노력도 없이 놀라운 체중감량을 이뤄 낸 이들이 많았다. 나는 칼로리나 지방 섭취를 제한해야 한다거나, 많이 움직이고 적게 먹으라는 등 모두가 흔히 들어 왔을 조언을 하지 않았다. 이런 조언은 유용하기는커녕 오히려 적대적으로 작용해서 담석을 일으키기까지 한다.

상쾌한 장 생활방식의 여러 전략을 따르면 아래와 같은 이유로 대체로 체중이 엄청나게 줄어든다.

- 밀과 곡물을 먹지 않으면 글리아딘 유래 오피오이드펩타이드가 없어진다. 밀에 든 글리아딘 단백질과 다른 곡물에 들어 있는 유사 단백질은 인간의 소화기관에서는 거의 소화되지 않는다. 미국국립보건원 과학자들은 수년 전에 이 단백질들이 하나의 아미노산으로 소화되지 않고 네다섯 개의 아미노산이 연결된 펩타이

드 형태로 분해되며, 이 펩타이드가 뇌로 들어가 오피오이드 수용기에 결합해 식욕을 자극한다는 사실을 발견했다. 밀과 곡물은 강력한 식욕 촉진제다. 따라서 밀과 곡물을 먹지 않으면 강력한 식욕의 원동력이 사라진다. 많은 사람이 밀과 곡물 섭취를 완벽히 중단했을 때 오피오이드 금단현상을 겪는 것도 이 때문이다. 이 과정을 견디면 식욕에서 해방되고, 오랜 시간 먹지 않아도 만족하며, 충동이나 유혹에 더는 빠지지 않을 것이다.

- 인슐린저항성이 회복된다. 인슐린 농도가 높아지면 체중이 늘어난다. 인슐린 농도를 높이는 식품인 밀, 곡물, 당류를 식단에서 제외하고, 인슐린저항성을 회복시키는 비타민D, 오메가3 지방산, 마그네슘 같은 영양소의 결핍을 해결해서 이 상황을 되돌린다. 그 후에는 붕괴된 장내미생물 균총과 그에 동반하는 내독소혈증을 해결해서 인슐린저항성을 더 감소시킨다. 그러면 원하던 대로, 다른 노력 없이도 체중이 줄어들기 시작할 것이다.

- 아이오딘 결핍을 해결한다. 상당히 많은 현대인, 특히 소금을 적게 먹는 사람들은 아이오딘 결핍과 그와 관련된 갑상샘저하증 때문에 체중을 조절할 수 없다. 따라서 누구에게나 중요한 이 미량원소를 보충한다.

다시 한번 강조한다. 우리는 절대 칼로리와 지방을 제한하지 않고, '많이 움직이고, 적게 먹는다' 같은 말은 절대로 하지 않는다. 일단 이렇게 체중을 줄이고 나면 많은 사람이 "더는 살을 빼고 싶지 않은데 어떻게 해야 하나요?"라고 묻는다. 걱정할 것 없다. 이 프로그램을 실천하는 수천 명 중 누구도 먼지 더미로 변하거나 수척해진 사람은 없다. 이상적인 체중에 이르면 체중감량은 자연스럽게 안정기에 접어든다.

잃어버린 영양소 보충하기

이제 현대인에게 부족한 영양소를 보충해서 건강한 마이크로바이옴을 재구축하려는 우리의 노력에 날개를 달아 주자. 이 영양소들은 인슐린저항성을 치유하고, 혈당과 혈압을 낮추며, 트라이글리세라이드를 감소시키고, 지방간을 회복하며, 체중감량을 촉진한다. 현대인은 대부분 시간을 건물 안에서 지내고 피부 전체를 덮는 옷을 입으며, 동물 기관을 잘 먹지 않고 물을 정화해 마신다. 이 같은 현대 생활방식 때문에 잃어버린 영양소를 보충해야 한다. 모든 밀과 곡물을 배제하는 방향으로 식단을 변화시키면 금단현상과 해독 현상이 함께 나타날 수 있기 때문에, 잃어버린 영양소는 상쾌한 장 프로그램 초기에 첨가한다. 영양보충제는 금단현상을 완화하고, 일시적이지만 불쾌한 두통, 다리 경련, 피로를 줄이는 중요한 역할을 한다.

비타민D

비타민D는 건강한 마이크로바이옴을 유지하고, 장내 면역반응을 증폭하며, 인슐린저항성을 되돌리고, 정신과 정서 건강을 향상하며, 심장 건강에도 중요한 역할을 한다.

가장 효과적이며 일정한 흡수율을 보이는 유성 젤라틴 캡슐 보충제를 고른다. 알약이나 캡슐 형태는 흡수율이 일정하지 않거나 종종 흡수되지 않기도 한다. 비타민D 액상도 함유량이 일정하지 않을 수 있지만 유용하다. (비타민D 액상을 먹을 때는 가능한 한 일정량을 복용하도록 스포이트 사용에 주의한다.) 대부분 성인은 하루 5,000~6,000U를 섭취하면 적당하다. 이는 25-OH 비타민D의 혈중농도를 60~70ng/ml로 유지하는 것인데, 내가 이상적이라고 생각하는 수준이다. (비타민D 복용을 시작하거나 용량을 바꾼 뒤, 혈액에서 '일정 수준'을 유지하기까지 석 달은 걸린다는 점을 명심하고 혈액 농도를 측정하도록 한다.) 가끔 이 수준의 혈중농도에 도달하려면 비타민D 복용량이 더 많거나 적게 필요한 사람도 있으므로, 비타민D 보충제를 먹기 시작하거나 복용량을 바꾸었을 때는 6~12개월 안에 혈중농도를 확인하도록 한다.

오메가3 지방산

장 건강을 유지하고 내독소혈증을 줄이는 데 필수 요인인 오메가3 지방산 EPA와 DHA의 신뢰할 만한 공급원은 생선 기름뿐이다. 크릴 기름이나 해조류 오메가3 지방산처럼 대체재로 만든 제품 광고가 요란하지만, 이 중에 장 점막과 방어벽을 완벽하게 회복하는 데 필요한 복용량을 제시하는 제품은 없다. 일주일에 한두 번은 연어, 대구, 고등어, 정어리, 가리비, 굴 등의 생선과 조개를 식단에 넣어야 한다. 타우린은 해산물에는 있지만 생선 기름에는 없는 아미노산으로, 결장에서 면역반응을 높이는 강력한 효과를 나타내기 때문이다. 전 세계 바다의 오염도를 생각할 때, 생선을 자주 먹으면 불행하게도 수은에 과도하게 노출될 수 있으며 동시에 여러 질환을 가져올 수 있다.

EPA와 DHA의 이상적인 섭취량은 보통 사람들이 생각하는 것보다 많다. EPA와 DHA를 합친 총량이 하루에 3,000~3,600mg이어야 하고, 이 용량은 생선 기름이 아니라 순수 EPA와 DHA 총량이다. 최소한 두 번 복용할 양으로 나누어서 아침에 1,500~1,800mg을 먹고, 나머지 1,500~1,800mg은 저녁에 먹으면 좋다.

아이오딘

갑상샘이 갑상샘호르몬을 만드는 데 필요한 아이오딘은 영양보충제로 공급한다. 아이오딘을 적게 먹으면 갑상샘호르몬 농도가 낮아지는 갑상샘저하증이 일어나고, 이는 장 연동운동을 느리게 하면서 소장세균 과증식과 소장진균 과증식으로 이어진다. 전문가들이 제안하는 영양권장량은 하루 150㎍이지만, 이는 갑상샘종을 예방하는 데 필요한 양이다. 우리는 갑상샘종을 예방하는 데 그치지 않고 최적의, 혹은 이상적인 갑상샘 상태를 목표로 하므로, 다시마과 해조류 알약이나 아이오딘화칼륨 액상으로 매일 350~500㎍을 먹어야 한다. 나는 다시마 알약 쪽을 선호하는데, 다시마과 해조류에는 다양한 형태의 아이오딘이 들어 있어서 갑상샘뿐만 아니라 침샘, 장 내벽, 유방 조직 등 아이오딘이 필요한 다른 조직의 기능도 뒷받침할 가능성이 크기 때문이다.

피자를 다시는 못 먹는다고요?

만약 농경사회 이전인 수렵채집인들의 식습관으로 돌아가는 것이 밀과 곡물을 먹지 않는 것이라면, 다시는 소시지 피자 한 조각, 딸기 치즈케이크 한 조각, 생일 케이크 몇 입조차 먹지 못한다는 뜻일까?

아니다, 먹을 수 있다. 그저 문제가 되는 밀과 곡물 가루를 해롭지 않은 가루로 대체하고, 설탕과 합성 감미료를 내독소혈증, 위장관 기능 붕괴, 혈당 증가를 일으키지 않는 천연 무칼로리, 혹은 최소한의 칼로리가 든 감미료로 대체하면 된다. 밀, 곡물, 설탕 때문에 건강을 해치는 일 없이 추수감사절에는 부드러운 빵과 그레이비소스를, 아침 식사로는 버터 바른 블루베리 머핀이나 계피 스콘에 차나 커피를 곁들일 수 있다는 뜻이다.

한 가지 성분으로만 이루어진 진짜 식품만 먹으면 되지, 밀·곡물을 함유한 맛있는 음식과 비슷한 음식을 만들려 진땀을 흘릴 필요가 있을까? 물론 달걀, 고기, 채소, 과일 같은 음식을 별 고민 없이 선택할 수 있지만, 가끔 피자 한 조각이나 블루베리 머핀 같은 음식이 필요할 때도 있다. 친구와 놀 때, 휴일을 즐길 때, 자녀와 손자를 기쁘게 해 줄

때, 가끔은 친숙한 음식을 건강하게 다시 만든 음식에 탐닉하는 것도 괜찮다. 건강한 버전의 솔 푸드(soul food)가 없다면 많은 사람이 추수감사절 이후 체중이 6kg 정도 늘어나면서 대사 재앙의 한가운데 놓이게 될 것이다. 안전하고 맛있는 대체식품은 이런 상황이 일어나지 않게 예방한다. 커피나 차와 함께 머핀을 먹거나 치즈피자 한 조각을 즐기는 일은 때때로 큰 위안이 된다.

고운 가루와 거친 가루 대체품
- 아몬드 가루(껍질을 벗긴 아몬드 가루), 통아몬드 가루(껍질이 있는 아몬드 가루)
- 호두나 피칸 가루(파이 껍질을 만들 때 가장 적합)
- 코코넛 가루
- 골든 아마씨 가루
- 참깨 가루
- 루핀[1] 가루
- 차전자 씨 가루

고운 가루와 거친 가루를 섞어 사용하는 것이 제일 좋다. 아몬드 가루 3컵+골든 아마씨 가루 1/4컵+차전자 가루 2큰술을 섞는 식이다. 갈아 둔 가루를 사도 되고, 집에서 야채 다지기, 푸드 프로세서, 커피

---

1   씨앗에 단백질이 많이 함유되어 있는 콩과 식물

그라인더 등으로 직접 가루를 낼 수도 있다. 가루는 냉장고에 보관하고 4~6주 안에 먹는다. 만들기 쉽고 향도 좋은 허브 포카치아 등 각종 가루를 사용한 요리법을 뒤에서 소개한다.

마그네슘

소장세균 과증식을 억제하기 위해, 물을 위장관으로 끌어당기는 마그네슘의 삼투성을 활용해서 장 이동 속도를 높일 수 있다. 현대인의 식단에는 마그네슘이 비정상적으로 적으므로 밀과 곡물을 먹지 않으면 곧바로 마그네슘 결핍이 드러나기도 한다. 다리 경련이 일어나는 증상으로 마그네슘 결핍을 알 수 있으며, 밀과 곡물을 제거한 첫 주에 가장 많이 나타난다. 마그네슘 보충제는 다리 경련을 막거나 완화하는 데 도움을 주며 다른 건강상의 이점도 많이 제공한다.

마그네슘은 프로그램 초기부터 보충한다. 마그네슘 말레이트, 글리세로포스페이트, 글리시네이트, 킬레이트, 사이트레이트 등 다양한 마그네슘 제품이 있는데, 모두 흡수율이 매우 높아서 묽은 변을 일으킬 가능성은 적다. 마그네슘 '원소' 함유량을 명기한 마그네슘 보충제, 즉 말레이트, 글리시네이트 등의 무게를 제외한 마그네슘 자체의 양을 표시한 제품을 산다. 마그네슘 원소의 이상적인 섭취량은 성인 기준 하루 450~500mg으로, 이 용량을 두 번 내지 세 번으로 나누어 먹는다. 이 정도의 복용량은 혈압, 혈당, 심장박동 장애를 줄이고, 별다른 노력 없이도 화장실에 편히 갈 수 있게 한다.

커큐민

앞의 영양소와 달리, 커큐민은 사람에게 필수 영양소는 아니다. 누구도 커큐민 결핍을 겪지 않는다. 대신, 터메릭 향신료에서 추출한 커큐민은 마이크로바이옴과 장 점액, 장 방어벽에 가해진 수많은 유해 효과를 원상태로 되돌린다. 커큐민은 장 건강에서 중요한 이 세 요인을 모두 좋은 쪽으로 해결할 수 있는 몇 안 되는 화합물이다. 장내세균에 속한 해로운 세균 종 몇 가지와 진균 수를 줄이고, 장 점액을 더 많이 생산하며, 장내 면역반응을 향상한다. 커큐민은 장 건강을 회복하는 계획의 최전선이자 중심에 있다.

사망 반응 효과를 최소화하기 위해, 시작할 때는 적은 용량인 300mg을 하루 두 번 먹고 며칠 동안 양을 늘려 가면서 최대 600mg을 하루 두 번 먹는다. 우리는 커큐민이 흡수되지 않고 위장관 속에 계속 머물기를 바라므로 흡수율을 높이는 피페린이나 바이오페린이 첨가되지 않은 제품을 선택한다.

커큐민의 항균 및 항진균 특성을 생각할 때, 장기간 복용해도 안전한지는 명확하지 않다. 항생제를 오래 복용하면 안전하지 않을 수 있듯이, 항미생물 효과를 나타내는 커큐민에 오래 노출되는 것 역시 안전하지 않을 수 있다. 따라서 우리는 커큐민을 상쾌한 장 프로그램을 진행하는 4주 동안만 먹는다. 4주 프로그램을 하다가 소장세균·소장진균 과증식 치료법으로 일시적으로 전환해야 할 때는 커큐민을 더 오래 먹을 수도 있다. 항진균 프로그램의 일부로 몇 주에서 몇 달간 복용하는 것은 안전하다.

무칼로리, 혹은 최소한의 칼로리가 든 감미료 대체품(설탕 1컵과 같은 양)

- 스테비아(라벨 참조)

- 알룰로오스(1 1/3컵)

- 나한과

- 이눌린

- 에리스리톨(1 1/3컵)

- 자일리톨(1컵)

대체 감미료가 조합된 제품을 시중에서 구할 수 있다. 스워브(이눌린+에리스리톨, 1컵), 트루비아(스테비아 추출물인 레비아나+에리스리톨, 1 1/4컵), 버츄(나한과+에리스리톨, 1/4컵), 그리고 라칸토(나한과+에리스리톨, 1컵)가 있다. 대부분의 당알코올, 즉 말티톨, 락티톨, 소비톨은 먹지 않는다. 이들은 일반 설탕과 똑같이 작용하며 약간만 먹어도 묽은 변을 유도할 수 있다.

첫 주 동안 땅을 골랐으니, 이제는 씨앗을 심는 둘째 주로 넘어가보자.

정상 수준의 혈당은 건강과 건강한 마이크로바이옴의 기본 조건이다. 현재 미국인의 75%가 당뇨병이나 당뇨병 전단계, 이보다는 덜 심각한 인슐린저항성이 있으며, 이에 따라 혈당이 높아져서 장 투과성이 높아진다. 이 효과는 상당해서 LPS나 다른 부산물뿐만 아니라 세균 자체도 장 내벽을 뚫고 혈액으로 침투해 다른 기관으로 이동한다. 그다지 높은 혈당도 아니다. 이전 90일 동안의 혈당 변화를 보여 주는 헤모글로빈 A1c(HbA1c) 검사를 보면 정상 범위인 5.0~5.6%에서도 장 투과성이 나타났다.

상쾌한 장 프로그램의 가장 중요한 목표 중 하나는 인슐린저항성을 회복하는 것이다. 혈액에서 혈당을 가져와 에너지로 바꾸는 것을 탄수화물 대사라 하는데, 이를 일으키는 췌장호르몬인 인슐린에 간, 근육, 뇌, 그 외 기관이 반응하지 않을 때 인슐린저항성이 나타난다고 말한다. 인슐린에 반응이 없으면 췌장은 이를 보상하기 위해 더 많은 인슐린을 생산해서 기관들이 혈액으로부터 글루코오스를 가져가도록 한다. 날씬하고 건강하며 인슐린저항성이 없는 사람의 공복 인슐린 농도는 얼마일까? 약 1~4mIU/L다. 그러나 당뇨병 전단계이거나 허리에 '러브 핸들'을 가진 과체중인 사람, 고혈압인 사람, 인슐린저항성 증상이 조금이라도 있는 사람의 인슐린 농도는 30, 50, 80mIU/L 혹은 그 이상으로 엄청나게 높다. 이것이 체중이 늘어나는 원인이며 수많은 질환을 유발하는 동시에 장내미생물 균총을 바꾸고, 장 투과성을 높이며, 내독소혈증도 늘린다. 이에 따라 인슐린저항성은 악화하고, 체중감량을 어렵게 하며, 또다시 체중을 늘리는 악순환이 꼬리를 물고 도는 것이다.

혈중 인슐린 농도가 낮아지면 고나트륨혈증도 회복된다. 그 결과로 상쾌한 장 프로그램 첫 주에 체중이 2kg 정도 빠지게 되는데, 이 무게의 절반가량은 물이다. (소듐은 소변으로 배출될 때 물과 함께 나온다.) 따라서 첫 주에는 물을 열심히 마셔서 정상혈압을 유지하는 것이 핵심이며, 소금을 제한할 필요가 없다. 음식을 소금으로 간하거나 마시는 물에 소금을 조금 넣으면 도움이 된다.

고혈당과 인슐린저항성을 회복시키는 밀·곡물 금식 및 영양소 복구 효과를 더 높이려면, 순 탄수화물 섭취량을 끼니마다 15g 이하로 제한하는 것도 도움이 된다. 식품의 영양성분표를 보면 총 탄수화물 양이 아닌 순 탄수화물 양을 계산할 수 있다. 인간은 섬유소를 소화하지 못하는 데도 영양성분표에는 섬유소가 탄수화물에 포함되어 있다. 따라서 우리는 총 탄수화물 양에서 섬유소를 빼서 '순수' 탄수화물 양을 계산한다. 예를 들어 중간 크기의 잘 익은(초록색이 아닌) 바나나는 총 탄수화물이 27g이고 섬유소는 3g이다. 즉 27-3=24g이 순 탄수화물인데, 한 끼에 먹기에는 너무 많은 양이다. 한 끼 식사에서 순 탄수화물이 15g을 넘으면 혈당은 높아지고, 인슐린도 따라서 높아지며, 이에 따라 인슐린저항성이 나타나서 체중이 늘어날 것이다. 다양한 식품의 영양성분 정보는 뉴트리션데이터 웹사이트, 뉴트리션룩업 스마트폰 앱 등 여러 곳에서 찾을 수 있다.

이 책을 읽는 사람은 대부분 이상적인 인슐린 농도인 4.0mIU/L 이하, 이상적인 혈당 농도인 70~90mg/dl, 이상적인 HbA1c 농도인 5.0% 이하를 유지하게 될 것이다. 악순환의 고리를 끊고 고혈당이 일으키는 모든 해로운 효과를 되돌릴 것이다. 혈당과 인슐린을 높이는 식품을 먹지 않고, 인슐린저항성을 악화하는 영양소 결핍을 채우고, 장내미생물 균총 붕괴와 내독소혈증을 해결하면 된다. 췌장이 손상되어서 이상적인 혈당 농도를 유지할 수 없는 경우라도, 인슐린과 혈당, 약물 의존도를 최소화할 수 있다.

담석이 주는 교훈

담석이 생기는 과정을 연구하면 마이크로바이옴과 식품 선택 및 칼로리 계산의 효과에 관해 많은 사실을 알 수 있다. 미국인 2,000만 명, 혹은 성인 인구의 15%는 담석이 있다. 담낭 제거 수술은 현재 가장 흔한 복부 수술 1위다. 의사에게 왜 어떤 사람은 결국 담낭까지 제거해야 할 담석이 생기냐고 물어보면 대개는 비만이라서, 여성이라서, 나이 들어서 담석이 생길 가능성이 크다는 쓸모없는 대답이나 할 것이다.

이와 관련한 중요한 사실은 단순한 연속 연구에서 나왔다. 처음에는 담석이 없었지만, 칼로리 제한 식이요법, 지방 제한 식이요법, 칼로리와 지방을 모두 제한한 식이요법을 시작한 사람들의 초음파영상을 찍은 것이다.

일련의 담석 초음파 연구에서 피험자의 나이, 성별 비율, 식이요법을 엄격하게 지킨 정도, 그 외 특징들은 모두 달랐지만, 한 가지 공통점이 있었다. 어느 것이든 식이요법을 실천한 피험자의 55~62%는 담석이 생겼다는 사실이다. 이들은 대부분 담낭 제거 수술을 받아야 했다. 즉 칼로리를 제한하거나, 지방을 제한하거나, (최악의 상황인) 칼로리와 지방을 모두 제한하면 몇 주 안에 담석이 생긴다는 뜻이다.

원리는 단순하다. 지방이 있는 음식을 먹으면 콜레시스토키닌 호르몬이 담낭을 수축해서 식이 지방을 소화하는 데 필요한 담즙을 분비한다. 칼로리, 지방, 혹은 둘 모두를 제한하면 담낭이 방치되면서 저장한 담즙을 분비할 기회가 사라진다. 시간이 지나면 담즙은 정체되면서 결정이 되고, 담석 형성으로 이어진다. 따라서 칼로리나 지방, 혹은 둘 다를 제한하면 담석이 만들어질 가능성이 커진다.

한 발 더 나가 보자. 칼로리나 지방을 제한한 상태에서 밀과 곡물을 먹으면 어떻게 될까? 밀과 곡물에는 밀배아 응집소라는 성분이 있다. 이 성분은 강력한 장 독소인 데다 담낭을 수축하는 콜레시스토키닌 호르몬의 작용도 억제한다. 칼로리나 지방을 제한할 때처럼, 밀배아 응집소는 담낭에서 내용물이 분비되는 것을 막는다. 칼로리와 지방을 제한하고, '건강한 통곡물'을 먹으면 담낭 절제 수술을 예약해야 할 것이다.

상황은 더 심각하다. 담낭에서 제거한 담석을 조사해 보면 대장균, 살모넬라, 클렙시엘라 등 분변 미생물이 발견된다. 분변 미생물인 대장균과 친구들은 어떻게 원래 거주하는 결장에서 6m가량 떨어진, 십이지장에 연결된 담낭까지 갔을까? 우리는 답을 알고 있다. 소장세균 과증식 때문이다.

그렇다, 담석은 훌륭한 역사 교사처럼 우리에게 많은 것을 가르쳐 준다. 교훈은 절대로 칼로리와 지방을 제한하지 말고, 밀배아 응집소를 함유한 식품, 즉 밀과 곡물은 아무것도 먹지 않아야 한다는 것이다. 그래야 상부위장관과 담낭을 점령한 악질적인 분변 미생물들을 물리칠 수 있다.

점액을 만드는 차

건강한 마이크로바이옴을 재구축하려면 장을 치유하는 과정을 거쳐야 한다. 장 치유에 중요한 요소는 방어벽 역할을 하는 건강하고 두꺼운 장 점액을 회복하는 것이다. 상쾌한 장 프로그램을 시작할 때는 거의 모든 사람의 점액층이 손상된 상태다. 그래서 장 점액을 강화하고, 장과 몸 전체의 염증반응을 줄여 주는 정향 녹차 요리법을 개발했다. 정향 녹차는 내독소혈증을 줄이고 장내 불편감을 완화한다. 이 독특한 차에는 다음과 같은 치유 성분이 들어 있다.

1. 정향에 든 유제놀은 클로스트리디아 종을 증식시켜 점액과 장 점막을 두껍게 한다.
2. 녹차에 든 카테킨은 점액단백질의 교차결합을 일으킨다. 반액체이던 점액은 반고체인 겔이 되어 보호 기능이 강화된다.
3. 프럭토올리고당 프리바이오틱스는 아커만시아를 번성시켜 점액을 더 많이 생산한다.

정향 녹차를 마시는 사람들은 흥미로운 효과를 수없이 보고했다. 리처드(가명)는 오랜 시간 자기 회의감으로 고군분투해 왔고, 자신은 지금 하는 일을 할 자격이 없으며 가짜라는 독백을 반복했다. 정향 녹차를 마신 뒤 이틀이 지나자 고통스러운 내적 독백이 멈췄다. 여러 주가 지나도록 비관적인 생각을 하지 않았다는 사실을 깨닫자 리처드는 행복했다. 그러나 휴일에 차를 마시지 않자 자기 회의감의 홍수가 다시 밀려들었다. 정향 녹차를 마시자 독백은 또다시 멈췄다. 인과관계를 보여 주는 훌륭한 증거다. 정향 녹차의 장 점액 강화 효과 덕분에 끊임없는 내적 독백이 멈췄다는 사실을 기억하도록 한다.

WEEK 2

정원에 씨 뿌리기

첫 주에 마이크로바이옴에서 돌과 쓰레기를 제거해서 땅을 골랐다.
다음으로 우리의 장내미생물 정원에 핵심 균 종을 포함한 유익한 세균 종을
'다시 심는' 과정을 시작한다.

- 다양한 종으로 구성되었으며 강력한 효능을 가진 프로바이오틱스로
  시작한다. 제조법에 따라 프로바이오틱스 요구르트를 만든다.
- 매일 발효식품을 최소한 한 가지 먹는다. 제품을 사서 먹든 집에서 만들든
  상관없다.
- 집에서 직접 발효식품을 만든다.

첫 주 동안 토양을 고르면서 건강한 마이크로바이옴을 위한 토대를 다졌다. 둘째 주에는 위장관에 유익한 미생물 씨앗을 다시 뿌려서 정원에 식물을 심기 시작한다. 미생물 성장을 촉진하는 프리바이오틱스 섬유소, 폴리페놀, 그 외 영양소와 같은 '물과 비료'의 도입은 최소한 씨앗을 다시 심는 전략을 실천하는 며칠간은 잠시 미룬다. 이 일련의 과정은 목적이 뚜렷하다. 아직 씨앗을 심지 않은 정원에 물을 주지 않듯이, 마이크로바이옴 구성을 바꿀 씨앗을 다시 심기 전에는 미생물을 위한 영양소도 공급하지 않는 것이다. 상쾌한 장 프로그램을 시작하는 사람 중에서 장내미생물 불균형이 상당히 진행된 사람이 프리바이오틱 섬유소를 너무 일찍 먹으면 해로운 세균 종에 먹이를 주는 결과가 되고, 과량의 가스, 복부 팽만감, 복부 불편감, 불쾌한 감정 등으로 나타난다. 우선 일주일 동안은 씨앗을 다시 심어 보자.

장내미생물 정원에는 호박이나 수박 같은 씨앗이 아니라 프로바이오틱스와 발효식품에 있는 미생물을 '씨앗'으로 심는다. 불행하게도 대부분의 시판 프로바이오틱스 제품은 장 건강을 회복시킨다는 약속을 지키지 않는다. 효과를 나타낼 잠재력이 제한된 세균들이 마구잡이로 뒤섞였을 뿐이기 때문이다. 무작위로 프로바이오틱스를 고르는 행동은 은퇴자금을 대충 고른 주식이나 뮤추얼펀드에 집어넣는 것과 다름없다. 돈을 벌 수도 있겠지만 도박이나 마찬가지다. 균주를 모르면 해당 프로바이오틱스가 실제로 당신이 원하는 건강 효과를 줄지, 서로 '협력해서' 대사 '길드'나 '컨소시엄'을 형성한다고 증명된 미생물이 포함됐는지 알 수 없다. 분변 이식의 효과를 생각해 보자. 올바른 미생물 종과 균주를 얻으면 놀라운 일이 생긴다.

올바른 프로바이오틱스를 고르면 점액 생산을 늘리고 해로운 종의 증식을 억제하는 등 상쾌한 장 프로그램 초기에 필요한 효과를 얻을 수 있다. 그러나 우리는 더 나은 것을 기대한다. 예를 들면, 프로바이오틱스는 결장뿐만 아니라 위장관 상부에 서식하는 종도 함유해야 한다(락토바실루스 루테리, 락토바실루스 가세리 등). 또 마이크로바이옴 세계의 살모넬라와 클렙시엘라에 대항하는 천연 펩타이드 항생제인 박테리오신을 생산하는 종을 함유해야 한다. 함유한 종과 균주의 전체 수도 충분해야 한다. 1만 명의 적과 싸울 때 스무 명의 군인을 데려갈 수는 없는 노릇이 아닌가? 우리는 수조 마리의 해로운 세균 종과의 전투를 앞두고 있다. 따라서 우리의 미생물, 종, 균주, 살아 있는 미생물 수를 주의 깊게 선택해야 한다.

만들기 쉽고 저렴한 프로바이오틱스인 상쾌한 장 요구르트를 직접 만들 수도 있다. 시판 프로바이오틱스 캡슐 하나, 혹은 세균 종이 풍부한 시판 케피어로, 이 책에서 제시할 제조법을 따라 만든다. 물론 상업 제품으로 나오는 프로바이오틱스를 먹으면서 요구르트를 직접 만들어도 된다. 시판 프로바이오틱스나 케피어로 얻을 실제 세균 수는 상대적으로 적으므로, 세균 수를 두 배로 늘려야 유리하다.

불행하게도 시장에서 살 수 있는 프로바이오틱스 제품 중에는 우리의 위장관에 씨앗을 다시 심을 때 필요한 미생물 종과 균주를 모두 함유한 제품은 없으며, 회복에 결정적인 종을 모두 알지도 못한다. 대부분 상업 제품은 균주를 명시하지 못하는 데다가 핵심종이 들어 있지 않고, 제품에 들어 있는 세균 종간의 '협력'을 고려하지 않았을뿐더러, 몸에서 배출되기 전에 며칠, 혹은 몇 주 이상 위장관에 서식할 가능성이 있는 미생물을 함유하지도 않았다. 프로바이오틱스 제품을 먹는 사람들이 대개 일시적이며 제한적인 효과만 얻는 이유다. 현재의 시판 프로바이오틱스는 제품 자체만으로는 건강한 마이크로바이옴을 재구축하는 전략이 될 수 없으며, 일시적인 효과를 나타내는 전략일 뿐이다. 상업 제품에 지나치게 의존하는 실수는 흔하다. 사람들은 종종 프로바이오틱스 캡슐을 먹으면서 건강한 마이크로바이옴을 회복하거나 유지하려는 노력이 그것으로 끝나기를 바란다. 그러나 현재 상업 제품의 구성을 고려할 때 시판 프로바이오틱스 제품은 우리가 선택할 전략이 아니다.

대부분의 프로바이오틱스 제품에 든 익명의 종과 균주처럼, 케피어와 발효한 오이, 양배추 등도 중간 정도의 효과를 나타내는 유익한 미생물들의 마구잡이 집합체다. 지역 특산품 가게에서 산 김치든 집에서 발효한 사워크라우트든, 발효식품에 든 미생물은 장 점액 생산을 촉진하고, 병원성 종을 내쫓으며, 필요한 대사산물을 생산하는 등 어느 정도 건강에 좋은 효과를 제공한다. 우리가 원하는 효과를 모두 나타내지는 않더라도 도움은 된다. 우리는 매일 발효식품을 최소한 한 번은 먹어서 이런 유익한 종의 씨앗을 심는다. 시판 프로바이오틱스 제품처럼, 발효식품에 든 미생물 종도 어떤 균주인지 알 수 없으며 우리의 장에 영원히 살지도 않는다. 그러나 여전히 유익하다.

이번 주에 시작할 발효 프로젝트는 시판 프로바이오틱스 제품과 발효식품의 부족한 부분을 보충한다. 특정 효과를 나타낼 세균 종과 균주를 선택한 뒤, 독특한 발효법으로 세균을 증폭해서 세균 수를 수천억 마리까지 늘릴 것이다.

사실상 우리는 시판 요구르트를 먹어도 어떤 효과도 느끼지 못한다. 케피어를 먹으면 약간의 효과를 볼 수 있다. 하지만 상쾌한 장 요구르트를 만들어서 매일 먹으면 섬유근육통을 회복하고, 피부가 부드러워지며 주름이 줄어들고, 벤치프레스를 23kg 더 들 수 있으며, 친구와 이웃에게 더 친절해질 것이다. 다시 말하면 장내미생물 정원에 씨앗을 심는 전략은 시판 프로바이오틱스 제품의 부족한 부분을 채워주고 인생을 바꾼다.

그러나 프로바이오틱스나 발효식품에 과민증이 있어서 과도한 팽만감이나 복부 불편감, 설사, 머리가 멍해지는 증상, 불안 같은 증상이 나타난다면, 상쾌한 장 프로그램 둘째 주에서 소장세균 과증식과 소장진균 과증식 치료법으로 전환해야 한다. 이 증상들은 거의 항상 세균과 진균 과증식이 원인이기 때문이다. 자연스럽게 발효한 양파나 인간의 삶과 완벽하게 공존할 수 있는 미생물이 든 다양한 음식을 먹었다고 해서 과민증이 나타날 당연한 이유는 없다. 따라서 모든 과민증의 원인은 소장세균 과증식이나 소장진균 과증식, 그리고 이들이 일으키는 심각한 건강 파괴다. 일단 세균과 진균 과증식을 해결하면 놀랍게도 이런 과민증은 사라질 것이다. 2부로 되돌아가서 이 과증식 상태를 어떻게, 그리고 왜 관리하는지 그 근거를 확인한 뒤 상쾌한 장 SIBO 혹은 SIFO 치료법을 실천한다. 소장세균 과증식과 소장진균 과증식을 통제하게 되면 다시 여기, 상쾌한 장 프로그램 둘째 주로 돌아와서 멈췄던 곳부터 다시 시작한다.

채소 발효 기초 가이드

냉장법이 나타나기 전까지 발효법은 인간이 수확한 식량을 보존하는 방법이었다. 우리의 증조부모가 래디시, 호박, 아스파라거스, 그외 채소를 여름에 수확해서 가을과 겨우내 먹을 수 있었던 방법의 하나다. 세균과 진균이 음식을 분해하게 둔 것이다. 당신은 케피어와 요구르트 같은 발효식품에 익숙할 것이다. 피클과 사워크라우트도 발효할 수 있지만 가게에서 파는 제품은 대부분 식초와 소금에 절여 오히려 발효를 막은 음식이다.

발효과정에서 미생물은 음식에 있는 당류와 섬유소를 섭취해 젖산염(특유의 시큼한 맛을 내는 성분)을 비롯한 산을 만들어 해로운 세균의 증식을 억제하면서 음식을 보존한다. 요구르트나 케피어와 달리, 채소 발효는 산소가 없는 혐기성 환경에서 일어난다. 제대로 발효하려면 발효하는 채소에서 산소를 계속 차단해야 한다.

음식을 발효하는 많은 세균은 인간의 장내미생물 균총에 유익한 균주에 속한다. 락토바실루스 플랜타럼, 락토바실루스 브레비스*Lactobacillus brevis*, 류코노스톡 메센테로이데스, 비피도박테리움 종이 있다. 조상들이 수천 년 동안 해 왔듯이 발효한 채소를 정기적으로 먹으면 당신의 장에 유익한 세균주를 심을 수 있다.

식품 자체의 가격을 제외하면 음식을 발효하는 과정은 사실상 비용이 들지 않는다. 발효는 음식에 독특한 향을 더하며, 마이크로바이옴에 유익한 허브와 향신료를 첨가할 기회도 제공한다.

유리병이나 도자기 병, 그리고 산소와의 접촉을 막기 위해 소금물의 수면 아래에 채소들이 잠기도록 누를 도구가 필요하다. 나는 오래된 올리브 병을 사용했고, 무거운 유리컵으로 채소를 소금물 아래로 눌러 놓았다. 작은 접시를 덮고 그 위에 돌을 올려 채소를 눌러 놓은 사람도 있다. 발효 키트를 사도 되지만 집에 있는 도구를 활용하는 것도 어렵지 않다.

기본 재료는 다음과 같다.

- **채소**: 양파, 고추, 아스파라거스, 오이, 래디시, 마늘, 당근, 양배추, 껍질 콩, 다이콘,[2] 그 외 다양한 채소는 무엇이든 발효할 수 있다. 한입 크기로 썰고, 독특한 맛을 내려면 다른 채소와 섞는다. 예를 들어 아스파라거스와 양파, 껍질 콩과 마늘을 함께 발효한다.
- **허브와 향신료**: 말린 후추 열매, 딜, 마늘, 고수씨, 겨자씨, 캐러웨이 씨, 로즈메리, 오레가노가 있다. 바삭함을 살리려고 포도나 장과류 잎을 흔히 넣기도 한다.

---

2   단무지로 만들어 먹는 일본 무

- **천일염을 비롯한 소금**: 어떤 소금을 사용해도 상관없지만, 아이오딘을 첨가한 소금은 제외한다. (아이오딘은 미생물을 없앤다.)
- **물**: 정수, 샘물, 증류수를 사용한다. 물에 염소나 불소가 없어야 한다.

채소 발효는 빵을 굽거나 도자기를 만드는 것과 같아서 탐험해야 할 새로운 세계가 열린 것이나 다름없다.

기본 발효법

유리병이나 발효 용기를 물로 채우고, 살짝 혹은 중간 정도의 짠맛이 느껴질 때까지 소금을 넣는다. 보통 물 1L에 소금 1.5큰술을 넣으면 충분하다.

채소와 함께 후추나 딜, 고수 같은 허브나 향신료를 넣는다. 채소와 소금물을 저어서 섞어 주고 채소 사이에 갇혀 있던 공기 방울을 없앤다.

채소를 소금물에 잠기게 한 뒤, 접시나 다른 깨끗한 물건으로 눌러 채소가 소금물 위로 떠오르지 않게 한다. 용기 뚜껑을 닫아서 해충이 들어가지 않게 한다. 발효과정에서 생기는 기체가 배출되도록 뚜껑은 느슨하게 닫는다.

최소 이틀 동안 놔둔다. 채소 종류와 온도에 따라 발효하는 시간은 다양하며, 발효가 몇 주 동안 계속될 수도 있다. 원하는 향과 발효 수준에 이르면 냉장고에 넣어서 발효가 더 진행되는 것을 막는다.

선택 사항으로, 채소 발효가 끝나면 발효 혼합물 1L당 식초 반 컵을 첨가해 향을 더할 수 있다.

표면에 하얀색이나 다른 색의 덩어리가 자라면 곰팡이가 생긴 것이므로 걷어 낸다. 곰팡이는 발효과정에 영향을 미치지 않으며, 냉장고에 넣어 둔 발효 채소는 최소 4주까지는 먹어도 안전하다.

저렴하게 프로바이오틱스를 직접 만드는 방법은 많다. 시판 프로바이오틱스 캡슐 제품으로 발효를 시작할 수도 있고, 시판 케피어 제품을 발효할 수도 있고, 종균 배양 제품을 사서 발효할 수도 있다. 캡슐 제품으로 시작하는 첫 번째 방법이 가장 좋은데, 핵심종을 포함해서 유익한 종과 균주를 가능한 한 많이 고를 수 있기 때문이다. 케피어나 종균 배양 제품으로 발효하는 방법의 단점은, 대부분의 시판 프로바이오틱스 제품이 그렇듯이 함유된 특정 균주가 무엇인지 알 수 없으며, 핵심종이 없을 수도 있다는 것이다. 가능하다면 캡슐 형태의 상업 제품을 골라서 발효를 시작한다.

요구르트를 만들 때는 오랜 시간 발효하고 발효 혼합물에 프리바이오틱스 섬유소를 첨가하는데, 최종 결과물인 요구르트에 최대한 많은 수의 미생물을 얻기 위해서다. 종균 배양 제품을 선택했더라도 프로바이오틱스 캡슐 제품과 같은 방법으로 발효한다. 독특한 발효법을 이용하면 1회 분량인 반 컵에 수천억 마리의 세균이 들어 있는 요구르트를 만들 수 있다.

시판 프로바이오틱스 제품으로 요구르트 만들기

초보자는 열 종 이상이 들어 있는 프로바이오틱스 제품을 선택한다. 단, 사카로미세스, 칸디다, 클루이베로마이세스*Kluyveromyces* 진균 종은 발효 혼합물을 알코올로 만들 수도 있으므로 이들이 없는 제품을 고른다.

프로바이오틱스 캡슐 1개의 내용물

프리바이오틱스 섬유소(이눌린, 날감자 전분) 2큰술

유기농 크림(유지방 10~12%) 1L

1. 중간 크기의 볼에 프로바이오틱스 캡슐 내용물(캡슐을 열어서 내용물만 넣는다), 프리바이오틱스 섬유소, 유기농 크림 2큰술(혹은 다른 발효용

액체)을 넣고 섞는다.

2. 프리바이오틱스 섬유소가 덩어리지지 않도록 잘 저어서 매끄럽게 섞는다.

3. 남은 유기농 크림(혹은 다른 발효용 액체)을 전부 넣는다.

4. 랩으로 살짝 덮은 후, 발효기 안에 넣고 41°C에서 36시간 동안 발효한다.

5. 커드[3]나 유청(우유에서 단백질과 지방을 뺀 나머지)을 2큰술 남겨서 다음에 만들 요구르트 종자로 보관한다.

3   우유가 산이나 효소에 의해 응고된 상태

WEEK 3

물과 비료 주기

셋째 주는 프리바이오틱스 섬유소와 친해지는 기간이다. 프리바이오틱스 섬유소는 장내미생물 정원에서 물이자 비료이며, 미생물을 키우고 건강을 얻는 데 결정적이다. 식사할 때마다 프리바이오틱스 섬유소 공급원을 먹는 습관을 들이자. 프리바이오틱스 섬유소 외에 다른 전략도 활용해서 유익한 종을 증식시킨다.

- 처음에는 소량으로 시작한다. 프리바이오틱스 섬유소가 풍부한 음식을 커피나 요구르트에 넣어 먹는다. 첫 며칠 간은 프리바이오틱스 섬유소를 최대 10g까지 먹을 수 있다.
- 하루에 프리바이오틱스 섬유소를 20g 이상 섭취할 때까지 양을 점점 늘린다. 다양한 프리바이오틱스 섬유소 공급원을 먹어서 세균 종의 다양성을 높인다.
- 처음 프리바이오틱스 섬유소 10g을 먹었을 때나 양을 늘리는 중에 복부 팽만감, 가스, 설사 등 과민증이 나타나면 프리바이오틱스 섬유소 섭취를 중단하고 프로바이오틱스, 발효식품 같은 다른 상쾌한 장 프로그램만 그대로 4주 더 진행한다. 4주가 지나면 프리바이오틱스 섬유소를 다시 먹어 본다. 그래도 과민증이 계속 나타나면 2부의 SIBO, SIFO 치료법으로 바꾼다.

이제 프로바이오틱스와 발효식품으로 위장관에 있는 세균 종이 바뀌기 시작했으므로, 일상생활에 프리바이오틱스 섬유소를 풍부하게 첨가해서 익숙해지도록 하자. 발효식품을 매일 최소한 한 가지 먹어서 프로바이오틱스 세균 종을 섭취하는 동안 함께 실천할 수 있는 좋은 방법이 있다. 바로 프리바이오틱스 섬유소를 포함하는 식품을 최소한 한 가지씩 끼니마다 먹는 것이다. 복잡하게 할 필요는 없다. 스페인식 오믈렛에 검정콩 2큰술을 넣거나, 볶음 요리에 양파와 마늘을 함께 넣고 볶거나, 익히지 않은 채소를 후무스에 찍어 먹거나, 샐러드에 리크나 민들레 잎을 넣거나, 요구르트에 이눌린이나 아카시아 섬유소 1작은술을 넣는 것처럼 간단하다. 중요한 점은 식사마다 프리바이오틱스 섬유소 공급원을 먹어야 한다는 것이다. 며칠만 실천하면 습관이 되어 익숙해질 것이다.

일상생활에서 프리바이오틱스 섬유소를 풍부하게 섭취하는 일은 장과 총체적 건강을 재구축하는 데 가장 중요한 단계로, 프로바이오틱스보다 더 중요하다. 프리바이오틱스 섬유소는 유익한 세균 종의 먹이일 뿐 아니라 장내미생물 균총이 대사산물을 생산하도록 촉진해서 폭넓은 건강 효과를 나타낸다. 여기에는 체중감량, 트라이글리세라이드 감소, 혈당 감소, 혈압 감소, 염증반응 감소, 지방간 예방, 규칙적인 배변 습관이 해당한다.

건강하지 않은 보통의 미국인은 하루에 3~8g 정도의 프리바이오틱 섬유소를 섭취하며, 이중 절반가량은 곡물로 먹는다. 따라서 밀과 곡물을 식단에서 제외하면 여기에서 생기는 프리바이오틱스 섬유소 결핍을 보충해야만 한다. 그러나 상쾌한 장 프로그램에서는 더 큰 효과를 얻기 위해 이보다 더 나아간다.

숫자로 측정할 수 있는 건강상의 효과는 프리바이오틱스 섬유소를 하루에 8g 섭취할 때부터 나타나기 시작하며, 최대 효과는 하루 20g을 섭취할 때 나타난다. 우리는 매일 20g 이상 먹는 것을 목표로 하며, 이는 곡물을 배제해서 나타나는 근소한 결핍을 대체하고도 남는 양으로 장내미생물 정원을 성공적으로 가꿀 가능성을 높인다. 따라서 곧 소개하는 목록의 식품을 매일 먹는 습관을 들이면 좋다. 프리바이오틱스 섬유소가 풍부한 식품 한 개 이상을 포함하는 스무디를 만들어 매일 먹을 수도 있으며, 특히 익히지 않은 흰 감자, 익지 않은 초록색 바나나, 아카시아 섬유소나 이눌린·프럭토올리고당, 시판 프로바이오틱스 섬유소 믹스 1~2작은술을 넣으면 좋다. 처음 프리바이오틱스 섬유소를 먹었을 때와 이후 매일 20g까지 늘릴 때 과민증이 나타나지 않았다면 양껏 섭취해도 괜찮다. (수렵채집인 문화에서는 하루 100g 이상을 먹는 일이 보통이었다.)

또 하나 중요한 사실은 프리바이오틱스 섬유소를 다양하게 섭취해야 한다는 점이다. 이눌린 가루를 커피에 타 마시고 그걸로 하루 치를 끝내 버리지 말라. 같은 습관만 반복하면서 다른 프리바이오틱스 섬유소 공급원을 무시하면 안 된다. 우리가 원하는 폭넓은 세균 종의 다양성을 확보하지 못할 뿐 아니라 한두 개의 세균 종이 과도하게 증식해 다른 종보다 많아지면서 불리하게 된다. 결론적으로 장내미생물 불균형을 만들어 내는 것이다.

프리바이오틱스 섬유소 중에는 익히지 않은 흰 감자처럼 낯선 것도 있다. 그러나 섬유소가 가득한 뿌리와 덩이줄기를 캐고 계절, 지역, 채집 가능성에 따라 다양한 식품을 즐겼던 수렵채집인들의 풍부한 프리바이오틱스 섬유소 섭취를 재현한다는 사실을 잊지 말아야 한다. 뒷마당이나 숲에서 식물 뿌리를 캐면서 조상들을 흉내 내고 싶지는 않을 테니, 현대에서 쉽게 얻을 수 있는 비슷한 식품을 찾아야 한다. 낯설고 독특한 선택일 수도 있다. 옛날 사람들은 자연스럽게 프리바이오틱스 섬유소를 먹고 섭취량도 측정하지 않았을 것이다. 그러나 합성 물질과 가공식품, 광고로 가득한 세상에 사는 우리는 목적의식과 지식을 갖춰야 한다.

프리바이오틱스 섬유소를 섭취하는 주요 공급원은 식품이어야 하지만 편의상 프리바이오틱스 섬유소 가루를 활용할 수 있다. 이눌린 가루, 아카시아 섬유소, 글루코만난 가루, 그 외에도 다양한 형태의 프리바이오틱스 섬유소를 혼합한 상업 제품도 있다. 프리바이오틱스 섬유소 가루를 커피, 차, 상쾌한 장 발효 요구르트, 그 외 요리에 1~2작은술씩 넣으면 1작은술당 약 3g의 프리바이오틱스 섬유소를 섭취할 수 있다. 글루코만난 가루는 음식의 점도를 높일 때도 활용할 수 있다. 날감자 전분과 초록색 바나나 가루도 프리바이오틱스 섬유소 공급원이 될 수 있지만 한 번에 1큰술 이상 먹지 않도록 한다. 날감자 전분과 초록색 바나나 가루는 거의 50%가 당류인데, 이 식품들을 가루로 만들 때 건조하는 온도가 섬유소가 당류로 분해될 만큼 높은 온도이기 때문이다.

셋째 주를 시작할 때는 프리바이오틱스 섬유소를 하루 10g 이상 먹지 않도록 제한하는데, 초록색 바나나 반 개나 아카시아 섬유소 2작은술 정도가 알맞다. 셋째 주가 끝날 때쯤 20g으로 섭취량을 늘리되, 다양한 공급원에서 섬유소를 섭취하도록 주의를 기울인다. 모든 과정에 별 탈이 없고 저용량으로 시작할 때나 섭취량을 늘렸을 때 아무 반응이 없다면 프로그램을 모두 진행해도 안전하다는 뜻이다.

그러나 프리바이오틱스 섬유소에 과민증이 나타난다면 복부 팽만감, 가스, 설사, 불안감이나 우울한 생각 등의 정서적 효과를 겪을 것이고, 이는 소장세균 과증식이 치료됐는지 확인하는 검사로 활용할 수 있다. 프리바이오틱스 섬유소를 먹은 지 90분 안에 어느 증상이든 하나라도 겪으면 소장에서 세균이 과증식하고 있다는 믿을 만한 신호다. 이때는 프로바이오틱스와 발효식품 과정을 길게 연장해서 '씨앗을 심는' 과정을 늘린다. 프리바이오틱스 섬유소를 다시 섭취하는 과정은 프로바이오틱스 씨앗을 심는 과정을 4주 더 연장한 뒤에 시도한다. 그래도 여전히 과민증으로 괴롭다면 2부에 설명한 상쾌한 장 SIBO, SIFO 치료법을 시작할 때다. 일단 이 문제를 해결한 뒤에 여기 셋째 주로 돌아와서 마이크로바이옴에 다시 물과 비료를 주기 시작한다.

프리바이오틱스 섬유소의 핵심은 다양성이다. 편리하다고 이눌린 가루만 과도하게 섭취해서는 안 된다. 다양한 프리바이오틱스 섬유소 섭취는 장내미생물 균총의 다양성을 자극하며, 세균 종의 폭넓은 다양성은 해로운 세균을 억제한다. 프리바이오틱스 섬유소를 활용해서 위장관 속 마이크로바이옴을 재구성하는 것은 여러 달, 어쩌면 여러 해 동안 진행해야 할 프로젝트다. 프로그램의 셋째 주는 당신에게 힘찬 출발을 선사할 것이다.

상쾌한 비료

고추와 주키니 호박을 풍성하게 수확하려면 정원에 퇴비나 생선비료 같은 양질의 비료를 줘야 한다. 마찬가지로 상쾌한 장을 구축하기 위해 특정 균에 중대한 자극을 주는 특별한 식재료를 첨가할 수 있다. 정말 흥미로운 연구 분야지만 이제 막 연구가 시작되어서 목록은 짧고 공식적인 명칭도 아직 없으므로, 나는 이 화합물을 '상쾌한 비료'라고 부르겠다. 이 연구 분야가 이른바 '3세대 프로바이오틱스'를 창조하는 최전선이라고 생각한다. 1세대 프로바이오틱스는 현재 시중에 나와 있는 아무렇게나 만든 프로바이오틱스이고, 2세대 프로바이오틱스는 핵심종을 함유했다. 3세대 프로바이오틱스는 핵심종을 제공하는 동시에 다른 핵심종을 '번성'하게 할 중요한 미생물 영양소도 함께 제공할 것이다. 상쾌한 비료가 되는 영양소는 아래와 같다.

• **유제놀**: 유제놀은 정향에서 추출한 기름이며, 육두구와 계피에
도 소량 들어 있다. 소장진균 과증식 치료법에서 사용하는 정향
에센셜오일은 대부분이 유제놀이다. 이 화합물은 살모넬라 같은

병원체 종에 항균 효과를 나타내고, 클로스트리디아강[※]의 유익한 종을 자극해서 장 점액 생산을 놀라울 정도로 늘린다. 정향 녹차에 정향을 사용하는 이유다.

- **프럭토올리고당과 올레산**: 프럭토올리고당은 이눌린과 관련된 프리바이오틱스 섬유소로 사슬 구조가 조금 더 짧다. 올레산은 올리브유 같은 불포화지방에 들어 있는 주요 지방산이다. 프럭토올리고당과 올레산은 각각 다른 방법으로 아커만시아의 증식을 촉진한다. 이 둘의 조합은 특히 강력하다. 별생각 없이 프럭토올리고당 같은 프리바이오틱스 섬유소를 거의 섭취하지 않아서 유익한 미생물을 적절히 먹이지 않은 결과, 아커만시아가 대안 영양소인 인간 장 점막을 먹어 치웠던 경우를 잊지 말자. 프럭토올리고당을 섭취하면 이런 상황을 예방할 수 있다. 양파, 마늘, 리크, 샬럿 같은 뿌리채소에 프럭토올리고당이 들어 있으며, 커피나 요구르트 등에 프럭토올리고당 1작은술을 첨가하는 것도 이 중요한 섬유소를 건강하게 섭취하는 방법이다. 또 식단에 올리브유를 적절하게 넣어 먹자. 달걀, 샐러드드레싱, 카프레제 샐러드에 뿌리거나 허브 포카치아를 천일염 약간과 엑스트라버진 올리브유에 찍어 먹으면 아커만시아가 활발하게 자극될 것이다.
- **캡사이신**: 고추에 든 캡사이신은 매운맛을 낸다. 캡사이신을 매일 식단에 넣기에 가장 편한 방법은 아바네로, 카옌, 타바체 등으로 만든 핫소스를 활용하는 것이다. 그러면 부티레이트 생산의 달인인 미생물 피칼리박테리움 프로스니치가 번성하면서 혈당

과 혈압을 낮추고 체중감량에도 관여하는 등 대사 작용이 활발해진다. 캡사이신은 장 점액 '문지기'인 클로스트리디아 종의 증식도 촉진한다. 캡사이신 함유량은 핫소스의 매운 정도에 따라 다르다. 예를 들어 아바네로 소스 1큰술에는 캡사이신이 약 7g 들어 있다. 하루 약 10g을 먹어야 효과가 극대화된다. 카엔 고추는 캡슐 형태의 영양보충제로 판매하기도 하지만, 캡사이신 함유량은 상대적으로 적다.

다음과 같은 식품에는 우리의 친구 미생물들의 먹이가 될 프리바이오틱스 섬유소가 풍부하게 들어 있다.

- **콩과 식물**: 강낭콩, 검정콩, 흰강낭콩, 그 외 전분이 많은 콩, 병아리콩, 후무스, 렌즈콩, 완두콩은 프리바이오틱스 섬유소인 갈락토올리고당이 풍부하다. 1회 섭취량을 적게 유지해서 혈당이 높아지는 효과를 최소화하자. 순 탄수화물(총 탄수화물에서 섬유소를 뺀 것)이 15g 이하가 되도록 4분의 1컵에서 반 컵 정도가 적당하다. 후무스와 병아리콩 반 컵에는 프리바이오틱스 섬유소가 8g 들어 있다(순 탄수화물은 13.5g). 렌즈콩 반 컵에는 프리바이오틱스 섬유소가 2.5g 들어 있다(순 탄수화물은 11g). 대부분의 콩 반 컵에는 프리바이오틱스 섬유소가 약 3.8g 들어 있다. 흰강낭콩은 가장 풍부한 프리바이오틱스 섬유소 공급원으로 다른 콩의 두 배인 7.6g이 들어 있다(반 컵에 든 순 탄수화물은 12g).
- **초록색 바나나와 플랜틴 바나나**: 초록색이어야 한다. 초록색과 노란색이 섞이거나 한쪽 끝만 약간 초록색이 아니라, 완벽하게 초록색이어야 한다. 의심스럽다면 맛을 보면 된다. 단맛이 전혀 없어야 한다. 중간 크기인 18cm 길이의 초록색 바나나는 프리바이오틱스 섬유소는 10.9g, 순 탄수화물은 0g을 함유하는 반면, 잘 익은 바나나는 당과 탄수화물이 많고 섬유소는 적다. 초록색 바나나는 껍질을 벗기기도 힘들고 사실상 먹을 수 없으므로, 껍질 째 길게 잘라 과육을 파낸 뒤, 굵직하게 잘라서 프리바이오틱스 스무디 요리에 넣는다. 바나나는 냉장고에 넣어 두면 대개 4~5일 정도 초록색을 유지하며, 껍질을 벗겨 잘라서 냉동실에 보관했다가 필요할 때 꺼내 먹을 수 있다.
- **감자**: 익힌(굽거나, 튀기거나, 으깬) 감자는 당류가 많고 섬유소는 적다. 그러나 익히지 않은 감자는 프리바이오틱스 섬유소가 풍부해서 중간

크기의 감자(지름 9cm) 반 개에 프리바이오틱스 섬유소는 10~12g,

당류와 탄수화물은 0g이 들어 있다. 익히지 않은 날감자를 사과처럼

먹는 사람도 있지만, 대부분은 감자를 프리바이오틱스 섬유소 스무디에

넣거나, 얇게 썰거나 깍둑썰기해서 샐러드에 넣는 편을 선호한다. 껍질이

초록색인 날감자는 진균이 자란 것이므로 먹으면 안 된다. 이런 감자는

껍질을 깎아 버린다. (고구마와 얌은 익히지 않아도 프리바이오틱스

섬유소가 훨씬 적다. 즉 날것으로 먹어도 탄수화물에 과량으로 노출된다는

뜻이다. 날것이든 익혔든 고구마는 소량만 먹는다.)

- **과일**: 현대 과일은 섬유소는 적고 당도는 높아지도록 재배되므로,

  과일에는 프리바이오틱스 섬유소와 함께 과량의 당류가 따라온다. 따라서

  주의를 기울여야 한다. 그러나 과일은 중요한 프리바이오틱스 섬유소인

  펙틴의 풍부한 공급원이다. 펙틴은 유익한 세균 종의 증식을 돕고, 병원체

  종을 억제하며, 장내 부티레이트 및 다양한 지방산을 증가시키는 독특한

  특성이 있다. 펙틴이 풍부한 과일은 아보카도, 블랙베리, 산딸기, 석류,

  사과이며, 각각의 1회 섭취량에 약 1~2g의 펙틴이 들어 있다. 과일의 1회

  섭취량은 블랙베리나 산딸기는 1컵, 사과는 중간 크기로 하나 분량이다.

  아보카도는 펙틴 함유량이 가장 많으며 하나당 순 탄수화물은 4g뿐이고

  건강한 지방이 풍부해서 챔피언이라 할 수 있다. 펙틴 가루도 살 수 있지만

  대개는 설탕이 들어 있으므로 아주 조금만 사용해야 한다.

- **치아시드와 아마씨**: 정확한 함량은 더 연구해야 하지만, 치아시드와

  아마씨는 섬유소와 일부 프리바이오틱스, 장내미생물 균총에 유익한 여러

  화합물의 공급원이다. 스무디, 요구르트, 케피어, 구운 요리에 넣기 쉽다.

- **견과류**: 아몬드, 호두, 피칸, 헤이즐넛(개암), 피스타치오는

  프리바이오틱스 섬유소 특성을 갖춘 폴리페놀 화합물이 풍부하다.

  유의미한 프리바이오틱스 효과는 견과류 반 컵 정도를 섭취하면 나타나기

  시작하며, 껍질도 먹어야 한다. (껍질을 벗긴 아몬드 가루는 같은 효과를

  볼 수 없다는 뜻이다.) 견과류는 탄수화물 섭취라는 측면에서 상당히

  안전하다. 예를 들어 아몬드 반 컵에 순 탄수화물은 4.5g만 들어 있다.

  날것이나 기름 없이 볶은 견과류(말토덱스트린, 설탕, 그 외 첨가물이 없어야

한다)가 가장 좋다.

- **버섯**: 버섯은 프리바이오틱스 섬유소 특성을 갖춘 다당류인 베타글루칸beta-glucan(진균의 베타글루칸과 다르다), 만난mannan, 갈락탄galactan 외에도 폴리페놀 등 미생물 영양분을 풍부하게 공급하지만 평가절하된다. 샐러드와 볶음 요리에 넣거나 고기와 함께 먹기 좋으며, 소스와 그레이비에 넣거나 수프에도 넣기 좋다.

- **곤약 면**: 곤약 면은 아시아 마에 들어 있는 글루코만난glucomannan으로 만든 면으로 프리바이오틱스 섬유소가 풍부하다. 아시아 요리에서는 볶음 요리와 라면에서 활용도가 높다. 콩이나 귀리가 없는 제품을 산다. 곤약 면 226g에는 프리바이오틱스 섬유소가 2g 정도 들어 있다.

프리바이오틱스 섬유소는 다음 식품에서도 적정량을 섭취할 수 있다(1회 섭취량에 보통 1~3g 들어 있다). 아스파라거스, 당근, 히카마,[4] 리크, 순무, 민들레 잎, 파스닙,[5] 래디시, 양파, 양배추, 마늘과 샬럿, 방울다다기양배추

---

4   멕시코 감자로 불리는 멕시코산 덩이줄기 식물

5   설탕당근으로도 불리는 뿌리채소

채소와 과일에서 풍부한 색채를 나타내는 화합물이 건강에 유익한 이유는 오랫동안 수수께끼였다. 가지의 보라색, 레몬의 노란색, 케일의 초록색을 나타내는 이 화합물들은 위장관에서 거의 흡수되지 않기 때문이다. 다시 말하면 크랜베리, 자두, 녹차처럼 색을 나타내는 화합물이 든 음식을 먹으면 이 화합물, 즉 폴리페놀이 회장이나 결장에서 절대 흡수되지 않더라도 유익한 효과를 얻는다.

소화되지 않는 폴리페놀이 세균으로 인해 소화되는 폴리페놀 대사산물은 장내 미생물 균총의 구성을 바꾼다. 프리바이오틱스 섬유소처럼 폴리페놀도 유익한 세균 종을 유지할 가능성을 높인다. 예를 들어 폴리페놀을 풍부하게 섭취하면 혈당을 조절하는 아커만시아 뮤시니필라나 부티레이트의 주요 생산자인 피칼리박테리움 프로스니치 같은 유익한 종이 증식한다. 여러 폴리페놀 중에서는 녹차에 들어 있는 카테킨이 가장 유명하며, 점액단백질 교차결합을 유도해 장 점액 방어벽을 강화하면서 아커만시아 증식을 촉진한다. 또 양파, 사과, 케일에 들어 있는 폴리페놀인 케르세틴quercetin은 강력한 항균 및 항진균 특성을 나타내며, 특히 소장세균 과증식과 소장진균 과증식 지배종에 강한 영향을 미친다. 폭넓은 건강 효과를 얻으려면 식단에 다양한 채소와 과일을 넣어야 한다.

개인 간의 장내미생물 구성이 달라지는 이유는 케르세틴, 커큐민, 루틴rutin, 에피갈로카테킨 같은 폴리페놀이 사람마다 소화되는 수준이 다르며, 폴리페놀 대사가 전혀 이루어지지 않는 사람도 있기 때문이다. 우리가 이 복잡성을 이해하기 전까지는 폴리페놀, 예컨대 코코아에 든 플라보노이드, 녹차에 든 카테킨, 블루베리에 든 안토시아닌anthocyanin, 감귤류에 든 나린제닌naringenin, 아마씨에 든 리그난lignan, 레드와인에 든 레스베라트롤resveratrol, 사과에 든 루틴, 엑스트라버진 올리브유에 든 하이드록시타이로솔과 올레우로페인oleuropein을 다양하게 섭취해야 한다.

WEEK
4

미생물 정원 가꾸기

근사한 레스토랑에서 메뉴판의 요리를 고르듯이, 특정한 건강 효과를
나타내는 미생물을 선택해 보자. 우리만의 독특한 미생물 발효법으로 세균
수를 늘려서 효과를 증폭할 수도 있다. 아래의 유익한 미생물 메뉴판을
참고한다.

- 락토바실루스 루테리는 피부를 부드럽게 하고 주름이 옅어지게 한다.
  근육과 근력의 젊음을 회복하고, 숙면하게 된다.
- 락토바실루스 루테리와 락토바실루스 카제이 *Lactobacillus casei*는 더 오래
  숙면하게 하고, 스트레스를 줄이며, 면역 기능을 강화한다.
- 바실루스 코아귤런스는 염증반응과 관절염 통증을 줄인다.
- 락토바실루스 헬베티쿠스와 비피도박테리움 롱검은 불안을 줄이고 정서를
  안정시키며, 우울증을 감소시킨다.
- 락토바실루스 카제이는 의식을 명료하게 하고 집중력을 높인다.
- 락토바실루스 루테리와 락토바실루스 가세리는 체중과 허리둘레를 줄인다.
- 락토바실루스 루테리와 바실루스 코아귤런스는 운동선수의 근력과 회복
  속도를 높인다.
- 비피도박테리움 인펀티스는 아기의 배변 횟수를 줄이고, 급경련통을
  감소시킨다.

지난 3주 동안 프로그램의 가장 힘든 부분을 통과했다. 식단을 바꾸고, 마이크로바이옴에 유익한 종을 복구하는 방법을 배웠으며, 장 내벽을 강화했다. 전통적인 식생활 지침과 식탐, 잘못된 의료 조치가 미치는 해로운 영향력을 되돌려서 다시 놀라울 정도로 건강해질 무대를 마련한 것이다. 이제 정말 재미있는 일을 시작해 보자.

우리는 더 부드러운 피부, 더 강한 힘, 염증반응·통증 감소, 불안 감소 등 모든 놀라운 효과를 나타내도록 정원에 일을 시킬 것이다. (소장세균 과증식과 소장진균 과증식 치료법으로 전환했더라도 이 발효 프로젝트를 시작할 수 있지만, 현재 우리가 실천하는 항미생물 치료법은 해로운 종과 함께 유익한 종도 같이 박멸하기 때문에 놀라울 정도의 효과가 나타나지는 않을 것이다. 최상의 결과를 얻으려면 이 발효 프로젝트는 일단 소장세균 과증식과 소장진균 과증식 치료법을 마친 후에 시작한다.)

때로 사람들은 "그냥 가게에서 파는 요구르트나 프로바이오틱스를 먹으면 같은 효과를 얻을 수 없나요?"라고 묻는다. 지금쯤이면 그게 절대로 불가능하다는 사실을 모두 이해했으리라고 생각한다. 아래의 지침을 따라 넷째 주의 마법을 시작해 보자.

• 특정한 건강 효과를 얻기 위해 세균·종과 균주를 선택한다: 요구르트나 프로바이오틱스 시판 제품에 들어 있는 '포괄적인' 종은 뚜렷하게 정해진 효과를 나타내지 않기에, 아무리 많이 먹어도 우리가 원하는 혜택을 얻을 수 없다.

• 발효과정을 변형해서 세균 수를 기하급수적으로 증가시킨다. 시

판 제품에 세균이 수백만 내지는 수십억 마리가 들어 있는 것과 비교할 때, 이 발효 프로젝트에서 우리는 보통 수천억 마리의 세균을 얻는다. '수백만'이라고 하면 대단히 많은 것 같지만, 그 대상이 세균이라면 거의 있지도 않은 수준이다. 우리는 발효 시간을 연장해서 미생물을 수천억 마리까지 배양한다. 시판 요구르트는 약 4시간 발효하지만 우리는 36시간 발효하며, 발효 시간의 차이는 1,000배의 효과 차이를 만들어 낸다. 마찬가지로, 대부분 시판 프로바이오틱스는 각 세균 종을 수십억 마리 정도만 함유하며, 효과가 가장 좋은 균주보다 값이 싼 균주가 들어 있는 경우가 많다.

• 발효과정에 프리바이오틱스 섬유소를 넣는다. 토마토가 더 크고 달콤해지도록 정원에 비료를 주듯이, 발효과정에서 미생물의 먹이가 되는 프리바이오틱스 섬유소를 넣어 주면 세균 수가 더 많아지며, 완성한 요구르트의 점도도 높고 풍부해진다.

우리는 이 발효 프로젝트로 건강이 좋아질 뿐 아니라, 맛있는 요구르트와 영양가 높고 매일 먹기 쉬운 다양한 발효식품을 즐길 수 있다. 유제품을 먹을 수 있다면 가장 좋다. 유제품은 세균 발효에 가장 효과적이며 유용한 배양액이다. 유제품을 먹지 못하더라도 걱정할 필요 없다. 코코넛밀크, 후무스, 과일 퓌레 같은 다른 식품을 발효하면 된다.

상쾌한 장 프로그램의 요구르트 발효법은 유제품을 먹을 때 생길 수 있는 과민증 문제를 최소화한다. 발효를 오래 하면 젖당(젖당 과민증이 있는 사람들을 괴롭히는 유당)이 대부분 젖산(유용한 발효 부산물인 유기산으로 일부 요구르트의 시큼한 맛을 낸다)으로 바뀌면서 거의 무시할 정도의 양으로 줄어든다. 요구르트에 젖산이 많아지면 pH가 산성인 3.5까지 낮아지면서(시판 요구르트보다 거의 열 배 높은 산성을 띤다) 카세인 단백질이 변성 혹은 분해되어 면역반응을 자극할 가능성을 줄인다.

또 우리의 발효 프로젝트에는 혼합배양 요구르트도 있다. (여러 세균 종을 혼합해서 요구르트를 발효한다는 뜻이다.) 단일 종의 세균 수가 많은 식품이 적절하지 않을 때, 예를 들어 어린이에게 먹일 요구르트를 만들 때 이 방법을 사용한다.

상쾌한 장 SIBO 요구르트는 소장세균 과증식에서 수소와 메테인을 생성하는 미생물 수를 줄일 때도 활용한다. 이제 독자들도 알겠지만, 기존 프로바이오틱스는 종과 균주를 아무 목적 없이 선택했기에 소장세균 과증식 세균 종의 수를 줄이는 효과가 미미하다. 하지만 소장세균 과증식이 일어나는 위장관 상부에 서식하면서 소장세균 과증식 세균 종을 제거하는 박테리오신을 생산하는 프로바이오틱스 종과 균주를 주의 깊게 선택한다면 어떨까? 이 전략에 따라 세균 종 세 가지를 혼합한 상쾌한 장 요구르트는 마이크로바이옴을 재구성하고 소장세균 과증식을 줄이거나 제거하도록 돕는다.

당신이 반드시 경험할 변화

우리는 이로운 미생물 종을 선택하고 키워서 몸에 복구해, 본질적으로 건강한 몸과 정서적 혜택을 얻을 미생물 여정을 앞두고 있다. 모든 것이 밝혀지지는 않았지만, 관련 지식은 빠르게 늘어나고 있다. 많은 사람이 미생물을 발효하고 배우면서 매일 더 영리하고 효율적으로 바뀌는 과정을 통해, 우리가 2년, 5년, 아니 10년 뒤에 바뀔 모습을 상상해 보라.

이 절에서는 요구르트 및 기타 발효식품을 먹는 사람 대부분이 경험한 효과를 설명한다. 혜택을 가속하거나 증폭할 수 있는 부가적인 전략도 덧붙였다. 각각의 종과 균주가 들어 있는 프로바이오틱스를 먹고 이런 건강 효과를 일부 누릴 수도 있지만, 상쾌한 장 요구르트를 만들면 프로바이오틱스 효과는 증폭된다. 독특한 발효과정은 하나의 고추에서 씨앗을 채취해서 비료를 듬뿍 준 정원 전체에 심는 것과 같기 때문이다. 이 방식으로 우리는 효과를 눈에 띄게 증가시켰다. 균주가 중요하다는 사실도 잊지 않도록 한다. 락토바실루스 가세리 BNR17은 허리둘레를 2.5cm 정도 줄여 주지만, 락토바실루스 가세리의 다른 균주는 이 효과를 나타내지 않을 수 있다.

정확한 이유를 알 수는 없지만, 모두가 아래 열거한 효과를 누리지는 않으며, 나타나는 효과의 강도도 다르다. 나의 온라인 구독자를 대상으로 조사한 결과, 락토바실루스 루테리 요구르트를 먹는 사람의 60%는 피부 건강이 중간부터 놀라운 수준까지 향상되었지만, 나머지

40%는 피부가 좋아지는 효과가 작거나 거의 없었다. 어떤 사람들은 섭취하는 요구르트 양을 늘려서 결과가 좋아지기도 했지만(하루 반 컵을 한 번 먹는 대신 하루 반 컵을 두 번 먹는 식이다), 이 방법이 효과 없는 사람들도 있었다. 어떤 건강 효과는 나타나기까지 3~6개월 정도로 오랜 시간이 걸렸다. 효과가 사람마다 다르게 나타나는 것은 옥시토신 수용기 돌연변이나 복잡한 엔도칸나비노이드 체계(옥시토신 효과를 매개한다)의 결함처럼 유전자의 차이 때문일 수도 있고, 완전히 다른 이유 때문일 수도 있다. 우리 팀은 효과를 높이는 전략을 세우려고 이런 문제들을 활발하게 탐구하고 있다.

모든 발효 요구르트와 음식 요리법은 '상쾌한 장 요리법'에 있으며, 적절한 균주도 함께 소개했다.

부드러운 피부와 주름 감소, 빠른 치유 속도

락토바실루스 루테리 요구르트, 하루 반 컵.

요구르트에 콜라겐 가수분해물을 하루 10g 첨가하면 좋다.

숙면과 REM 수면 확장

락토바실루스 루테리 요구르트, 하루 반 컵. 더 큰 효과를 보려면 락토바실루스 카제이 시로타Shirota를 첨가한다. 두 종을 따로 발효한다면 각각의 요구르트를 하루 반 컵씩 둘 다 먹는다. 두 종을 같이 발효한다면 40~41℃에서 발효하고, 하루 반 컵에서 한 컵을 먹는다.

애플워치나 홉, 핏빗 같은 활동 기록 기기로 수면 상태를 확인해 보자. 특히 수면 지속 시간, 숙면 시간, REM 수면 시간을 관찰한다.

염증반응과 관절염 통증 감소

바실루스 코아귤런스 요구르트, 하루 반 컵.

장 점막을 강화해서 내독소혈증을 줄여 주는 정향 녹차를 함께 마시기를 권장한다.

스트레스 감소

락토바실루스 카제이 요구르트, 하루 반 컵. 락토바실루스 루테리 요구르트를 함께 먹으면 효과가 커진다. 두 요구르트를 따로 발효한 다면 각각의 요구르트를 하루 반 컵씩 먹는다. 두 종을 함께 발효한다면 40~41℃에서 발효하고 하루 반 컵에서 한 컵을 먹는다. 효과를 더 높이려면 비피도박테리움 인펀티스를 첨가해 본다.

두 종 모두 스트레스가 많은 상황을 알리는 신호인 코르티솔이 아침에 비정상적으로 높아지는 것을 막는다. (장기적인 스트레스가 부신에서 분비하는 코르티솔을 감소시킨 경우라면 이 전략에 반응이 없을 수도 있다. 이 경우는 다른 방식으로 대응해야 한다.)

우울과 불안 감소

락토바실루스 헬베티쿠스와 비피도박테리움 롱검 요구르트, 하루 반 컵. 더 큰 효과를 얻으려면 락토바실루스 카제이를 첨가한다. (이때 40~41℃에서 발효한다.)

명료한 의식과 집중력 강화

락토바실루스 카제이 요구르트, 하루 반 컵.

이 요구르트의 효과는 처음 먹었을 때 가장 뚜렷하게 나타난다. 최상의 효과를 얻으려면 며칠마다 한 번씩 먹는다. 의식이 명료해지고 집중력이 높아지는 최대 효과는 처음 먹었을 때와 먹는 것을 멈췄다가 다시 먹을 때 나타난다.

체중·내장지방 감량

락토바실루스 루테리+락토바실루스 가세리 요구르트. 따로 발효한다면 매일 각 요구르트를 반 컵씩 먹는다. 함께 발효한다면 매일 반 컵에서 한 컵을 먹는다(41℃ 발효).

락토바실루스 루테리는 옥시토신을 늘려 식욕을 억제하는데, 이 효과는 놀라울 정도다. 입맛을 잃지 않고도 식욕과 유혹을 완벽하게 통제하며 즐길 수 있다. (밀과 곡물을 먹지 않으면 식욕 촉진제인 글리아딘 유래 오피오이드펩타이드의 부재로 식욕이 줄어드는데, 여기에 락토바실루스 루테리를 더하면 옥시토신이 더 확실하게 식욕을 통제한다.) 락토바실루스 가세리는 내장지방과 허리둘레를 줄인다.

지방 감소량을 측정할 때는 허리둘레와 함께 체성분 체중계로 체지방도 측정해야 한다. 락토바실루스 루테리가 옥시토신을 증가시키면 근육량도 늘어나기 때문이다. 지방은 줄어들지만 근육이 늘어나기 때문에, 사실상 체중은 늘어난다. 체지방을 측정할 수 있는 체중계를 통해 이 같은 사실을 확인할 수도 있고, 허리둘레를 측정하거나 거울을 보아도 알 수 있다. 체중감량보다 훨씬 좋은 체성분 개선이 일어나는 것이다.

근육량과 근력 향상

락토바실루스 루테리 요구르트, 하루 반 컵. 매일 콜라겐 가수분해물 10g과 크레아틴creatine 2~5g을 첨가해서 먹으면 좋다.

근육 손실을 막고 노화로 인한 허약함을 개선하는 효과도 있다. 최상의 효과를 얻으려면 옥시토신 촉진 효과를 가진 락토바실루스 루테리를 먹으면서 근력운동을 한다. 옥시토신 덕분에 근력운동 효과가 더 커질 것이다.

운동선수: 근력과 회복 속도를 높여라

락토바실루스 루테리+바실루스 코아귤런스 혼합배양 요구르트를 먹는다.

락토바실루스 루테리는 근력과 근육량을 높이고, 바실루스 코아굴런스는 격렬한 훈련이나 시합 후 생기는 근육 분해를 줄여서 회복 속도를 높인다.

혼합배양해서 락토바실루스 루테리의 수를 줄인 후 하루 반 컵씩 먹는다. 발효 온도가 더 높은 바실루스 코아굴런스를 위해 41 ℃에서 발효한다.

임신부: 핵심종 비피도박테리움 인펀티스를 아기에게 전달하라

비피도박테리움 인펀티스 요구르트, 하루 반 컵. 비피도박테리움 인펀티스는 아기가 모유에 든 올리고당을 소화하도록 돕는 핵심종이라는 사실을 잊지 말도록 한다. 이 미생물은 아기에게 더 나은 영양분을 제공하는 동시에 아기의 마이크로바이옴에 유익하고 다양한 세균종이 자라게 한다. 시판되는 프로바이오틱스 에비보에는 EVC001 균주가 들어 있어서 배변 활동을 줄여 주고 기저귀를 자주 갈지 않아도 된다), 급경련통을 감소시키며, 기저귀 발진을 줄이고, 수면 시간을 늘리며, 낮잠을 오래 자게 해 주고, 장기적으로는 천식과 자가면역질환 위험도를 낮추는 등 상당한 이점이 있다.

하지만 비피도박테리움 인펀티스를 어머니의 마이크로바이옴에 복구해서, 지금까지 하던 방식, 즉 자연분만과 모유수유로 아기에게 직접 이 유익한 세균 종을 전달하는 것은 어떨까? 다시 강조하는데,

우리는 시판 프로바이오틱스 제품 대신 세균 수가 훨씬 더 많은 비피도박테리움 인펀티스 요구르트를 만들 수 있다. (이 요구르트는 아기가 아니라 당신이 먹는 것이다. 물론 모유에 프로바이오틱스를 섞어 아기에게 비피도박테리움 인펀티스를 먹일 수도 있다.)

면역력 강화

락토바실루스 루테리+락토바실루스 카제이 시로타를 혼합배양한다. 매일 반 컵에서 한 컵 먹는다. 40~41℃에서 혼합 발효한다.

누구나 나이 들수록 면역반응이 급격하게 둔해지는 것을 느낀다. 70대 이상의 사람들이 인플루엔자나 폐렴구균 폐렴으로 사망하거나 암이 발생할 가능성이 커지는 이유다. (면역감시체계가 작동하지 않은 탓이다.) 이 두 미생물은 면역반응을 증진한다.

상쾌한 장 SIBO 요구르트

앞서 기존의 프로바이오틱스 제품이 얼마나 제멋대로 만들어지는지 설명했다. 시판 제품에 들어 있는 좋은 소장세균 과증식 지배종에 효과적으로 대응하는 등의 특별한 효과를 나타내기 때문에 선별된 것이 아니다.

그래서 우리는 소장세균 과증식 지배종에 대항하는 특성을 가진 종과 균주를 선별한다. 소장세균 과증식 종이 있는 소장에 서식하는 능력과, 소장세균 과증식 종에 효과적인 펩타이드 항생제인 박테리오신 생산 능력이 필요하다. 그다음에는 선별한 미생물을 발효시켜 수를 늘린 뒤, 만든 요구르트를 여러 주 동안 먹는다.

예비 조사 결과에 불과하지만, 이 프로그램을 따른 많은 사람이 요구르트를 먹고 호흡 속에 나타나는 비정상적인 수소 기체 농도가 줄어드는 것을 에어 측정기로 확인했다. 우리가 따른 프로그램은 다음과 같다.

락토바실루스 루테리 DSM17938+ATCC PTA 6475+락토바실루스 가세리 BNR17+바실루스 코아귤런스 GBI-30,6086 요구르트를 발효해서 매일 반 컵씩 먹었다. 이 특별한 혼합물은 위장관 상부에 서식하는 락토바실루스 루테리와 락토바실루스 가세리를, 박테리오신을 생산하는 세 균주와 혼합한 결과물이다. 지금까지는 대부분 사람이 혼합 요구르트에 반응을 보였다. 이 세 종과 균주는 같은 혼합물에서 발효해야 좋은 결과를 얻을 수 있다. 상쾌한 장 SIBO 요구르트 제조법은 '상쾌한 장 요리법'에 있다.

장을 해방하라

지금쯤 당신의 횡격막 아래에 숨은 엄청난 힘을 깨달았기를 바란다. 식사 후 배 속을 휘젓고 흐르며 우리를 성가시게 하는 이것들은 사실 우리의 젊음을 유지하고, 숙면을 돕고, 외모를 다듬어 주고, 세계 관을 긍정적으로 바꿔 주는 생산물을 만드는 공장이다. 차고의 불을 켰는데 이전에는 가 보지 못한 곳으로 데려다줄 수 있는, 반짝거리는 새 자동차를 발견한 것과 같다. 숙면을 하고 싶으면? 올바른 세균 종으로 요구르트를 만들어라. 근력과 성욕을 높이는 것은 어떨까? 요구르트 반 컵을 먹어라. 아기가 더 건강하고 밤에 푹 잘 수 있게 하려면? 요구르트를 먹어라. 비록 가게에서 살 수 없고 액상과당이나 카라기닌이 들어 있지는 않지만, 라즈베리와 치아시드를 얹으면 맛있게 먹을 수 있다.

건강한 마이크로바이옴을 재구축하고, 올바른 종과 균주를 첨가하기만 하면 엄청난 효과를 얻을 수 있는 치료 도구가 이제 당신의 손 안에 있다.

미생물이 정신을 지배한다

기분은 가게에서 쇼핑할 때 들리는 배경음악과 같다. 의식적인 자각 아래에 존재하지만 뇌 어딘가에서는 배경음악을 인지하고 있으며, 쇼핑에 영향을 미칠지도 모른다. 마찬가지로 기분도 우리의 감정, 타인에게 건넬 말, 오늘 하루의 만족도, 오늘 할 일에 색채를 부여한다. 우리가 기분의 영향력을 그다지 믿지 않는 것은 어쩌면 이 현상을 우리가 통제할 수 없다고 느끼기 때문일지도 모른다. 짜증스럽고 화난 상태라면, 타인과 상호작용할 때 영향을 미치지 않던가? 낙관적이거나 행복하다면 문제가 좀 더 가벼워 보이지 않던가? 불쾌감, 불행, 불만은 항우울제를 집어 들게 하고, 맥주를 더 많이 마시게 하며, 약을 많이 먹게 하고, 가까운 사람들에게 하지 말아야 할 말을 하게 만든다.

그렇다면 힘이 나고, 희망이 생기며, 자신감이 솟아나는 음악으로 가게에 흐르는 배경음악을 바꾸면 어떨까? 따분한 일상인 쇼핑이 모험으로 바뀔 것이다.

당신의 외모, 내적 독백, 타인과 나누는 대화뿐만 아니라, 하루를 두려움과 공포로 맞이할지 흥분과 기대감으로 기다릴지에 매일 몸 밖으로 배출되는 하찮은 미생물이 관여하고 있다면 어떨까?

거실 벽을 검은색으로 칠하고 모든 창문을 막아 버리면 어떤 기분이 들지 상상해 보자. 반대로 커다란 창문으로 햇빛이 들어오고, 잔디밭, 나무, 새, 하늘, 그리고 태양이 보이는 풍경이 있는 방을 상상해 보라. 두 방이 분명 다르지 않은가? 당연히 다르다. 방이 어둡든 밝든 당신은 같은 사람이지만, 당신이 느끼는 기분은 완전히 다르다. 미생물이 당신의 뇌에 영향을 주어 삶과 주변 환경, 주변 사람들을 긍정적으로, 혹은 부정적으로 생각하도록 조절하는 배경 정서와 감정도 마찬가지다.

그러니 이제 우리가 미생물 키우기 프로젝트에서 고려해야 할 점을 생각해 보자. 락토바실루스 루테리는 타인과 어울리고 싶은 욕망과 공감 능력을 회복해 준다. 락토바실루스 카제이는 주의력, 혹은 마음 챙김을 강화하고 스트레스를 완화해 준다. 락토바실루스 헬베티쿠스와 비피도박테리움 롱검은 불안을 줄이고 희망을 회복해 준다. 이는 시작에 지나지 않으며, 우리는 더 많은 것을 얻을 수 있다.

우리는 이미 우울, 불안, 그 외 정서 및 감정 장애의 약학적 '해결책'이 완벽히 실패했다는 사실을 알아차렸다. 항우울제에는 체중증가와 자살 충동에 관한 경고문이 따라붙고, 항불안제는 중독을 부르며, 강한 약은 돌이킬 수 없는 신경 손상으로 이어질 수 있다. 우리는 이런 약을 먹는 대신 음울한 기분을 밝게 바꾸고, 숙면을 이끌며, 문제를 더 가볍게 여기게 하고, 피부 주름을 옅어지게 하는 미생물로 요구르트를 만드는 이야기를 나누고 있다. 생각만 해도 행복해진다.

상쾌한 장 요리법

아마 당신은 여러 해 동안 수많은 요리책을 봐 왔을 테고, 그중 몇 가지 요리는 직접 해 봤을 것이다. 하지만 이런 요리법은 본 적이 없을 것이다.

우리는 다양한 세균을 키워서 경이로운 건강 혜택을 빠짐없이 누리고, 맛있는 음식을 먹으며 위장관을 점령한 괴물을 물리칠 것이다.

여기서 소개하는 요리법은 네 가지로 나뉜다.

1. **요구르트**: 선별한 세균 종과 균주를 엄청난 수로 증폭해 건강에 상당히 좋다.
2. **음료와 스무디**: 간식이나 식사 대용으로 스무디를 즐기며 프리바이오틱스 섬유소도 섭취할 수 있다.
3. **반찬과 양념, 주요리**: 장 마이크로바이옴 재구성을 도울 재료를 활용한 다양한 요리다. 장 점막을 두껍게 하고 보호 기능을 높이는 향신료가 들어간 향기로운 차, 황색포도상구균과 칸디다 알비칸스의 과증식을 억제하는 로즈메리를 첨가한 구운 요리가 있다.
4. **디저트**: 친구들과 어울리거나 휴일을 즐길 때, 자녀와 손자들을

기쁘게 해 줄 때, 설탕과 곡물 없어도 삶을 맛있고 즐겁게 만드는 방법을 알려 주는 요리다.

유제품을 먹는 독자라면, 유제품이 수용성은 가장 높고 문제는 가장 적은 발효 배양액이라는 사실을 알게 될 것이다. 우리는 다양한 발효 결과물을 '요구르트'라고 부르지만 사실 이것은 요구르트가 아니다. 미국식품의약국 규제에 따르면, '요구르트'라고 불리는 식품은 락토바실루스 불가리쿠스*Lactobacillus bulgaricus*와 스트렙토코쿠스 서모필러스*Streptococcus thermophilus*라는 별로 흥미롭지 않은 종들로만 발효해야 한다. 하지만 우리는 이 세균 종으로 발효하지 않는다. (이런 전통적인 미생물로 발효하는 것도 나쁘지 않지만, 다른 종과 균주로 더 흥미로운 결과를 성취할 수 있다고 본다.) 우리가 만든 것을 '요구르트'라고 부르긴 하지만, 우리의 독특한 발효식품은 별 볼 일 없는 효과를 내는 기존 요구르트보다 더 심오한 건강 혜택을 제공한다. 액상과당으로 단맛을 내고 카라기닌, 잔탄, 젤란으로 꾸덕꾸덕하게 만들어 빈약한 세균 수와 대사산물 양을 숨긴 채 유제품 코너에 예쁘게 전시된 시판 제품보다 영양 면에서도 몇 광년은 앞서 있다.

특별한 미생물을 선별하는 데 더해서, 발효 시간을 늘리고 프리바이오틱스 섬유소를 첨가해서 힘들게 일하는 세균에게 양분을 제공하는 방법으로 우리는 전통적인 요구르트 제조법을 강력하게 보완했다. 이런 부가적인 노력은 전통적인 요구르트에 든 수백만 마리의 세균 수를 수천억 마리로 늘린다. 보통은 세균 수가 많을수록 효과도 커진다. 나는 우리가 만든 요구르트 몇 가지를 자동화기기인 유세포 분석기가 있는 연구실에 보내 세균 수를 세어 보았다. 가장 최근에 락토바실루스 루테리 요구르트를 연구실에 보내 분석했는데, 1회 분량인 반컵에 미생물 2,620억 마리가 있었다. 시판 요구르트나 프로바이오틱스 보충제로 이 정도 세균 수를 섭취하는 것이 가능할까?

유제품에는 문제도 있다. 그중에서도 젖당, 베타카세인 A1, 유청단백질이 아마 가장 문제가 많다. 그러나 발효를 오래 하면 젖당을 젖산으로 최대한 많이 전환할 수 있어서 유해효과를 최소화한다. (요구르트에는 극소량의 젖당만 남게 되며, 최종 결과물은 젖산의 톡 쏘는 맛이다.) 또한 췌장에서 인슐린을 분비하도록 자극하는 유청단백질의 효과는, 유청을 버리거나 요구르트를 면포나 커피 필터로 4~6시간 동안 걸러 꾸덕꾸덕한 그리스식 요구르트로 만들면 최소화할 수 있다. (커다란 그릇에 올린 체에 면포나 커피 필터를 깔고 요구르트를 부은 뒤 뚜껑을 덮어 둔다. 유청이 천천히 요구르트에서 빠져나가 그릇으로 떨어지면 그릇에 담긴 유청은 버려도 되고, 미생물이 풍부하게 들어 있으므로 다음 요구르트를 만들 때 씨앗으로 삼아도 된다.) 전통적인 유제품에 과민증이 있다면 면역반응을 최소한으로 자극하는 베타카세인 A2 단백질을 생산하는 소에서 나온 A2 유제품을 활용할 수 있다. A2 유제품은 인간 모유와 성분이 똑같다. 또 A2 제품인 산양유나 양유를 선택하거나, 코코넛밀크처럼 유제품이 아닌 우유를 활용할 수도 있다. 살사와 후무스처럼 다양한 식품을 발효하는 요리법도 소개한다.

요구르트 제조법은 액상 유제품 1L를 사용한다. 유제품을 사용한다면 유기농 하프 앤 하프(크림 50%, 전유 50%)로 가장 좋은 요구르트를 만들 수 있다. (그렇다, 우리는 고지방 고칼로리 재료를 사용한다. 지방을 먹고 칼로리는 신경 쓰지 않는다. 아이러니하게도 지방은 유제품 성분 중 가장 자주 비난받지만, 유제품에서 가장 건강에 좋은 성분이다.) 전유도 좋지만 유청을 걸러야만 좋은 요구르트를 만들 수 있다. 헤비 크림[6]도 사용할 수 있지만 내가 만들어 본 결과로는 요구르트가 너무 뻑뻑해져서 거의 크림 치즈 같은 제형이 된다. 이런 제형을 선호하는 사람도 있으니, 어떤 것을 사용할지는 전적으로 선택에 달렸다. 어떤 제품으로 만들어도 좋지만 젤란검이나 잔탄검이 없는 제품을 골라야 한다. 이런 첨가물이 있으면 요구르트가 커드(고체)와 유청(액체)으로 쉽게 분리되기 때문이다.

우리가 원하는 특별한, 매우 뛰어난 효과를 나타낼 세균 종을 선별한 후에는 세균 수를 더 많이 늘리기 위해 프리바이오틱스 섬유소를 첨가한다. 그래야 최종 결과물인 요구르트의 점도와 풍부함이 향상된다. 프리바이오틱스 섬유소 공급원을 넣지 않고 발효해도 되지만, 점도가 더 낮은 데다 풍부하지 않으며 세균 수도 적어서 원하는 효과를 완벽하게 나타내지 못할 수도 있다. 비피도박테리움 종을 발효하는 것이 아니라면 이눌린 가루와 날감자 전분이 가장 효과가 좋다. 비피도박테리움 종은 이눌린보다 날감자 전분(포도당 분자 사슬)이나 수크로오스(설탕) 같은 당류를 공급원으로 더 '선호'하는 듯 보인

6   지방 함량이 36% 이상인 크림

다. 걱정할 것 없다. 각 발효 프로젝트마다 사용할 프리바이오틱스 섬유소 공급원도 적어 놓았다.

세균 종마다 제각각인 요구르트 배양 온도를 유지할 방법도 필요하다. 예를 들어 락토바실루스 루테리는 인간 체온인 36~37.7℃에서 가장 잘 자라지만(세균 증식속도가 이 온도에서 극대화한다), 바실루스 코아굴런스는 더 높은 온도인 46~50℃를 '선호'한다. 따라서 온도와 발효 시간을 모두 조절할 수 있는 요구르트제조기를 사야 한다. 수비드 기기(수조형이나 스틱형이 있고, 원래는 육류를 천천히 익힐 때 사용한다), 요구르트제조기, 혹은 저온으로 설정할 수 있는 인스턴트 팟 신제품이면 충분하다.

발효 프로젝트에 겁먹을 필요는 없다. 모든 것을 다 해야 한다고 부담 가질 필요도 없다. 레스토랑에 갔을 때, 메뉴에 있는 전채 요리와 주요리, 디저트를 전부 주문하지 않는 것과 같다. 원하는 요리만 주문하면 된다. 마찬가지로 앞으로 소개하는 요구르트 제조법을 메뉴라고 생각하고, 원하는 효과를 가진 세균 종과 균주를 선택하라. 요구르트마다 사야 할 종과 균주가 다르지만, 씨앗이 될 미생물은 한 번만 사면 된다. 다음에 발효하는 요구르트는 처음 만든 요구르트를 1~2큰술 넣으면 되기 때문이다. 요구르트 대신 유청 액체나 고체 커드, 혹은 둘 모두를 씨앗으로 넣을 수도 있다.

실험에 부담 갖지 말라. 이 프로그램을 따르는 사람들은 종종 이 식품들을 먹은 후 기대하지 않았던 새롭고 독특한 효과가 나타났다고 알려 온다. 락토바실루스 카제이 시로타 요구르트를 먹은 후 의식이 명료해졌다는 사람도 있고, 락토바실루스 가세리 BNR17 요구르트를 먹고 근력이 향상했다는 사람도 있다. 비피도박테리움 롱검 BB536 요구르트를 먹고 강박행동이 완화됐다는 사람도 있었다. 각각의 발효 식품을 먹은 후 반응이 다양할 수 있으므로, 새 요구르트를 먹어 보고 새로운 효과를 직접 알아보는 것도 좋다.

처음 만든 요구르트가 커드(고체)와 유청(물 같은 액체)으로 분리되어도 낙담할 필요는 없다. 처음 만들 때 흔히 겪는 문제다. 계속 만들다 보면 요구르트는 점점 더 풍부해지고 점도도 높아진다. 한번 꾸덕꾸덕하고 크림 같은 요구르트를 만들고 나면, 딸기나 약간의 치아시드, 스테비아 같은 무칼로리 감미료를 조금 뿌려서 포만감이 큰 요구르트를 맛있게 먹는다.

◆ 상쾌한 장 요구르트 제조법 ◆

이 독특한 제조법으로, 기적 같은 효능을 나타내지만 부작용은 없는 식품을 만들어 보자. 노화를 되돌리고 정서를 풍부하게 하며, 운동선수의 신체 기능과 학생·사업가의 정신 능력을 향상할 것이다. 이 식품을 '요구르트'라고 부르는 것은 롤스로이스를 고카트(뚜껑 없는 스포츠카)라고 부르는 것이나 다름없다. 공정한 비교가 아니라는 뜻이다. 이 식품은 미국식품의약국이 정의하는 요구르트의 조건을 충족하지 못하지만, 요구르트처럼 보이며 요구르트 맛이 난다. 이 제조법으로 우리는 세련된 음식을 즐기면서 꿈꾸던 건강을 얻을 것이다.

최대 효과를 얻으려면 단일 배양 요구르트나 발효식품을 만든다. 한 종이나 한 균주만으로 발효해야 1회 섭취량인 반 컵에 수천억 마리 정도로 세균 수가 많아지기 때문이다. 효과를 조금 줄여도 괜찮거나 어린이·청소년이 먹을 락토바실루스 루테리 요구르트라면, 세균 종과 균주가 완전한 효과를 내지 않도록 혼합배양 요구르트를 만든다. 여러 세균 종과 균주를 섞어서 한꺼번에 발효하는 것이다. 이런 식으로 생각하면 된다. 정원에 토마토만 심으면, 정원에 물과 비료를 주었을 때 엄청난 양의 토마토가 열릴 것이다. 그러나 토마토와 주키니 호박, 오이, 호박, 가지를 심으면 토마토 수확량은 줄어든다. 세균도 먹이를 두고 경쟁할 때 정확하게 똑같이 행동한다. 우리가 만든 요구르트를 유세포 분석기로 측정했을 때 1회 섭취량인 반 컵당 세균 수가 2,000억 마리 이상 나왔으므로 두 종, 세 종, 혹은 네 종까지 함께 배양해도 충분하다. 반 컵당 각 세균 종의 수는 600~800억 마리로 줄겠지만, 전체 세균 수는 여전히 매우 많을 것이다.

각 요구르트의 첫 번째 발효는 세균 공급원을 이용한다. 예를 들어 락토바실루스 루테리 요구르트를 만들려면 세균 공급원인 프로바이오틱스 알약을 가루로 부숴서 넣고, 두 번째 요구르트부터는 첫 번째 요구르트의 커드(고체)나 유청(액체), 혹은 둘을 섞어서 2큰술 보관해 놓았다가 세균 공급원으로 넣는다. 다음 요구르트를 만들 때 미생물 공급원인 알약이나 캡슐을 재첨가할 수 있지만 보통은 그럴 필요가 없다. 세균의 증식력은 경이로울 정도라, 굳이 세균을 더 넣지 않더라도 알아서 잘 증식한다.

유제품 의존도를 줄이고 싶거나 속도를 조절하고 싶다면, 뒤에 소개한 발효 배양액의 대체물 목록을 살펴보도록 한다.

락토바실루스 루테리 요구르트

락토바실루스 루테리 요구르트는 극적인 건강 효과를 보여 주는 요구르트다. 피부가 부드러워지고 촉촉해지며(피지 증가), 피부층의 콜라겐이 증가하고(주름 감소), 치유 속도가 빨라지며, 근육이 젊어지는 등 전체적으로 노화를 되돌리는 효과를 나타낸다. 이 요구르트는 옥시토신을 늘려 공감 능력을 높이고, 위장관 상부에서 소장세균 과증식이나 소장진균 과증식의 재발을 막는다. 임신부라면 단일 배양보다는 락토바실루스 루테리 혼합배양 요구르트를 추천한다. 혼합배양 요구르트는 세균 수가 조금 적다.

락토바실루스 루테리는 내가 첫 번째로 발효했던 프로바이오틱스 종이다. 재미있는 사실 한 가지를 이야기하자면, 내가 개스트러스 제품을 세균 공급원으로 락토바실루스 루테리 요구르트를 만들겠다고 했을 때, 제조업체는 그 제품으로는 요구르트를 만들 수 없다고 주장했다. 하지만 내가 요구르트를 수십 통(그때는 수십 통이었지만, 지금은 수백 통에 이른다) 만든 데다 점도도 높고 풍부하다고 하자 제조업자들은 충격을 받았다. (물론 기존 요구르트 제조법은 보통 4시간 발효과정을 거쳐서 물 같은 결과물이 나오므로 점도를 높이는 첨가물을 반드시 넣어야 한다는 차이점이 있다. 반면 나는 프리바이오틱스 섬유소를 넣고 36시간 발효해서 세균 수를 늘렸으니 그들이 놀란 것도 당연하다.) 개스트러스 제품에는 락토바실루스 루테리 균주인 DSM 17938과 ATCC PTA 6475가 들어 있으며, 이들은 앞서 설명한 특별한 건강 효과를 나타낸다. 같은 브랜드에서 오스포티스 제품도 판매하는데, 이 제품에는 6475 균주만 들어 있지만 캡슐당 50억 CFU로 세균 수는 더 많다. 두 균주를 혼합했을 때는 6475 균주가 대부분의 혜택을 제공하는 듯하다. 오스포티스를 씨앗 균주로 사용한다면 요구르트 발효에는 캡슐 하나면 충분하다.

임신부의 자궁에 있는 옥시토신 수용기는 출산할 때까지 급격하게 증가하므로, 임신부는 완전한 효과를 나타내는 요구르트는 먹지 말아야 한다. 락토바실루스 루테리의 혜택을 얻고 싶다면, 사라진 이 미생물을 복구하는 혼합배양 요구르트가 더 안전하다.

락토바실루스 루테리만 단일 발효할 때는 이 세균이 사람 체온을 선호한다는 사실을 염두에 둔다. 더 높은 온도를 '선호'하는, 예를 들어 46~50℃를 선호하는 바실루스 코아귤런스 같은 다른 종과 혼합배양할 때는 41℃에서 발효한다. 바실루스 코아귤런스에 이상적인 온도는 아니지만 42~43℃ 이상으로 온도가 높아지면 락토바실루스 루테리가 죽기 때문이다. 생명체는 적응하기 마련이다.

개스트러스 제품 알약 10정 부순 것(혹은 오스포티스 제품 캡슐 1개의 내용물)
프리바이오틱스 섬유소(이눌린 혹은 날감자 전분) 2큰술
유기농 하프 앤 하프나 다른 배양액 1L

1. 개스트러스 10정을 비닐 백에 넣고 무거운 병이나 유리잔, 밀대로 두드려 가루로 부순다.
2. 캡슐 제품은 캡슐을 열고 볼에 넣는다.
3. 중간 혹은 큰 볼에 프로바이오틱스, 프리바이오틱스 섬유소, 유기농 하프 앤 하프 2큰술을 넣는다.
4. 프리바이오틱스 섬유소가 덩어리지지 않고 잘 섞일 때까지 젓는다.
5. 남은 하프 앤 하프를 모두 붓고 섞는다. 랩으로 가볍게 덮고 발효기에 넣은 뒤, 37°C에서 36시간 발효한다.
6. 다음에 만들 요구르트 종자로 쓰기 위해 커드나 유청을 2큰술 보관한다.

바실루스 코아굴런스 요구르트

GBI-30,6086 균주는 염증을 줄이고, 관절염 통증을 감소시키며, 과민대장증후군 증상을 완화하고, 격렬한 운동 후 근육을 빠르게 회복시킨다. 맛있고 부드러우며 락토바실루스 루테리 요구르트보다 시큼한 맛이 덜하다. 먹어 본 요구르트 중에 가장 맛있다는 사람이 많았다.

바실루스 코아굴런스 GBI-30,6086 캡슐 1개
프리바이오틱스 섬유소(이눌린 혹은 날감자 전분) 2큰술
유기농 하프 앤 하프나 다른 배양액 1L

1. 중간 혹은 큰 볼에 프로바이오틱스 캡슐 1개의 내용물, 프리바이오틱스 섬유소, 유기농 하프 앤 하프 2큰술을 넣는다.
2. 프리바이오틱스 섬유소가 덩어리지지 않고 잘 섞일 때까지 젓는다.
3. 남은 하프 앤 하프를 모두 붓고 섞는다. 랩으로 가볍게 덮고 발효기에 넣은 뒤, 46~50°C에서 36시간 발효한다.

4. 다음에 만들 요구르트 종자로 쓰기 위해 커드나 유청을 2큰술 보관한다.

락토바실루스 가세리 요구르트

락토바실루스 가세리 BNR17 균주는 90일 동안 꾸준히 먹으면 식단이나 운동에 변화를 주지 않아도 허리둘레를 2.5cm가량 줄인다. 과민대장증후군 증상을 완화하고, 혈액과 소변의 옥살산염 농도를 낮추어 신장결석으로 이어질 위험을 줄이며, 박테리오신을 활발하게 생산하는 특성 덕분에 소장세균 과증식이나 소장진균 과증식의 재발을 막을 수단이 되기도 한다.

락토바실루스 가세리 BNR17 캡슐 1개
당류(설탕)나 프리바이오틱스 섬유소(날감자 전분) 2큰술
유기농 하프 앤 하프나 다른 배양액 1L

1. 중간 혹은 큰 볼에 프로바이오틱스 캡슐 1개의 내용물, 설탕이나 프리바이오틱스 섬유소, 유기농 하프 앤 하프 2큰술을 넣는다.
2. 설탕이 확실하게 녹고 프리바이오틱스 섬유소가 덩어리지지 않고 잘 섞일 때까지 젓는다. 남은 하프 앤 하프를 모두 붓고 섞는다.
3. 랩으로 가볍게 덮고 발효기에 넣은 뒤, 42°C에서 36시간 발효한다.
4. 다음에 만들 요구르트 종자로 쓰기 위해 커드나 유청을 2큰술 보관한다.

락토바실루스 카제이 시로타 요구르트

락토바실루스 카제이 종인 이 균주는 독특한 면역계 촉진 효과가 있는데, 특히 바이러스성 호흡기질환에 효과적이다. 인간 대상 임상 시험을 세 번 거친 결과, 이 미생물을 매일 1,000억 CFU씩 먹으면 바이러스성 질병에 걸릴 위험이 50% 감소하고, 바이러스성 질병에 걸리더라도 질병에 걸린 기간을 50% 단축한다는 사실이 입증됐다. 이 효과는 세균 수가 많아야 나타나는 것으로 추정되는데, 시판 제품(야쿠르트라는 제품으로 판매한다)에는 한 병당 65억 CFU만 들어 있다. 우리는 프리바이오틱스 섬유소를 첨가하고 오래 발효해서 많은 세균 수를 얻는 독특한 발효법으로 이 효과를 누릴 수 있다. (원제품에 들어 있는 당류와 탈지유 성분은 발효하면서 사라진다.)

야쿠르트 제품 65ml 1병
프리바이오틱스 섬유소(이눌린 혹은 날감자 전분) 2큰술
유기농 하프 앤 하프나 다른 배양액 1L

1. 중간 혹은 큰 볼에 야쿠르트, 프리바이오틱스 섬유소, 유기농 하프 앤 하프 2큰술을 넣는다.
2. 프리바이오틱스 섬유소가 덩어리지지 않고 잘 섞일 때까지 젓는다.
3. 남은 하프 앤 하프를 모두 붓고 섞는다. 랩으로 가볍게 덮고 발효기에 넣은 뒤, 42°C에서 36시간 발효한다.

비피도박테리움 인펀티스 요구르트

비피도박테리움 인펀티스 종을 잃어버린 수많은 어머니로부터 이 미생물을 전달받지 못한 신생아는 성장과 장기적인 건강에서 불리하다. 프로바이오틱스를 먹여서 이 종을 아기에게 복구하면 배변 활동이 줄어들고(기저귀를 자주 갈지 않아도 된다), 배앓이가 감소하며, 습진과 기저귀 발진도 줄고, 더 깊이 잠들고, 어린이가 되었을 때 천식, 1형당뇨병, 그 외 자가면역질환 위험이 낮아진다.

그러나 아기에게 프로바이오틱스를 먹이는 것보다 더 나은 전략이 있다. 바로 비피도박테리움 인펀티스 EVC001 균주로 요구르트를 만들어서 임신부가 먹은 뒤, 자연분만이나 모유수유로 아기에게 전해 주는 것이다. 어머니들이 출산 전에 비피도박테리움 인펀티스를 복구해서 마이크로바이옴의 다양성을 넓힌 뒤, 아기에게 전달한다는 맥락에서 장점이 있다. 요구르트는 한 번 만들 1회 분량만 사면 계속 증식시킬 수 있어서 비용도 더 적게 든다. (이 미생물의 공급원인 에비보 제품은 캡슐이 아니라 1회 용량씩 종이봉투에 들어 있다.) 물론 아기도 비피도박테리움 인펀티스를 확실히 얻도록 프로바이오틱스를 먹을 수 있다.

비피도박테리움 인펀티스는 증식속도가 느리므로 발효 시간을 36~40시간으로 늘린다. 또 비피도박테리움 인펀티스는 이눌린을 대사하지 못하므로 이눌린을 프리바이오틱스 섬유소로 제공하면 발효가 활발하지 않다. 따라서 날감자 전분이나 설탕을 넣어야 한다.

에비보 비피도박테리움 인펀티스 EVC001(80억 CFU) 1봉지
당류(설탕)나 프리바이오틱스 섬유소(날감자 전분) 2큰술
유기농 하프 앤 하프나 다른 배양액 1L

1. 중간 혹은 큰 볼에 에비보 1봉지, 설탕이나 프리바이오틱스 섬유소,
   유기농 하프 앤 하프 2큰술을 넣는다.
2. 설탕이 확실하게 녹고 프리바이오틱스 섬유소가 덩어리지지 않고 잘 섞일
   때까지 젓는다.
3. 남은 하프 앤 하프를 모두 붓고 섞는다. 랩으로 가볍게 덮고 발효기에 넣은
   뒤, 37°C에서 36~40시간 발효한다.
4. 다음에 만들 요구르트 종자로 쓰기 위해 커드나 유청을 2큰술 보관한다.

락토바실루스 헬베티쿠스와 비피도박테리움 롱검 요구르트

이 두 종의 조합은 불안을 줄이고 기분을 북돋우며, 우울증 회복에 도움이 된다고 입증되었다. 이번에도 미생물을 오래 발효하고 프리바이오틱스 섬유소를 넣어 더 많은 수의 세균을 만들어서 크고 빠른 효과를 얻는다. 이 조합은 다른 종보다 증식속도가 조금 느리므로, 37°C에서 36~40시간 발효한다. 모두가 기분이 좋아지지는 않지만, 효과를 느끼는 사람은 기분이 북돋워지는 것을 뚜렷하게 알 수 있다.

무드 프로바이오틱스 제품 캡슐 1개
당류(설탕)나 프리바이오틱스 섬유소(날감자 전분) 2큰술
유기농 하프 앤 하프나 다른 배양액 1L

1. 중간 혹은 큰 볼에 무드 프로바이오틱스 캡슐 1개의 내용물을 넣는다. 설탕이나 프리바이오틱스 섬유소, 유기농 하프 앤 하프 2큰술을 넣는다.
2. 설탕이나 프리바이오틱스 섬유소가 덩어리지지 않고 잘 섞일 때까지 젓다가, 남은 하프 앤 하프를 모두 붓고 섞는다.
3. 랩으로 가볍게 덮고 발효기에 넣은 뒤, 37°C에서 36~40시간 발효한다.
4. 다음에 만들 요구르트 종자로 쓰기 위해 커드나 유청을 2큰술 보관한다.

혼합배양 락토바실루스 루테리 요구르트

어린이나 임신부처럼 옥시토신을 고농도로 높이지 않으려는 사람들을 위한 요구르트로, 락토바실루스 루테리와 다른 종을 함께 발효한다. 누구나 락토바실루스 루테리의 장 서식에 따른 건강 효과를 누려야 하며, 태어날 때 어머니에게 받아야 했다. 하지만 그러지 못한 경우, 이 혼합배양 요구르트가 락토바실루스 루테리를 온화한 방법으로 복구해 준다. 이 핵심종은 위장관 상부에 서식하며 치유 능력을 강화하고 옥시토신 농도를 높여 더 큰 공감력을 누리게 한다.

이전에 만든 락토바실루스 루테리 요구르트 2큰술이나 락토바실루스 루테리 프로바이오틱스 10정을 부순 가루로 시작한다. 여기에 살아 있는 미생물이 든 시판 요구르트나 다른 균주를 2큰술 넣는다. '위' 브랜드에서 나오는 요구르트가 락토바실루스 불가리쿠스와 스트렙토코쿠스 서모필러스만 들어 있어서 적당하다. 이 두 종을 락토바실루스 루테리와 함께 배양하면 아주 맛있는 데다 시큼한 맛은 없는 요구르트가 만들어져 아이들도 좋아한다. 다른 요구르트 시판 제품에는 다른 균주가 더 들어 있으며, 여러 세균이 섞이면 맛에서 미묘한 차이가 생길 수 있다. 다른 대안으로, 락토바실루스 루테리에다 직접 발효한 다른 요구르트 2큰술이나 해당 세균 종 공급원(바실루스 코아귤런스나 비피도박테리움 인펀티스 캡슐 하나)을 하나 이상 골라 넣고 혼합배양 요구르트를 만들 수 있다.

락토바실루스 루테리 요구르트 2큰술, 혹은 개스트러스 10정 부순 것
살아 있는 미생물이 든 시판 요구르트 제품 2큰술, 혹은 직접 만든 다른 요구르트 각각 2큰술, 혹은 다른 세균 종 공급원 캡슐 1개
프리바이오틱스 섬유소(이눌린 혹은 날감자 전분) 2큰술
유기농 하프 앤 하프나 다른 배양액 1L

1. 중간 혹은 큰 볼에 락토바실루스 루테리 요구르트 2큰술, 살아 있는 다른 미생물 요구르트 각각 2큰술(혹은 캡슐 내용물), 프리바이오틱스 섬유소, 유기농 하프 앤 하프 2큰술을 넣는다.
2. 프리바이오틱스 섬유소가 덩어리지지 않고 잘 섞일 때까지 젓는다.
3. 남은 하프 앤 하프를 모두 붓고 섞는다.
4. 랩으로 가볍게 덮고 발효기에 넣은 뒤, 41°C에서 36시간 발효한다.
5. 다음에 만들 요구르트 종자로 쓰기 위해 커드나 유청을 2큰술 보관한다.

강력한 효능의 프로바이오틱스 요구르트

시판 프로바이오틱스나 시판 케피어 제품으로 고효능 프로바이오틱스 요구르트를 만든다. 비용을 절약하면서 세균 수를 엄청나게 늘려, 상업적으로 생산한 고효능 프로바이오틱스 제품의 모든 혜택을

누릴 수 있다. 내가 사용한 케피어 시판 제품들은 각각 4달러 정도였다. 케피어 시판 제품 2큰술로 프로바이오틱스를 수개월 동안 만들 수 있어서 비싼 프로바이오틱스 제품을 사는 비용이 크게 절약된다.

하나 이상의 세균 종이 최소한 20억 CFU가 든 프로바이오틱스 캡슐 혹은 세균을 10종 이상 함유한 케피어 시판 제품 2큰술을 사용한다. 다른 세균 종을 포함한 다른 브랜드의 케피어를 섞어서 발효하는 세균 종 수를 늘릴 수도 있다.

프로바이오틱스 캡슐 1개, 혹은 케피어 2큰술(여러 케피어를 섞으려면 각 제품을 2큰술씩 섞는다)
당류(설탕)나 프리바이오틱스 섬유소(이눌린 혹은 날감자 전분) 2큰술
유기농 하프 앤 하프나 다른 배양액 1L

1. 중간 크기의 볼에 프로바이오틱스 캡슐의 내용물을 넣고, 설탕이나 프리바이오틱스 섬유소, 유기농 하프 앤 하프 2큰술을 넣는다.
2. 설탕이나 프리바이오틱스 섬유소가 덩어리지지 않고 잘 섞일 때까지 젓는다. 남은 하프 앤 하프를 모두 붓고 섞는다.
3. 랩으로 가볍게 덮고 발효기에 넣은 뒤, 41℃에서 36시간 발효한다.
4. 다음에 만들 요구르트 종자로 쓰기 위해 커드나 유청을 2큰술 보관한다.
5. 완성된 요구르트는 본래의 케피어보다 점도가 높고 발효 시간이 길어서 농도가 요구르트와 더 비슷하며, 밀도가 낮아서 마실 수 있는 보통의 케피어와는 다르다.

상쾌한 장 SIBO 요구르트

우리 팀은 병원체(수소와 메테인을 생성하는 다양한 종)에 대항하는 긍정적인 효과를 가진 프로바이오틱스 종과 균주를 주의 깊게 선별해서 소장세균 과증식을 물리치는 데 활용할 수 있을지 탐색하고 있다. 예를 들어, 위장관 상부에 서식하며 박테리오신을 생산하는 종과 균주를 선별하면 이 종들이 소장세균 과증식 지배종을 억제할 수 있었다. 지금은 프리바이오틱스 섬유소 검사로 호흡 속 기체 농도를 측정해서 소장세균 과증식 박멸 프로그램이 성공했는지 실패했는지 추적할 수 있다.

우리가 엄선한 요구르트 실험 결과는 예비 결과이긴 하지만, 소장세균 과증식과 관련한 증상들을 치료할 때 식물 유래 항생제나 기존 항생제를 사용하는 데 불안감을 느낄 사람들을 위해 이 전략을 공유한다. 성공 사례가 점점 더 많아지고 있기 때문이다.

상쾌한 장 SIBO 요구르트를 만드는 세 종을 각각 따로 발효하기보다는 항소장세균 과증식 프로바이오틱스 혼합물을 만들기 위해 함께 발효했다. 이 과정은 락토바실루스 가세리 종의 수가 너무 많아지지 않게 한다. 예비 결과에 따르면 이 종은 효능이 상당히 강력해서 지나친 사망 반응을 일으키기 때문에 이를 예방하려는 것이다.

이 요구르트를 만들려면 원래의 세균 종 공급원이나 각각의 종으로 만든 요구르트 1~2큰술, 혹은 미리 만들었던 상쾌한 장 SIBO 요구르트 2큰술을 보관해 두었다가 사용하면 된다.

바이오가이아 개스트러스 10정 부순 것(총 20억 CFU), 혹은 락토바실루스 루테리 요구르트(커드나 유청) 2큰술

락토바실루스 가세리 BNR17(100억 CFU) 캡슐 1개, 혹은 락토바실루스 가세리 요구르트(커드나 유청) 2큰술

바실루스 코아굴런스 GBI-30,6086(20억 CFU) 캡슐 1개, 혹은 바실루스 코아굴런스 요구르트(커드나 유청) 2큰술

프리바이오틱스 섬유소(이눌린 혹은 날감자 전분) 2큰술

유기농 하프 앤 하프나 다른 배양액 1L

1. 중간 크기의 볼에 프로바이오틱스 공급원들, 프리바이오틱스 섬유소, 유기농 하프 앤 하프 2큰술을 넣는다.
2. 프리바이오틱스 섬유소가 덩어리지지 않고 잘 섞일 때까지 젓다가, 남은 하프 앤 하프를 모두 붓고 섞는다.
3. 랩으로 가볍게 덮고 발효기에 넣은 뒤, 41℃에서 36시간 발효한다.
4. 다음에 만들 요구르트 종자로 쓰기 위해 커드나 유청을 2큰술 보관한다.

유제품 외에 발효할 수 있는 식품은 무엇이 있을까?

우리가 요구르트를 만들 때 사용하는 지연 발효법은 유제품에 든 문제 성분을 최소화한다. 그런데도 많은 사람이 유제품을 먹지 않거나 섭취량을 최소한으로 줄이려 한다. 다행스럽게도 발효에 적합한 식품은 유제품 외에도 많다.

당이 풍부하지만 발효과정에서 세균이 당류를 섭취하는 망고나 바나나 같은 식품으로 시작해 볼 수 있다. 특히 48~72시간(유제품 발효보다 더 길다)을 발효하는 지연 발효법에서는 당류가 더 많이 소비된다.

오랜 발효는 당류를 급격하게 줄일 뿐 아니라 세균 수도 기하급수적으로 늘린다. 대부분의 발효 재료는 살 수도 있고, 직접 만들 수도 있다. 예컨대 발효 살사는 가게에서 산 살사로도, 집에서 푸드 프로세서나 야채 다지기로 직접 만든 살사로도 만들 수 있다. 시판 제품을 사서 시작한다면 첨가물, 유화제 등 원치 않는 성분이 들어 있는지 반드시 확인한다. 식품 첨가물은 몸에 좋지 않은 데다 나아가 발효과정을 억제하거나 변형시킨다.

유제품 발효처럼, 어떤 세균 종을 선택할지는 원하는 효능이 무엇인지에 달려 있다. 바실루스 코아귤런스 프로바이오틱스 캡슐이나 이미 만든 발효 요구르트의 유청으로 발효를 시작할 수 있다.

코코넛밀크

코코넛과 물만 함유하는, 캔에 든 코코넛밀크를 산다(팩에 든 밀도 낮은 제품은 피한다). 구아검은 괜찮지만, 잔탄검이나 젤란검 같은 첨가물은 발효과정에서 크림을 분리하므로 이런 점도 증진제나 유화제가 없는 제품을 고른다. 코코넛 크림이라고도 부르는 코코넛밀크는 물과 기름으로 분리되는 경향이 있으므로 균일한 결과물을 만들려면 몇 가지 단계가 더 필요하다. 이미 저온살균이나 고온살균 처리가 되어 있어서 가열하지 않는 유제품과 달리, 코코넛밀크는 미리 따뜻하게 데워야 한다. 코코넛밀크가 분리되는 것을 막으려면 프리바이오틱스 섬유소와 점도 증진제인 구아검을 활용하는 것이 핵심이다. 이 제조법에 설탕이 들어 있다고 놀랄 필요는 없다. 미생물이 설탕을 섭취하기 때문에 발효가 끝날 때는 거의 남아 있지 않을 것이다.

아래는 락토바실루스 루테리로 코코넛밀크 요구르트를 만드는 과정이다. 만약 다른 종이나 혼합배양물을 사용한다면 해당 균주로 유제품 요구르트를 만드는 제조법에 명시된 온도로 발효한다. 또한 코코넛밀크 요구르트는 48시간 발효해야 점도 높고 풍부한 요구르트가 만들어진다는 점을 명심한다.

세균을 넣기 전에 재료를 먼저 섞어야 한다는 점도 잊지 말도록 한다. 섞는 과정에서 미생물이 죽을 수 있기 때문이다. 따라서 미생물은 발효 직전 마지막 단계에서 첨가한다.

코코넛밀크 1캔(383g)
구아검 3/4작은술
설탕 2큰술
날감자 전분 1큰술
락토바실루스 루테리 요구르트(커드나 유청) 1~2큰술, 혹은
개스트러스 10정 부순 것

1. 중간 혹은 작은 크기의 냄비에 코코넛밀크를 넣고 중간 불로 82℃까지,
   혹은 끓기 시작할 때까지 가열한다.
2. 불에서 내려 5분간 식힌다.
3. 구아검, 설탕, 날감자 전분을 식힌 코코넛밀크에 넣고 분쇄기로
   헤비 크림 정도의 점도가 될 때까지 1분 이상 섞는다.
4. 혼합물이 37℃(혹은 실온)가 될 때까지 식힌 다음,
   락토바실루스 루테리 요구르트를 섞는다.
5. 37℃에서 48시간 발효한다.

후무스

병아리콩과 참깨 소스인 타히니를 퓌레로 만든 후무스는 훌륭한 발효 배양액이다. 발효한 후무스는 치즈 향과 맛이 난다. 샌드위치에 발라 먹거나 히카마 등 채소를 찍어 먹는 딥소스로 활용할 수 있다. 후무스는 발효하기 전에 물로 희석해야 한다. 후무스 1컵마다 물을 반 컵씩 넣는다. 발효 온도는 미생물에 따라 달라지며, 유제품을 배양액으로 한 제조법과 같은 온도에서 48시간 발효한다.

살사

살사는 발효하면 가벼운 거품이 생긴다. 살사 베르데도 발효하기 좋다. 48~72시간 발효한다. 발효 온도는 미생물에 따라 달라지며, 유제품을 배양액으로 한 제조법과 같은 온도에서 발효한다.

과일 퓌레와 고구마 퓌레

딸기, 블루베리, 라즈베리, 블랙베리, 바나나, 망고, 복숭아는 퓌레로 만들어 선택한 미생물 종으로 발효할 수 있다. 이미 퓌레로 만들어진 시판 제품을 사용할 수도 있지만 설탕이 없는 제품을 골라야 한다. 과일에 들어 있는 천연 당류만으로도 발효하기에 충분하고도 넘치기 때문이다.

퓌레는 최소한 72시간 발효해서 당류를 최대한 줄여야 한다. 시판 이유식 제품 중에서는 당근 퓌레를 발효할 수 있으며, 비피도박테리움 인펀티스 EVC001 균주를 발효하는 데 매우 적합하다. 고구마 퓌레도 특히 발효에 적합한 식품이다. 발효 온도는 미생물에 따라 달라지며, 유제품을 발효한 제조법과 같은 온도에서 발효한다.

◆ 스무디와 음료 ◆

딸기 당근 민들레 잎 프리바이오틱스 스무디

맛있는 스무디에 든 바나나, 민들레 잎, 당근은 프리바이오틱스 섬유소를 매일 섭취하도록 돕는다. 여기에 이눌린이나 아카시아 섬유소를 1작은술 넣으면 더 많은 프리바이오틱스 섬유소를 섭취할 수 있다.

초록색 바나나 중간 크기 1개, 혹은 껍질 벗긴 흰 날감자 중간 크기 1개
신선한 민들레 잎 1컵
중간 크기 당근 1개 굵게 저민 것
냉동 딸기 혹은 생딸기 1/2컵
물 1컵
설탕 1큰술에 해당하는 감미료
이눌린 가루나 아카시아 섬유소 1작은술(선택)

1. 초록색 바나나를 넣는다면 껍질을 벗기고 굵게 썬다(바나나를 길게 반으로 갈라 숟가락으로 과육을 떠내면 쉽다).
2. 감자를 넣는다면 굵게 다진다. 분쇄기에 바나나나 감자를 넣고, 민들레 잎, 당근, 딸기, 물, 감미료, 프리바이오틱스 섬유소(선택)를 차례로 넣는다.

3. 액체가 될 때까지 잘 섞는다.

4. 즉시 먹는다.

말차 딸기 키라임 스무디

찻잎을 물에 우려내는 일반적인 녹차와 달리, 말차는 찻잎을 곱게 가루내기해 물에 갠 차다. 실제 잎을 먹게 되므로 말차는 녹차 폴리페놀이 농축된 공급원이며, 폴리페놀은 장 점액 단백질의 교차결합을 유도한다. 특히 장 염증 장애를 진단받았다면 도움이 된다. 물론 이 스무디를 즐기기 위해 궤양성결장염에 걸릴 필요는 없다. 녹차에 든 카테킨에서 나오는 약간의 체중감량 효과도 누릴 수 있다. 바나나에 들어 있을 탄수화물은 당연히 걱정할 필요 없다. 익지 않은 초록색 바나나는 탄수화물은 0인 대신 프리바이오틱스 섬유소가 풍부하기 때문이다.

물 1컵

키라임 주스(병 제품이나 생것의 즙을 짠 것) 2큰술

익지 않은 초록색 바나나 1개 굵게 다진 것

설탕 1큰술에 해당하는 감미료

냉동 딸기 혹은 생딸기 3~4개

말차 가루 1작은술

이눌린 가루나 아카시아 섬유소 1작은술(선택)

1. 분쇄기에 물, 키라임 주스, 바나나, 감미료, 딸기, 말차 가루, 프리바이오틱스 섬유소(선택)를 넣고 잘 섞는다.

2. 그대로 혹은 얼음을 넣어 마신다.

생강 쿠키 스무디

여기, 장 속 진균 수를 줄이는 데 활용하는 에센셜오일을 생강 쿠키 스무디로 위장해서 먹는 방법이 있다. 에센셜오일을 처음 먹을 때는 계피와 정향 에센셜오일을 최소량인 1~2방울만 사용해야 한다는 점을 잊지 않는다. 여러 주에 걸쳐서 최대량인 5~6방울까지 늘릴 수 있다.

물 1컵
계핏가루 1작은술
생강가루 1/2작은술
계피 에센셜오일 1~2방울
정향 에센셜오일 1~2방울
육두구 가루 1/2작은술
익지 않은 초록색 바나나 1개 굵게 다진 것
설탕 1큰술에 해당하는 감미료
이눌린 가루나 아카시아 섬유소 1작은술(선택)

1. 분쇄기에 물, 계피, 생강, 계피 에센셜오일, 정향 에센셜오일, 육두구, 바나나, 감미료, 선택 사항인 프리바이오틱스(선택) 섬유소를 넣고 잘 섞는다.

정향 녹차

이 차는 점막을 만드는 발전소나 다름없다. 만들기도 아주 쉽고, 장 건강에 좋은 여러 효과를 한 잔의 차에 담았다. 이 차를 활용하면 장 점막을 회복하거나 복구하고 유지할 수 있으며, 우리의 여정을 더 순탄하게 만들어 주기 때문에 장내미생물 불균형 및 소장세균·소장진균 과증식 치료법으로도 이용한다. 정향에 든 유제놀의 점막 강화 효과와 녹차에 들어 있는 카테킨의 점액 단백질 교차결합 효과를 조합했으며, 프럭토올리고당의 아커만시아 증식 촉진 효과도 있다.

이 차를 만들 때 정향 가루보다는 통정향을 사용하는 편이 좋다. 정향 가루에는 유제놀에서 분리되지 않는 고체가 너무 많아서, 녹차를 거를 때 유익한 유제놀도 상당수 제거된다. 통정향은 성분을 모두 간직하고 있으므로 서너 번 정도 우려도 품질이 낮아지는 일이 없다.

최대 효과를 얻기 위해 녹차 카테킨 성분이 많은 유기농 녹차를 고른다. 다양한 말차 브랜드가 있다. 트레이더조에서 나온 유기농 녹차, 피케의 티크리스탈, 뉴먼스오운의 유기농 녹차, 누미의 유기농 녹차 가루 등이다. 프리바이오틱스 섬유소의 특성을 가진 알룰로오스를 차에 넣어서 단맛을 낼 수도 있다. (프럭토올리고당과 알룰로오스는 다른 프리바이오틱스 가루와 다르게 차에 잘 녹는다.)

향을 더하고 싶다면 계피 스틱을 차와 함께 낸다.

물 2컵
통정향 1큰술
녹차 티백 1개
프럭토올리고당 가루 1작은술
알룰로오스 2작은술(선택)
그 외 맛을 더할 감미료
계피 스틱 1개(선택)

1. 작은 냄비에 물과 정향을 넣고 끓인다.
2. 끓어오르면 불을 줄이고 뚜껑을 덮어 10분간 뭉근히 끓인다.
3. 1~2분이 남았을 때 녹차 티백을 함께 넣고 끓인 뒤, 불에서 내리고 티백은 제거한다.
4. 프럭토올리고당, 알룰로오스(선택), 그 외 감미료를 넣고 저은 뒤, 계피 스틱을 꽂아서 낸다.
5. 온종일 조금씩 마셔도 좋다.

말차 박하 블루베리 프로즌 스무디

장 점막을 강화하는 녹차 카테킨의 강력한 효과, 특히 말차의 강력한 효과를 얻으면서 요구르트를 활용한 요리다. 블루베리에 든 플라보노이드는 아커만시아를 활성화해서 이 스무디에 강력한 효과를 더한다. 프로즌 스무디를 즐기면서 이 모든 이점을 얻을 수 있다. 장 속 건강에 큰 피해를 주는 유화제는 당연히 없다.

강제로 액체를 뒤섞으면 프로바이오틱스 미생물이 죽기 때문에 이 요리법에서는 기계식 분쇄기 사용을 최소화한다. 혼합물에 요구르트를 넣은 후에는 분쇄기를 재료가 섞일 정도로만 아주 짧게 돌린다.

원하는 효과를 주는 요구르트를 선택한다. 기분을 북돋우거나 불안을 줄이려면 락토바실루스 헬베티쿠스와 비피도박테리움 롱검을 선택하고, 공감 능력을 높이고 피부를 부드럽게 하려면 락토바실루스 루테리를 고른다. 프로바이오틱스 종은 과도하게 가열하면 죽지만, 냉동실에서는 잘 견딘다.

말차 가루 1작은술

박하 잎 7~8장 굵게 자른 것, 혹은 박하 추출물 1/2작은술

냉동 블루베리 혹은 생블루베리 1컵

찬물 1/2컵

설탕 1.5큰술에 해당하는 감미료

이눌린/프럭토올리고당, 아카시아 섬유소, 그 외 프리바이오틱스 가루 1작은술(선택)

요구르트(원하는 종류로 선택) 1.5컵

1. 분쇄기에 말차, 박하, 블루베리, 물, 감미료, 프리바이오틱스 섬유소(선택)를 넣고 잘 섞는다.
2. 분쇄기 벽에 묻은 덩어리 재료를 숟가락으로 모아 넣고 잘 섞는다.
3. 요구르트를 넣고 재료가 섞이도록 아주 짧게 돌린다.
4. 스무디가 너무 묽으면 먹기 전에 냉동실에 20~30분 넣어 둔다.

모카 박하 케피어

당신은 녹은 아이스크림과 맛·질감이 비슷한 이 모카 박하 케피어를 사랑하게 될 것이다. 케피어는 다양한 미생물의 가장 풍부한 공급원이다. 케피어를 넣으면 그 안에 들어 있는 다양한 균주 종이 마이크로바이옴 구축 프로그램을 도울 것이다.

시판 제품을 사용해도 좋고, 시판 케피어나 케피어 제조 키트로 직접 만든 케피어를 사용해도 좋다.

케피어 2컵

인스턴트커피 가루 1작은술

무설탕 코코아가루 1큰술
박하 추출물 1/2작은술
설탕 1큰술에 해당하는 감미료

1. 셰이커에 케피어, 커피, 코코아가루, 박하, 감미료를 넣고 세게 흔들어서 잘
   섞는다.
2. 차갑게 먹거나 실온으로 먹는다.

생강빵 커피

점막을 두껍게 하는 강력한 효과를 가진 정향에 더해 마이크로바
이옴에 적당한 긍정적 효과를 나타내는 계피와 생강을 섭취하면서,
가을이나 겨울 아침 마음까지 따뜻하게 해 줄 커피를 즐겨 보자. 소장
진균 과증식 박멸 프로그램을 시작했다면, 계피 에센셜오일 1~2방울
과 정향 에센셜오일 1방울을 섭취할 좋은 기회다.

계핏가루 1작은술
정향 가루 1/2작은술
육두구 가루 약간
생강가루 1/2작은술
인스턴트커피 가루 1작은술
설탕 1큰술에 해당하는 감미료
끓는 물 470ml

1. 중간 혹은 작은 크기의 냄비에 계핏가루, 정향 가루, 육두구 가루,
   생강가루, 커피, 감미료, 물을 넣고 끓인다.
2. 커피 잔 두 개에 나눠 담는다.

3. 커피를 마시면서 녹지 않는 성분이 가라앉지 않도록 가끔 저어 줘야 한다.

부드러운 피부를 위한 라즈베리 라임 요구르트 스무디

락토바실루스 루테리 요구르트와 콜라겐 가수분해물을 넣어 만든 스무디로 부드러운 피부를 만들어 보자.

라즈베리 1컵
박하잎 7~8장 굵게 자른 것, 혹은 박하 추출물 1/2작은술
콜라겐 가수분해물 1큰술
물 1/2컵
설탕 1큰술에 해당하는 감미료
락토바실루스 루테리 요구르트 1컵

**1. 분쇄기에 라즈베리, 박하, 콜라겐, 물, 감미료를 넣고
   퓌레가 될 때까지 섞는다.**
**2. 요구르트를 넣고 섞일 때까지만 아주 잠깐 돌리거나 숟가락으로
   요구르트를 섞는다.**
3. 만든 즉시 먹는다.

◆ 간단한 요리, 반찬, 양념 ◆

상쾌한 장 차지키

그리스와 중동의 전통 음식인 차지키는 소스나 딥소스로 활용된다. 양고기, 케밥, 구운 채소, 수블라키와 함께 먹으면 진정한 그리스의 맛을 느낄 수 있다.

선택한 요구르트 종류에 따라 만들 차지키의 효능이 달라진다. 락토바실루스 가세리 요구르트로 상쾌한 장 차지키를 만든다면 스트레스가 감소하고 허리둘레가 줄어들면서 올리브유와 마늘 덕분에 유익한 아커만시아 세균 수가 증가할 것이다. 차지키는 만든 지 72시간 안에 먹는 것이 좋다.

중간 크기 오이 1개
직접 만든 요구르트(원하는 종류로 선택) 2컵
엑스트라버진 올리브유 4큰술
마늘 3쪽 갈거나 굵게 다진 것
병에 든 레몬즙 혹은 생레몬즙 2큰술
딜이나 박하 굵게 자른 것 2큰술
천일염 1/2작은술

1. 갈거나 다진 오이를 체에 밭쳐 30분 동안 간간이 섞어 주면서 물기를 뺀다.
2. 중간 크기의 다른 볼에 요구르트, 올리브유, 마늘, 레몬즙, 딜, 소금을 넣는다.
3. 오이에서 물이 빠지면 혼합물에 넣고 잘 섞는다.

모로코식 구운 채소

채소와 향신료를 섞은 향긋한 요리로, 주요리나 반찬으로 좋다.

양파, 순무, 마늘이 소량의 프리바이오틱스 섬유소를 더하고, 버섯은 프리바이오틱스 유사 다당류를 제공한다. 터메릭은 장 점막에 유익하고, 가지와 커민은 폴리페놀을 제공한다.

가지 1개 둥글게 썰어 4등분한 것
큰 양파(노란 양파, 흰 양파, 붉은 양파) 1개 반으로 갈라 채 썬 것
순무 1개 얇게 썬 것
흰 양송이 반으로 가른 것 230g
엑스트라버진 올리브유 1/2컵
마늘 페이스트 2큰술
터메릭 가루 1작은술
커민 가루 1작은술
계핏가루 1작은술
양파 가루 1작은술
천일염 약간

1. 오븐을 190°C로 예열한다.
2. 구이판에 가지, 양파, 순무, 버섯을 올린다. 채소 위에 올리브유를 뿌리고, 마늘 페이스트를 섞는다.
3. 터메릭, 커민, 계피, 양파 가루, 소금을 뿌리고 잘 섞는다.
4. 오븐에서 30분 굽는다.

허브 포카치아

밀가루 똥배 시리즈 및 요리책 독자들에게 오랫동안 사랑받은 음

식, 향기롭고 맛있으며 절대 실패할 수 없는 포카치아 스타일의 플랫 브레드[7]를 아몬드 가루로 만들어 본다. 요리법을 살짝 바꿔서 장내미 생물 균총에 유익한 허브를 더 많이 넣었다.

이 빵으로 샌드위치를 만들 수도 있지만, 개인적으로는 굵은 소금 으로 간한 엑스트라버진 올리브유에 찍어 먹는 것을 가장 좋아한다.

잘게 썬 모차렐라나 다른 치즈 1컵
아몬드 가루 3컵
차전자(질경이씨) 가루 1/4컵
천일염 혹은 코셔 소금[8] 1.5작은술
양파 가루 1작은술
마늘 페이스트 1큰술, 혹은 마늘 5쪽 간 것
다진 로즈메리 1큰술, 혹은 말린 로즈메리 1.5작은술
다진 오레가노(줄기 제거) 1큰술, 혹은 말린 오레가노 1.5작은술
검은 올리브 혹은 칼라마타 올리브 깍둑썰기한 것 1/2컵
건조 토마토(기름에 들어 있는 것이나 말린 토마토를 뜨거운 물에 불린 것) 1/4컵
큰 달걀 2개
엑스트라버진 올리브유 1/2컵

1. 오븐을 190°C로 예열한다.
2. 중간 크기 볼에 치즈, 아몬드 가루, 차전자, 소금 1/2작은술, 양파 가루, 마늘, 로즈메리, 오레가노, 올리브, 건조 토마토를 넣고 잘 섞는다.
3. 작은 볼에 달걀을 풀고 올리브유를 1큰술만 남기고 모두 넣는다.
4. 달걀 혼합물을 아몬드 가루 혼합물에 넣고 잘 섞는다.
5. 28×43cm 크기의 얕은 사각 팬에 기름칠한다.

7   효모로 발효하지 않은 빵
8   아이오딘 같은 첨가물이 없는 굵은 소금

6. 반죽을 팬에 붓고 두께 1.3cm가 되도록 반죽을 살살 편다. 반죽 양은 팬을 채우기에 모자랄 수도 있다.

7. 오븐에 12분 구운 뒤, 오븐에서 꺼내 숟가락 손잡이의 뭉툭한 부분이나 둥근 기구를 이용해 빵 표면에 움푹 팬 자국을 2.5cm 간격으로 만든다.

8. 빵 표면에 남은 올리브유를 바르고 천일염이나 코셔 소금을 뿌린다.

9. 다시 오븐에 넣고 빵이 옅은 갈색을 띨 때까지 8~10분 더 굽는다.

10. 피자 커터로 빵을 여섯 조각으로 자르고, 뒤집개로 조심스럽게 팬에서 꺼낸다.

핫칠리 프라이

감자튀김을 그리워하는 사람도 있다. 그럴 때는 순무를 잘게 썰어서 튀기면 꽤 괜찮은 대체 요리가 된다.

프리바이오틱스 섬유소가 풍부하고 탄수화물은 적은 순무를 구워서 프라이로 만들고, 마이크로바이옴을 형성하는 효과를 내는 캡사이신이 든 핫칠리소스에 찍어 먹는다. 캡사이신을 더 첨가하려면 고춧가루를 넣는다. (나는 포블라노 고추로 만든 안초 고춧가루를 넣었다. 카엔 고추처럼 아주 매운 고춧가루를 쓴다면 일단 맛을 보고 1/4~1/2작은술만 넣는다.)

천일염 2작은술
양파 가루 1큰술
건조 고춧가루(예컨대 안초 고춧가루) 2작은술
파르메산 치즈 가루 2큰술
엑스트라버진 올리브유 1/4컵

순무 2개 0.6~1.3cm 두께로 잘게 썬 것
핫칠리소스 2큰술
녹인 버터 1큰술

1. 오븐을 218℃로 예열하고, 구이판에 종이 포일을 깐다.
2. 큰 볼에 소금, 양파 가루, 고춧가루, 파르메산 치즈를 넣어 섞고,
   올리브유를 넣어 섞는다.
3. 채 썬 순무를 넣고 골고루 코팅하고, 순무를 겹치지 않게 구이판에
   늘어놓는다.
4. 프라이가 바삭해질 때까지 35~40분 굽는다.
5. 작은 볼에 칠리소스와 버터를 넣고 섞는다.

카레를 넣은 콜리플라워와 완두콩

탄수화물 섭취를 제한하는 사람은 대부분 완두콩을 먹지 않지만, 완두콩은 한 컵당 순 탄수화물이 14g으로 많은 편은 아니다. 오히려 프리바이오틱스 섬유소가 3~5g이나 들어 있다. 완두콩에 든 갈락토올리고당과 아밀로오스amylose 프리바이오틱스 섬유소를 콜리플라워, 양파와 함께 식단에 올리자. 카레에 든 터메릭이 장을 치유한다.

버터 3큰술
중간 크기 양파 1개 다진 것
콜리플라워 으깬 것 4컵
냉동 완두콩 1컵
코코넛밀크 1캔(380g)

카레 가루 2큰술
천일염과 흑후추 약간
고수 굵게 다진 것 1/4컵(선택)

1. 넓은 프라이팬에 중간 불로 버터를 녹인다.
2. 양파, 콜리플라워, 완두콩을 넣고 양파가 반투명해지고 콜리플라워가
   부드러워질 때까지 5~7분간 볶는다.
3. 코코넛밀크와 카레 가루, 소금, 후추를 넣는다.
4. 2분간 더 끓이고 불에서 내린 후, 고수를 얹어 낸다.

버섯 크림수프

오래전부터 인기 있었던 요리를 우리만의 방식으로 조리한다. 소박한 향들의 조화를 당신은 사랑하게 될 것이다. 프리바이오틱스 섬유소를 더 많이 넣고 마이크로바이옴의 균형을 이루는 이점을 제공하도록 요리법을 살짝 변형했다. 고수 팬들에게 일러두자면, 이 수프는 약간의 항진균 특성을 가진 고수와 완벽하게 어울린다.

조금이나마 더 깊은 향을 내려면 흰 양송이보다는 포토벨로나 크레미니 버섯을 고른다.

엑스트라버진 올리브유나 버터 1/4컵
양파 1개 다진 것
리크 1개의 하얀 줄기 반으로 갈라 채 썬 것
마늘 4쪽 다진 것
흰 양송이(혹은 포토벨로나 크레미니 버섯) 450g 채 썬 것

터메릭 가루 1작은술

커민 가루 1작은술

줄기는 제거하고 다진 생타임 1큰술, 혹은 말린 타임 1/2큰술

천일염 1작은술

흑후춧가루 1/2작은술

코코넛밀크 1캔(380g)

닭 육수 혹은 채소 육수 4컵

다진 고수 1/4컵(선택)

1. 넓은 프라이팬을 중간 불에 올리고 올리브유, 양파, 리크, 마늘을 넣어 양파가 반투명해질 때까지 3분간 볶는다.

2. 버섯을 넣고 부드러워질 때까지 5분간 볶는다.

3. 터메릭, 커민, 타임, 소금, 후추를 넣는다. 코코넛밀크와 육수를 넣는다.

4. 천천히 끓어오르면 불을 약하게 줄이고 뚜껑을 덮어 3분간 뭉근히 끓이다가 불에서 내린다.

5. 혼합물을 분쇄기에 넣고 부드러워질 때까지 간다(되도록 한꺼번에). 위에 고수를 얹어 낸다(선택).

발효한 구운 파프리카

구운 파프리카라는 말만 들어도 침이 고인다. 파프리카를 더 맛있게 만드는 동시에 각자가 선택한 프로바이오틱스 미생물로 발효하는 방법이 있다. 가게에서 구운 파프리카를 사서 만들 수도 있지만 항균 특성을 나타내는 보존제가 없는 제품이어야 한다. 이런 이유로 이 요리를 할 때는 파프리카를 직접 굽는 편이 낫다.

파프리카는 발효하기 가장 쉬운 채소. 다른 채소와 달리 파프리

카는 소금물에 넣으면 가라앉으므로 소금물에 담그기 위해 뭔가로 눌러 놓을 필요가 없다.

먼저 원하는 효과를 내는 미생물을 고른다. 불안감을 줄이고 싶다면 비피도박테리움 롱검을, 격렬한 운동 후 빠른 회복을 원한다면 바실루스 코아귤런스를, 젊은 피부와 근긴장을 원하면 락토바실루스 루테리를 고른다. 프로바이오틱스 캡슐 내용물이나 직접 만든 요구르트의 유청을 세균 공급원으로 이용할 수 있다.

파프리카(색은 상관없다) 4개
증류수나 정수 1L
아이오딘이 첨가되지 않은 소금 1큰술
말린 통후추 1큰술
통고수씨 1큰술
월계수 잎 1장
화이트와인식초 1/4컵
원하는 미생물이 든 프로바이오틱스 캡슐, 혹은 직접 만든 요구르트 유청 1큰술

1. 오븐을 204℃로 예열하고 종이 포일을 깐다.
2. 파프리카를 15분간 구운 뒤, 뒤집어서 15분을 더 굽는다.
3. 오븐에서 파프리카를 꺼내 식힌다. 씨와 줄기를 제거하고 탄 부분을 벗겨 낸 뒤 길게 채를 썬다.
4. 발효할 유리병에 물, 소금, 통후추, 고수씨, 월계수 잎을 넣는다.
5. 여기에 파프리카를 넣고 액체에 푹 잠기게 한 뒤, 선택한 미생물을 넣고 알맞은 온도로 발효기에서 최소 72시간 발효한다.
6. 발효가 끝나면 화이트와인식초 1/4컵을 넣고 냉장고에 넣는다.
7. 냉장고에서 최소한 4주 보관할 수 있다.

로즈메리 순무

순무를 먹는다는 생각에 고개를 젓지 말고, 로즈메리 감자를 맛있고 건강하게 바꾼 이 요리를 일단 한번 먹어 보길 바란다. 순무는 감자보다 탄수화물 함량이 적어서, 구운 감자처럼 허리둘레를 늘리지 않는다. 로즈메리와 올리브유에 양파까지 조금 얹으면 마이크로바이옴에 유익함을 전해 줄 매우 훌륭한 매개체가 된다.

순무 900g 1.2cm 크기로 깍둑썰기한 것
엑스트라버진 올리브유 1/4컵
생로즈메리 잘게 다진 것 1큰술, 혹은 말린 로즈메리 1.5작은술
천일염 1작은술
양파 가루 1작은술
흑후춧가루 1/2작은술

1. 오븐을 204℃로 예열한다.
2. 큰 볼에 깍둑썰기한 순무, 올리브유, 로즈메리, 소금, 양파 가루, 흑후춧가루를 넣고 잘 섞는다.
3. 혼합물을 구이 팬에 넓게 펼친 뒤 밝은 갈색이 돌 때까지 40분간 굽는다.

민들레 잎 날감자 샐러드와 아보카도 라임 드레싱

간단한 샐러드지만 민들레 잎, 날감자, 양파, 마늘에 든 프리바이오틱스 섬유소, 버섯에 든 다당류 프리바이오틱스, 아보카도에 함유된 펙틴, 고수의 항균 효과까지, 건강에 여러 유익한 효과를 준다. 아보카도 라임 드레싱은 만든 지 48시간 안에 먹는 것이 가장 좋다.

중간 크기의 아보카도 2개 씨를 빼고 껍질을 벗긴 것

엑스트라버진 올리브유 1/2컵

화이트와인식초 1/4컵

신선한 고수 굵게 다진 것 1/4컵

마늘 1쪽 다진 것, 혹은 마늘 가루 1작은술

작은 라임 하나를 짠 즙

소금 1/2작은술

설탕 1큰술에 해당하는 감미료

물 3/4컵

민들레 잎 226g

흰 날감자 중간 크기 1개 4등분해서 얇게 썬 것

붉은 양파 1개 반으로 갈라 채 썬 것

흰 양송이 채 썬 것 113g

달걀 완숙 4개 채 썬 것

베이컨 5~6줄 구워서 기름을 빼고 잘게 썬 것

1. 분쇄기나 푸드 프로세서에 아보카도, 올리브유, 화이트와인식초, 고수,
   마늘, 라임즙, 소금, 감미료, 물을 넣는다.

2. 균일해질 때까지 갈아서 섞으면 드레싱이 완성된다.

3. 큰 볼에 민들레 잎, 감자, 양파, 버섯, 달걀, 베이컨을 넣는다.

4. 3의 혼합물을 잘 섞은 뒤 드레싱을 얹는다.

5. 만든 즉시 먹거나 밀폐 용기에 넣어 냉장고에 보관한다.

향긋한 마늘 피클

채소 발효과정을 보여 주는 단순한 피클 요리법. 요구르트 제조
과정에서 나온 유청을 1작은술 더해서 발효를 시작할 수도 있지만, 이
요리법에서는 채소 표면에 있는 미생물이 자연스럽게 자라도록 한다.

주의할 점은 채소가 계속 액체 아래에 잠겨 있어야 하며 공기 중에 노출되면 안 된다는 것이다.

피클이 완벽하게 발효되려면 2주 이상 걸린다. 시큼한 맛이 나면 발효가 끝난 것이다.

마늘 6쪽 반으로 가른 것
골파 2개 채 썬 것
통겨자씨 2작은술
통후추 1큰술
통고수씨 1큰술
생오레가노 한 줄기
정수 혹은 증류수 4컵
천일염 혹은 아이오딘이 없는 소금 1큰술
작은 피클용 오이 450g
화이트와인식초 혹은 사과 사이다 식초 1/4컵

1. 넓은 유리병이나 도자기 병에 마늘, 골파, 겨자씨, 후추, 고수씨, 오레가노, 물, 소금을 넣고 젓는다.
2. 오이를 넣고 접시나 다른 물건으로 오이가 소금물 아래로 잠기도록 누른다. (일부 향신료는 물에 떠올라도 괜찮다.)
3. 2주, 혹은 시큼한 맛이 날 때까지 발효한다.
4. 식초를 넣고 뚜껑을 덮은 뒤 냉장고에 보관한다. 냉장고에서 여러 주 보관할 수 있다.

◆ 주요리 ◆

나선형 주키니 호박 파스타와 오레가노 페스토

페스토와 함께 먹는 맛있는 파스타 변형 요리다. 오레가노의 항균 및 항진균 특성(요리에 사용한 잎은 정제한 에센셜오일만큼 효능이 강력하지는 않지만), 올리브유에 든 올레산의 아커만시아 촉진 특성, 마늘에 든 소량의 이눌린 프리바이오틱스 섬유소를 활용한다. 오레가노 페스토는 샐러드드레싱으로 먹어도 맛있다.

스파이럴 커터는 백화점과 요리 전문점에서 구할 수 있는, '국수'를 뽑는 기구다. 슈퍼마켓에서 미리 만들어진 나선형 국수를 사서 시간을 아낄 수도 있다. 주키니 호박에서 물이 나와 소스가 묽어지기도 하므로, 요리하기 전에 파스타를 키친타월에 싸서 눌러 수분을 제거하기도 한다.

익히지 않은 잣 1/2컵
마늘 3쪽
오레가노 잎 굵게 다진 것 1/2컵
병에 든 레몬즙 혹은 생레몬즙 2큰술
엑스트라버진 올리브유 1/2컵, 2큰술 (나누어 놓는다)
파르메산 치즈 가루 1/4컵
천일염 1/4작은술
흑후춧가루 약간
주키니 호박 나선형으로 깎아 파스타로 만든 것 450g

1. 분쇄기에 잣, 마늘, 오레가노, 레몬즙, 올리브유 1/2컵, 파르메산 치즈,

소금, 후추를 넣고 퓌레가 될 때까지 간다.

2. 프라이팬에 남은 올리브유를 넣고 중간 불로 가열한 뒤, 주키니 호박 파스타를 넣고 부드러워질 때까지 약 3분간 볶는다.

3. 주키니 호박 파스타에 페스토를 올려 낸다.

생강 닭

중식당의 오랜 인기 메뉴를 프리바이오틱스 섬유소가 풍부한 버전으로 바꿨다.

많은 육가공업체가 닭 가슴살에서 닭 껍질과 뼈를 제거하는데, 사실 이런 부분이 맛도 있고 건강에도 좋다. 껍질도, 뼈도 없는 닭고기를 사면 절대로 안 된다. 우리는 지방을 제한하지 않는다. 닭 뼈는 보관했다가 수프를 만들 수 있다.

어간장은 대부분 제품에 건강에 해로운 첨가물이 들어 있으므로 살 때 주의한다. (타이키친 브랜드가 안전하다.)

닭 다리, 뼈와 껍질이 있는 것 1.4kg
코코넛오일 2큰술
마늘 5쪽 다진 것
리크 줄기 1개 반으로 갈라 채 썬 것
표고버섯 채 썬 것 113g
골파 6개, 하얀 부분은 얇게 채 썰고 초록색 부분은 2.5cm 두께로 채 썬 것

무글루텐 간장, 타마리[9], 혹은 코코넛 아미노스[10] 2.5큰술

생생강 간 것 2큰술, 혹은 생강가루 2작은술

식초 2큰술

어간장 1큰술

1. 오븐을 190℃로 예열한다.

2. 닭을 오븐에서 45분 굽는다.

3. 닭을 굽는 마지막 10분 동안 깊은 프라이팬에 기름을 둘러 중간 불에 달군다.

4. 마늘, 리크, 표고버섯, 골파 흰 부분을 넣어 부드러워질 때까지 4~5분간 볶는다.

5. 무글루텐 간장과 생강을 넣고, 식초와 어간장을 넣는다. 골파 초록색 부분을 넣고 더 볶는다.

6. 닭을 오븐에서 꺼내 고기와 육수를 모두 프라이팬에 옮긴다.

7. 불을 약하게 줄이고 닭고기에 국물을 끼얹으며 5분 동안 뭉근하게 끓인다.

이탈리안 소시지 수프

양파, 마늘, 다이콘 무, 렌즈콩의 프리바이오틱스 섬유소가 가득한 향긋한 수프. 올리브유에 있는 올레산의 아커만시아 증식 효과와 오레가노의 항진균 효과까지 얻을 수 있다.

렌즈콩은 갈락토올리고당이라는 프리바이오틱스 섬유소를 제공하는데, 이는 섭취할 수 있는 가장 유익한 섬유소다. 이눌린 프리바이

9   미소를 담그는 과정에서 나오는 일본간장

10   코코넛꽃에서 나온 수액에 소금을 넣어 발효한 간장 대체품(무글루텐)

오틱스 혼합물은 양파, 마늘, 다이콘 무에서 나오며, 핫소스를 충분히 뿌리면 약간의 캡사이신도 얻을 수 있다. (소스의 맵기에 따라, 매운 음식을 얼마나 잘 먹는가에 따라 양을 조정한다.)

엑스트라버진 올리브유 1/4컵
양파 중간 크기 1개 다진 것
마늘 4쪽 다진 것
이탈리안 소시지 얇게 썬 것 340g
닭 육수나 물 6컵
생시금치 혹은 냉동 시금치 굵게 썬 것 3컵
다이콘 무 1개 채 썬 것
셀러리 2줄기 채 썬 것
렌즈콩 1컵
깍둑썰기한 토마토 1캔(411g)
생오레가노 다진 것 2큰술, 혹은 말린 오레가노 1큰술
핫소스 1큰술
천일염과 흑후춧가루 약간

1. 프라이팬에 기름을 두르고 중간 불로 가열한 뒤, 양파, 마늘, 소시지를 넣고 볶는다. 뚜껑을 덮고 가끔 저어 주면서 소시지가 익고 양파가 반투명해질 때까지 5~6분 볶는다.
2. 소시지 혼합물을 큰 냄비로 옮긴다. 여기에 닭 육수나 물, 시금치, 다이콘 무, 셀러리, 렌즈콩, 토마토, 오레가노, 핫소스, 소금, 후추를 넣고 강한 불로 가열한다.
3. 수프가 끓어오르면 약한 불로 줄이고 뚜껑을 덮어 30분간 렌즈콩이 부드러워질 때까지 뭉근하게 끓인다.

시실리안 피자

요리법을 변형했기 때문에 이 요리를 진짜 시실리안 피자라고는 할 수 없다. 우리가 평소 즐겨 먹는 요리법은 장 속 마이크로바이옴을 파괴하지만, 다음처럼 요리법을 바꾸면 마이크로바이옴을 재구축할 수 있다. 피자 반죽에 넣은 아마씨와 차전자, 토핑으로 넣은 양파, 마늘, 버섯, 오레가노, 바질은 모두 중요한 재료다. 더 특별한 마이크로바이옴 증진 효과를 위해 이눌린이나 아카시아 섬유소를 피자 소스에 첨가해도 된다.

아몬드 가루 3컵
골든 아마씨 가루 1/4컵
차전자 가루 1/4컵
달걀 2개
천일염 1/2작은술
크림치즈 113g
모차렐라 치즈 가루나 얇게 썬 것 113g
물 1/2컵
엑스트라버진 올리브유 4큰술(나누어 놓는다)
양파 1개 다진 것
마늘 3쪽 간 것
흰 양송이나 포토벨로버섯 채 썬 것 113g
생오레가노 다진 것 2큰술, 혹은 말린 오레가노 1큰술
생바질 다진 것 1/4컵, 혹은 말린 바질 1.5큰술
이눌린 가루나 아카시아 섬유소 2작은술(선택)
피자 소스 170g
모차렐라 치즈 가루나 얇게 썬 것 170g

1. 오븐을 190°C로 예열한다.

2. 커다란 볼에 아몬드 가루, 아마씨 가루, 차전자를 넣고 섞은 후 달걀을 넣고 잘 섞는다.

3. 전자레인지용 그릇에 크림치즈와 모차렐라 치즈, 물을 담아 45초간 전자레인지로 가열해서 부드럽게 만든다.

4. 이 혼합물을 아몬드 가루 혼합물에 넣고 잘 섞는다.

5. 피자 팬에 종이 포일을 깔고, 반죽을 종이 포일 위에 올린다.

6. 손이나 큰 숟가락으로 반죽을 펼쳐 두께가 1.3cm가 되도록 성형하고 가장자리는 반죽을 세운 뒤, 손에 물을 묻혀 반죽을 매끄럽게 다듬는다.

7. 피자 반죽을 오븐에 넣고 옅은 갈색으로 변하기 시작할 때까지 18~20분간 굽다가 오븐에서 꺼낸다.

8. 피자 반죽을 굽는 동안 토핑을 만든다. 프라이팬에 올리브유 2큰술을 두르고 중간 불로 가열한다.

9. 양파, 마늘, 버섯을 넣고 양파가 반투명해지고 버섯이 부드러워질 때까지 볶은 뒤, 오레가노와 바질을 넣고 젓다가 불에서 내린다.

10. 혼합물을 구운 피자 반죽 위에 펼친다.

11. 피자 소스에 이눌린이나 아카시아 섬유소를 넣는다면 소스와 잘 섞은 뒤, 토핑 위에 소스를 골고루 뿌리고, 모차렐라 치즈를 그 위에 올린다.

12. 피자를 다시 오븐에 넣고 치즈가 녹을 때까지 15~18분 굽다가, 오븐에서 꺼내 8조각으로 자른다.

연어와 아보카도 라임 소스

생강, 고수잎, 고수씨의 항균 및 항진균 특성, 아보카도의 프리바이오틱스 섬유소, 올리브유 속 올레산의 아커만시아 증진 효과를 갖춘 이 소스를 연어에 얹어 먹어 보자.

아보카도 과육 1개

엑스트라버진 올리브유 3큰술

병에 든 라임즙 혹은 생라임즙 2큰술

다진 양파 2큰술

생고수 다진 것 1/4컵

생생강 간 것 1작은술, 혹은 말린 생강가루 1/2작은술

고수씨 가루 1/2작은술

화이트와인식초 3큰술

소금 1/2작은술

엑스트라버진 올리브유 혹은 버터 2큰술

연어 필렛 227g 2덩어리

1. 분쇄기에 아보카도 과육과 올리브유 3큰술, 라임즙, 양파, 고수, 생강,
   고수씨, 식초, 소금을 넣고 곱게 간다.
2. 연어 양쪽을 소금과 후추로 간한다.
3. 프라이팬에 올리브유를 2큰술 두르고 중간 불로 가열한다.
4. 연어 필렛을 껍질이 있는 쪽이 위로 오도록 올리고 4~5분간 익힌 후
   뒤집어서 4~5분 더 익힌다.
5. 연어에 아보카도 라임 소스를 뿌린다.

소고기 샤와르마와 상쾌한 장 차지키

소고기(혹은 양고기, 닭고기, 돼지고기) 샤와르마에는 커민, 고수, 정향, 계피로 만들어진 혼합 향신료 가람 마살라가 들어가는데, 마이크로바이옴에 상당히 유익하다.

또한, 이 요리는 직접 발효해 만든 요구르트를 넣은 상쾌한 장 차지키에다 마늘의 프리바이오틱스 섬유소와 박하의 항미생물 효과까

지 더했다. 터메릭 아마씨 랩에 소고기 샤와르마를 싸서 먹거나, 간단하게 으깬 콜리플라워를 얹어 먹어 보자. (으깬 콜리플라워는 콜리플라워를 푸드 프로세서로 갈아 쌀알처럼 만든 뒤 증기로 쪄 낸 것이다. 요즘은 미리 으깨 놓은 콜리플라워를 사서 찌기만 할 수도 있어서 시간이 많이 절약된다.)

계피 스틱, 통카다멈, 커민 씨, 고수씨, 정향, 후추를 대략 같은 비율로 프라이팬에 넣고 향이 날 때까지 3~5분간 중간 불로 볶은 뒤, 원두 분쇄기로 갈면 가람 마살라를 직접 만들 수 있다.

소고기 얇게 저민 것[꽃등심살, 알 목심살, 부챗살(지방이 많을수록 더 좋다)] 680g
엑스트라버진 올리브유 1/2컵
화이트와인식초 1큰술
레몬 1개 즙
천일염 1작은술
흑후춧가루 1/4작은술
가람 마살라 1큰술

1. 큰 볼에 소고기, 올리브유, 식초, 레몬즙, 소금, 후추를 넣고 버무린다. 가끔 섞어 주면서 2시간 이상 숙성한다.
2. 넓은 프라이팬을 중간 불에 올리고 소고기 혼합물을 넣은 뒤, 소고기를 잘 펴서 약 3분간 골고루 익힌다.
3. 가람 마살라 통을 잘 흔들어 섞은 뒤, 고기 위에 뿌린다.
4. 고기를 불에서 내린 뒤 으깬 콜리플라워 위에 얹어 먹거나, 터메릭 아마씨 랩 위에 올려 둘둘 만 뒤 차지키 1큰술을 얹어 먹는다.

터메릭 아마씨 랩

육류, 오이, 토마토, 차지키 등 여러 식품을 먹어야 할 때는 가게에서 비싼 무곡물 랩을 사는 대신 집에서 쉽고 저렴하게 랩을 만들어 보자. 터메릭을 약간 넣어 항균 및 항진균 효과도 얻는다.

골든 아마씨 가루 1/4컵
양파 가루 1/2작은술
터메릭 가루 1/2작은술
엑스트라버진 올리브유 1작은술
달걀 1개
물 1큰술
천일염 약간

1. 아마씨, 양파 가루, 터메릭, 올리브유, 달걀, 물, 소금을 넣고 섞는다.
2. 전자레인지용 23cm 파이 팬에 버터를 칠한다.
3. 아마씨 혼합물을 파이 팬에 붓고 팬을 이리저리 기울여 혼합물이 고루 퍼지게 한다.
4. 전자레인지에서 익을 때까지 강하게 2~3분 돌린다.
5. 5분간 식힌 뒤, 주걱으로 팬에서 분리한다. 혹은 기름칠한 오븐용 파이 팬에 같은 방법으로 넣고, 가운데 부분이 익을 때까지 190℃에서 10분간 구워도 된다. 이 경우에도 역시 오븐에서 꺼내 5분간 식힌 뒤, 주걱으로 팬에서 분리한다.

아스파라거스·리크·흰강낭콩 키쉬

양파, 마늘, 리크, 흰강낭콩으로 만드는, 프리바이오틱스 섬유소가 풍부한 키쉬 한 조각으로 하루를 시작하자. 곡물이 아닌 가루로 맛있는 파이 반죽을 만드는 방법도 소개한다.

아몬드 가루(혹은 호두나 피칸 가루) 1.5컵
골든 아마씨 가루 1/4컵
버터나 코코넛유 녹인 것 1/4컵
물 1/4컵
천일염 1/2작은술
올리브유, 버터, 혹은 코코넛유 2큰술
양파 1개 깍둑썰기한 것
마늘 4쪽 간 것
리크 줄기 1개 반으로 갈라 채 썬 것
돼지고기, 소고기, 칠면조 고기, 혹은 닭고기 간 것 454g
삶은 흰강낭콩 1/2컵
육수 1/4컵
말린 오레가노 1큰술
말린 바질 1큰술
생아스파라거스 혹은 냉동 아스파라거스 굵게 다진 것 2컵
달걀 8개
천일염 1작은술
흑후춧가루 약간

1. 오븐을 177°C로 예열하고, 25cm 파이 팬에 기름칠한다.
2. 파이 반죽을 만든다. 큰 볼에 아몬드 가루, 아마씨, 버터, 물, 소금을 넣고 잘 섞는다.
3. 혼합물을 파이 팬에 놓고 숟가락이나 주걱으로 얇게 편다.
   반죽이 잘 펴지지 않으면 물을 조금 적신다. 파이 반죽의 옆부분은 최소한 2.5cm 높이로 세운다.
4. 오븐에 넣고 15~18분 동안 황금빛 갈색으로 변할 때까지 굽는다.

오븐에서 꺼내 식힌다.

5. 키쉬 속 재료를 만든다. 넓은 냄비에 올리브유를 두르고 중간 불에 올려 달군다.

6. 양파와 마늘을 넣고 양파가 반투명해질 때까지 3~5분 볶다가, 리크와 돼지고기를 넣고 고루 볶는다.

7. 흰강낭콩, 육수, 오레가노, 바질을 넣고 뚜껑을 덮은 뒤, 간간이 저어 주면서 고기를 익힌다. 고기가 다 익으면 불에서 내려 뚜껑을 열고 10분간 식힌다.

8. 넓은 볼에 아스파라거스, 달걀, 소금, 후추를 넣고 섞는다.

9. 7의 혼합물을 8의 혼합물에 넣고 고루 섞는다.

10. 이 혼합물을 식힌 파이 껍질에 붓고 달걀이 익을 때까지 35분간 굽는다.

야키소바

일식당에서 야키소바를 먹어 본 적이 있다면 감칠맛의 최정점이라는 데 동의할 것이다. 그러나 밀이나 메밀로 만든 면 때문에 문제가 생기길 원하지 않으므로, 곤약 뿌리로 만든 시라타키 면을 사용한다. 시라타키 면에는 너무나 멋진 프리바이오틱스 섬유소인 글루코만난이 들어 있다.

시라타키 면은 탄수화물 함량이 극단적으로 낮다(227g 한 팩에 3g 이하). 대두를 먹지 않으려면 시라타키 면 중에서도 두부가 없는 제품을 고른다. 나선형의 콜라비 면이나 종려나무 순으로 만든 면으로 요리할 수도 있다.

시라타키 면은 함께 요리하는 식품의 향을 흡수하며, 그 자체로는 거의 맛이 없다. 따라서 봉지에서 나는 특유의 향에 거부감을 느낄 필요는 없다. 살짝 물에 헹구면 이 향은 사라진다.

시라타키 면은 아시아 요리에 가장 잘 어울리지만, 이탈리안 요리나 다른 요리에도 잘 어울린다. 이 요리에서 사용하는 굴 소스나 어간장을 고를 때, 우리가 원치 않는 성분이나 첨가물을 넣는 제품 브랜드가 많으므로 주의 깊게 살펴도록 한다.

코코넛유 1/4컵
돼지고기(혹은 소고기, 닭고기, 칠면조 고기) 간 것 454g
마늘 4쪽 갈거나 으깬 것
생표고버섯 줄기는 버리고 갓만 채 썬 것 113g
골파 5개 채를 썰어 초록색과 흰색 부분을 나눈 것
생생강 간 것 1큰술, 혹은 생강가루 1작은술
참깨 1큰술
굵은 고춧가루 1/2작은술
무글루텐 간장, 타마리, 혹은 코코넛 아미노스 2~3큰술
참기름 2큰술
굴 소스나 어간장 1.5큰술
시라타키 면 227g짜리 2팩

1. 코코넛유를 웍이나 넓은 프라이팬에 두르고 중간 불로 가열한다.
2. 고기, 마늘, 버섯, 골파 흰 부분, 생강, 참깨, 고춧가루를 넣고 고기가 완전히 익을 때까지 볶는다. 너무 건조한 것 같으면 물을 조금 넣는다.
3. 약한 불로 줄이고 간장, 참기름, 굴 소스, 골파 초록색 부분을 넣고 1~2분 볶는다.
4. 다른 큰 냄비에 물 4컵을 붓고 끓인다.
5. 시라타키 면을 체에 받쳐 흐르는 찬물에 15초 정도 헹군 후, 물기를 뺀다.

6. 면을 끓는 물에 넣고 2~3분 삶는다.

7. 면을 건져 물기를 뺀 후 고기 혼합물이 든 프라이팬에 넣는다.

8. 살짝 볶은 후 그릇에 담아낸다.

◆ 디저트 ◆

초콜릿 칩 프로즌 요구르트

프로즌 요구르트를 만들 때는 아이스크림 제조기를 사용하지 않고, 분쇄기를 이용해 기계적으로 휘젓는 것도 최소화한다. 그래야 요구르트에 든 프로바이오틱스 미생물이 죽는 상황을 막을 수 있다. 요구르트는 원하는 효과를 나타내는 것을 고르면 된다.

요구르트(원하는 종류로 선택) 1.5컵
무가당 코코아가루 1큰술
다크초콜릿 칩 1.5큰술
설탕 3큰술에 해당하는 감미료
선택 사항: 이눌린/프럭토올리고당, 아카시아 섬유소, 그 외 프리바이오틱스 가루
1작은술

1. 볼에 요구르트, 코코아가루, 초콜릿 칩, 감미료, 선택 사항인
   프리바이오틱스 섬유소를 넣고 잘 섞는다.
2. 혼합물을 냉동실에 최소한 1시간 넣어 둔다.

1분 간단 딸기 아이스크림

거의 힘을 들이지 않고 아이스크림을 만드는 방법이다. 시간을 더 절약하려면 딸기(혹은 다른 장과류나 과일)가 냉동된 상태여야 한다. 장 속 점막과 마이크로바이옴을 파괴하는 합성 유화제 없이 아이스크림을 즐겨 보자.

생크림 혹은 캔에 든 코코넛밀크 228g
냉동 딸기나 다른 냉동 과일 1컵
익지 않은 초록색 바나나 1개 껍질을 벗기고 굵게 썬 것
설탕 1큰술에 해당하는 감미료
바닐라 추출물 1/2작은술

1. 분쇄기에 생크림, 딸기나 과일, 바나나, 감미료, 바닐라 추출물을 넣는다.
2. 혼합물이 부드러워질 때까지 섞는다.

오렌지 정향 스콘

맛있는 오렌지 향 스콘에 정향 가루를 넣어 점액을 강화한다. 스콘을 만들 때 이눌린이나 아카시아 섬유소 4작은술을 가루 재료에 첨가하면 스콘 하나를 먹을 때마다 약 2g의 프리바이오틱스 섬유소를 섭취할 수 있다.

아몬드 가루 3컵
골든 아마씨 가루 1/4컵

차전자 가루 2큰술

정향 가루 1/2작은술

베이킹소다 2작은술

설탕 1컵에 해당하는 감미료

천일염 약간

이눌린이나 아카시아 섬유소 4작은술(선택)

달걀 1개

생크림이나 캔에 든 코코넛밀크 1컵

버터 녹인 것 1/2스틱(113g)

자일리톨 1/4컵

생크림이나 캔에 든 코코넛밀크 2큰술

코코넛유 1큰술

바닐라 추출물 1작은술

1. 오븐을 177°C로 예열한다. 빵판에 종이 포일을 깐다.

2. 큰 볼에 아몬드 가루, 골든 아마씨 가루, 차전자 가루, 정향 가루, 베이킹소다, 감미료, 소금, 프리바이오틱스 섬유소(선택)를 넣고 잘 섞는다.

3. 작은 볼에 달걀과 생크림 1컵, 버터를 넣고 젓는다.

4. 3의 혼합물을 2의 가루 재료에 붓고 잘 섞어 반죽을 만든다.

5. 반죽을 빵판에 올려 지름 약 20cm, 두께 2cm의 동그란 모양으로 만든다.

6. 반죽 덩어리를 피자 조각처럼 8개의 삼각형으로 자른다.

7. 스콘을 30분간, 혹은 이쑤시개로 찔렀을 때 반죽이 묻어 나오지 않을 때까지 굽는다. 오븐에서 꺼내 식힌다.

8. 글레이즈를 만든다. 자일리톨, 생크림, 코코넛유, 바닐라 추출물을 작은 냄비에 넣고 약한 불로 거품이 생길 때까지 저으면서 끓인다. 불에서 내려 식힌다.

9. 바닐라 글레이즈를 식은 스콘 위에 뿌린다.

라즈베리 크림 파이

당신의 가족, 친구, 그 외 주변 사람들은 건강을 향한 우리의 모험에 관심 없을 수 있다. 하지만 우리는 요리에 프리바이오틱스 섬유소(라즈베리의 펙틴, 파이 속 재료에 넣은 프럭토올리고당/이눌린)를 첨가하면서 맛있는 음식을 즐길 수 있다. 주변 사람들과 나누어 먹어도, 아무도 곡물과 설탕이 든 전통적인 파이의 건강한 대용식을 먹고 있다는 사실을 알아차리지 못할 것이다.

피칸 가루, 호두 가루, 혹은 아몬드 가루 1.5컵
녹은 버터 4큰술
천일염 약간
생라즈베리 혹은 냉동 라즈베리 2.5컵
물 1/2컵
크림치즈 실온에 둔 것 454g
사워크림 1/2컵
프럭토올리고당/이눌린 가루 2작은술
설탕 1/2컵에 해당하는 감미료

1. 오븐을 190°C로 예열하고, 23cm 파이 팬에 기름칠한다.
2. 중간 크기 볼에 견과류 가루, 버터, 소금을 넣고 잘 섞는다.
3. 견과류 반죽을 파이 팬에 놓고 잘 펴서 바닥을 깔고 옆부분은 1.3cm 높이로 세운다.
4. 오븐에서 옅은 갈색이 돌 때까지 10분간 굽는다. 오븐 온도를 163°C로 낮춘다.
5. 다음으로 속 재료를 만든다. 중간 크기 냄비에 라즈베리 1.5컵과 물을 넣고 중간 불로 가열한다.
6. 끓으면 저으면서 1분 동안 뭉근히 끓인 뒤, 불에서 내린다.

7. 끓인 라즈베리를 숟가락으로 으깨거나 분쇄기를 이용해 퓌레로 만든다.

8. 다른 큰 볼에 크림치즈, 사워크림, 프럭토올리고당/이눌린, 감미료를 넣고 잘 섞는다.

9. 7의 혼합물 절반을 8의 혼합물에 넣고 분쇄기로 고루 섞는다.

10. 이 혼합물을 파이 껍질에 붓고 15분 굽는다. 오븐에서 파이를 꺼내 실온에서 식힌다.

11. 남은 라즈베리 혼합물을 파이 위에 펴 바르고, 통라즈베리를 파이 위에 얹어 장식한다.

상쾌한 장 3일 식단과 장보기 목록

모두가 자신 있게 시작할 수 있도록 상쾌한 장 요리법으로 3일 식단을 구성해 보았다. 상쾌한 장 생활방식이 식생활에 거대한 변화를 일으키겠지만, 건강한 마이크로바이옴을 재구축하면서 맛있는 음식을 충분히 먹을 수 있다는 사실을 금방 깨달을 것이다. 밀에 들어 있는, 식욕을 촉진하는 글리아딘 유래 오피오이드펩타이드를 먹지 않고, 포만감을 주는 지방이나 기름을 제한하지 않으며, 옥시토신을 통해 식욕을 더 강하게 억누르는 락토바실루스 루테리 요구르트까지 먹고 있다면, 이제 하루 세끼는 너무 많다고 생각하게 될지도 모른다. 상쾌한 장 생활방식을 따르는 많은 사람은 하루 두 끼밖에 먹지 않는다. 언제 먹어야 하냐고? 식욕 신호에 귀 기울여라. 식사 시간이 되었다고 습관적으로 음식을 먹지 말라.

이미 익숙한 음식이 상쾌한 장 생활방식에 들어맞는다면 얼마든지 먹어도 괜찮다. 늘 먹던 아침 식사인 달걀부침 세 개와 햄 몇 조각에 핫 칠리소스(캡사이신의 마이크로바이옴 조절 효과를 위해)를 뿌리고 프리바이오틱스 섬유소가 든 소량의 검정콩을 곁들이는 식으로 말이다.

끼니마다 프리바이오틱스 섬유소 공급원을 곁들이는 습관을 들이도록 한다. 예를 들어 요구르트나 스무디를 먹는다면 이눌린이나 아카시아 섬유소 1작은술을 넣어 먹는다. 콩, 완두콩 등 콩과 식물을 오믈렛, 샐러드, 반찬에 넣어 요리한다. 아스파라거스, 얇게 썬 리크, 아보카도, 민들레 잎을 샐러드에 첨가하고, 얇게 썬 날감자도 함께 넣는다.

식단 뒤에는 장보기 목록도 덧붙였다. 사야 할 물건의 가짓수가 많다고 겁먹을 필요는 없다. 우리는 부엌을 건강한 식품으로 다시 채우는 중이다. 상쾌한 장 생활방식에 문제없이 적응하고 나면 새로운 식품을 많이 살 일은 없을 것이다.

1일

- **아침**: 락토바실루스 루테리+바실루스 코아귤런스 요구르트와 블루베리 1/2컵, 액체 스테비아 약간, 정향 녹차
- **점심**: 민들레 잎 날감자 샐러드와 아보카도 라임 드레싱, 핫칠리 프라이와 핫칠리소스
- **저녁**: 시실리안 피자, 1분 간단 딸기 아이스크림

2일

- **아침**: 아스파라거스·리크·흰강낭콩 키쉬, 정향 녹차
- **점심**: 버섯 크림수프, 오렌지 정향 스콘
- **저녁**: 연어와 아보카도 라임 소스, 모카 박하 케피어

3일

- **아침**: 말차 딸기 키라임 스무디, 정향 녹차
- **점심**: 베이컨, 상추, 토마토(혹은 다른 고기와 곁들임 음식)와 허브 포
  카치아, 생강빵 커피
- **저녁**: 소고기 샤와르마와 상쾌한 장 차지키, 발효한 구운 파프리
  카(먹기 전에 최소한 72시간 발효해야 한다), 라즈베리 크림 파이

장보기 목록

자주 사용하는 식품

아래 식품은 자주 사용하므로 비축해 놓자. 초기비용에 겁먹지 마
라. 처음에는 냉장고와 식품 저장실을 새로운 물품으로 가득 채워야
하지만, 시간이 지나면 이전보다 비용이 조금 덜 든다는 사실을 알게
될 것이다. 이렇게 식습관을 바꾸면 식욕이 놀라울 정도로 줄어들기
때문이다. (매일 사야 할 식품은 자주 사용하는 식품 목록에 넣지 않았다.)

- 아카시아 섬유소, 아몬드 가루, 버터, 핫칠리소스, 통정향, 캔에
  든 코코넛밀크, 코코넛오일, 엑스트라버진 올리브유, 프럭토올리
  고당 가루, 통마늘, 녹차(티백이나 잎차), 골든 아마씨 가루, 차전자
  가루, 유기농 하프 앤 하프(크림 50%, 전유 50%나 각자 선택한 발효 배
  양액), 생바질 혹은 건바질, 오레가노, 로즈메리, 육두구, 계피, 고

수써, 카엔 고추나 다른 매운 고추, 터메릭, 커민, 카레 가루, 가람
마살라, 타임, 생강, 이눌린 가루, 감미료

추가 식품

3일 식단을 실천할 때, 자주 사용하는 식품 외에 추가로 필요한 식
품은 아래와 같다.

- **1일**: 생블루베리 혹은 냉동 블루베리, 민들레 잎, 익히지 않은 흰
  감자, 적양파, 흰 양송이, 달걀, 베이컨, 아보카도, 화이트와인식
  초, 생고수, 라임, 순무, 양파 가루, 파르메산 치즈 가루, 핫칠리
  소스, 크림치즈, 모차렐라 치즈, 피자 소스, 크림, 냉동 딸기
- **2일**: 양파, 리크, 돼지고기, 소고기, 칠면조 고기, 혹은 닭고기 간
  것, 삶은 흰강낭콩, 닭 육수나 소고기 육수, 생아스파라거스 혹
  은 냉동 아스파라거스, 달걀, 리크, 흰 양송이(혹은 포토벨로나 크레
  미니 버섯), 코코넛밀크 캔 제품, 닭 육수나 채소 육수, 생고수, 베
  이킹소다, 감미료, 아보카도, 화이트와인식초, 연어 필렛, 케퍼어,
  인스턴트커피 가루, 무가당 코코아가루, 박하 추출물
- **3일**: 말차 가루, 박하 잎, 생블루베리 혹은 냉동 블루베리, 베이
  컨, 상추, 토마토, 모차렐라 치즈 얇게 썬 것, 말린 양파 가루, 검
  정 올리브나 칼라마타 올리브, 햇볕에 말린 토마토, 달걀, 소고
  기, 레몬, 오이, 생레몬즙 혹은 병에 든 레몬즙 제품, 생딜이나 생

박하, 파프리카, 월계수 잎, 피칸 가루나 호두 가루, 혹은 아몬드 가루, 생라즈베리 혹은 냉동 라즈베리, 크림치즈, 사워크림

자질구레한 일에 신경 써라

유명한 격언과는 반대로, 나는 우리가 자질구레한 일에 신경 써야 한다고 생각한다.

침대 시트에 빈대가 우글거린다는 사실을 알게 됐을 때처럼, 위장관 속에 서식하는 으스스한 벌레들 때문에 당신이 잠을 설치기를 바라는 건 당연히 아니다. 그러나 현대인의 삶에서는, 어떤 부주의한 사람이 한 손에 휴대전화를 붙든 채 운전하다가 당신의 차선으로 침입할 수도 있다는 사실을 염두에 두어야만 한다. 마찬가지로, 우리의 잘못으로 우리 몸속의 소우주가 완벽하게 파괴된 후라도 거기서 살아가는 미생물에 주의를 기울여야 한다.

모든 것 중에서도 가장 혼란스러운 점은 수조 마리의 미생물, 월급을 받거나 소득세를 내지 않는 이 생물들이 당신의 삶에 주치의보다 더 심오한 영향을 미치며, 영양보충제보다 더 중요하고, 타인과 나눈 그 어떤 관계보다 더 밀접하다는 사실이다. 미생물은 우리의 삶에 깊이 관여하며 은밀한 역할을 한다. 그런데도 최근 인간의 역사에서 대부분 사람들은 이 미생물들의 한가운데에 폭탄을 던지는 짓만 해왔다.

그 결과, 너무나 많은 사람의 위장관 속에서 미생물이 제멋대로 굴기 시작했다. 우리는 이를 궤양성결장염, 장미증, 공황발작, 예상치 못한 배변 급박감이라는 이름으로 부른다. 이들은 가장 부적절한 순간을 노려 급습한다. 그러나 당신 탓이 아니고, 처방전 약이 부족해서도, 운이 나빠서도 아니다. 지금도 당신의 모든 움직임, 모든 식사, 모든 생각을 좋든 싫든 주시하는 미생물 탓이다. 여러 측면에서 미생물은 지금까지 당신이 거쳐 온 모든 것을 총체적으로 반영한다. 나쁜 식습관, 1988년에 요로 감염 때문에 먹었던 시프로플록사신^{ciprofloxacin}, 대학 시절 너무 많이 마신 맥주, 임신하기 전 10년 동안 먹었던 피임약, 2005년에 겪어야 했던 고통스러운 이혼, 이혼 후 2년 동안 화날 때마다 먹어 댔던 유화제가 풍부한 딸기 아이스크림까지.

따라서 자질구레한 일에 신경 쓰지 않으면 위험하다. 무례한 동료의 무뚝뚝한 평가나 새로 바꿔 본 머리 스타일에 진땀을 흘려야 한다는 뜻이 아니다. 10대 자녀의 지저분함이나 소셜미디어 활동 때문에 잠을 설쳐야 한다는 뜻도 아니다. 당신에게 '말을 걸고', 스트레스가 가득한 순간뿐만 아니라 축하의 샴페인이 따라오는 성공까지 공유하는 미생물 수조 마리가 나타내는 효과를 두려워해야 한다. 마이크로바이옴을 의식하지 않는 주치의가 당신에게 스타틴, '혹시 모를' 세균 감염을 예방하는 항생제, 위산 억제제, 항염증제제 처방전을 건넬 때, 이것이 불러올 미생물 재앙에 식은땀을 흘려야 한다.

물론 처방전이 도움이 될 때도 있다. 그러나 해결책은 거기 없다. 약은 배변 급박감을 없애지 못한 채 원치 않은 부작용만 수없이 안겨줄 것이고, 수술은 건강하게 위의 크기를 줄이지 못할 것이다. 항우울제는 자연스럽게 기분을 북돋아 주지 못할 테고, 항생제는 애초에 곁주머니가 생기는 근본 원인을 치유할 좋은 미생물만 남겨 두지도, 장내벽을 부수고 나가 곁주머니 농양을 만드는 미생물만 선별해서 박멸하지도 못할 것이다.

모든 답을 아는 사람은 없다. 아무도 현대인의 마이크로바이옴에 우리가 가한 해악을 되돌리는 방법을 정확히 알지 못한다. 그러나 새로운 지식이 전례 없이 빠른 속도로 우리 앞에 나타났다. 기술이 맹렬한 속도로 진격하듯이, 개인이 이해할 수 있는 것보다 빠르게 혁신이 일어나고 새로운 도구가 만들어지듯이(세상에 얼마나 많은 스마트폰 앱이 있는가?), 마이크로바이옴 세계의 해답도 빠르게 밝혀진다. 단 하루도 새로운 지식이 나타나지 않는 날이 없으며, 우리는 새로운 정보가 곤경에 빠진 우리의 마이크로바이옴에 어떤 해결책을 줄 수 있을지 궁리한다.

이제 이전의 잘못을 그저 바로잡는 것을 넘어서는 질문을 해 보자. 평생에 걸쳐 저지른 모든 실수를 되돌리는 데 그치지 않고 더 나아질 수 있을까? 건강에 좋은 식품을 먹고 프로바이오틱스 보충제를 먹는다는 조건을 수용한다면, 과연 우리가 성취할 수 있는 것을 넘어서는 건강과 행복, 체중과 체성분, 낙관적인 기분과 성공을 얻을 수 있을까?

나는 그럴 수 있다고 믿는다.

이 책에서 제시하는 지식과 프로그램이 획기적이며 계몽적인 내용을 담고 있는 만큼, 현재 우리가 갖춘 인간 마이크로바이옴 지식을 자동차 산업 초기에 비유하겠다. 헨리 포드는 혁명적인 자동차 모델 T에 관한 어떤 질문을 받고 "어떤 고객이든 원하는 색의 자동차를 살 수 있다. 단 원하는 것이 검은색일 경우다"라고 선언했다. 당시의 시작은 초라했지만, 지금 우리는 포드가 상상하지도 못했을 테슬라, 자율주행자동차, 유인 우주선, 그 외에도 다양한 수송 혁신을 이루었다. 나는 우리가 그때와 비슷한 상황이라고 생각한다. 마이크로바이옴은 1908년의 모델 T처럼 이제 막 출발했고 연기를 내뿜기 시작했다. 이 책에서 소개한 건강 개념은 빠르게 발전하고 있으며, 앞으로 몇 달이나 몇 년 내에 강력하고 효과적인 해결책을 내놓을 것이다. 57만 원짜리 검은색 모델 T 자동차에서 다양한 색의 컴퓨터화된 현대 전기자동차에 이르기까지는 한 세기 이상이 걸렸다. 하지만 인간 마이크로바이옴 세계는 단 몇 년 안에 자율주행자동차와 비슷한 수준까지 발달해서 마이크로바이옴 건강을 관리하리라고 본다.

하지만 지금도 우리가 마이크로바이옴을 관리하려고 노력하면 진실로 인상적인 위업을 일구어 낼 수 있다. 불과 몇 년 전, 그저 우리 몸속 생태계에 미생물 한 종을 복구하는 것만으로 피부가 부드러워지고, 근육과 근긴장의 젊음이 회복되고, 골밀도가 유지되고, 공감 능력이 키워지며, 허리둘레와 불안이 줄어들 것이라고 누가 상상이나 했을까? 어떻게 혈당과 혈압을 낮추는 동시에 대사상 혜택(세상은 여전히 이것이 처방전 약 덕분이라고 믿는다)을 누릴 수 있었을까?

머지않아 우리는 우리 안에 들어 있는 미생물 우주를 더 잘 관리할 매혹적이고 새로운 개념, 제품, 치료법이 쏟아지는 상황을 목격할 것이다. 예를 들면 아래와 같다.

- 핵심종과 균주를 함유한 효과적인 2세대 프로바이오틱스가 출시되어 효과가 미미한 현재의 프로바이오틱스를 빠르게 도태시킬 것이다. 몇 주 동안만 먹으면 위장관에 평생 서식하는 프로바이오틱스가 나올 수도 있다. 프로바이오틱스 수가 늘어난 덕에 미생물이 협력하는 길드 혹은 컨소시엄 효과가 발생하고, 세균과 숙주인 인간 모두에게 상승효과를 불러오는 대사 이익이 나타날 것이다.

- '3세대 프로바이오틱스' 제품이 생산될 것이다. 핵심 미생물과 함께 비미생물 요소를 넣어 강력한 마이크로바이옴 형성 효과를 나타내리라고 본다.

- 항생제나 항진균제의 도움 없이도 소장세균 과증식과 소장진균 과증식을 박멸하는 표적 프로바이오틱스가 나올 것이다. 이 접근법으로 우리는 '건강한 미생물의 힘'을 얻을 수 있다. 상쾌한 장 SIBO 요구르트가 이를 향한 한 걸음이 되리라고 믿는다.

- 마이크로바이옴 관리는 2형당뇨병부터 류머티즘성관절염, 파킨슨병까지 수많은 질병을 관리하는 방법이 될 것이다. 마이크로바이옴을 치유해서 우울증이나 불안 같은 질환을 관리할 가능성을 상상해 보라. 잘 안 듣는 데다 유독하고 값비싼 수많은 처방전 약이 없어도 된다. 마이크로바이옴을 표적으로 삼아 일부 심각한 정신병과 정서 질환을 즉시 효과적으로 관리할 수 있다.

- 비타민 B_1, B_2, B_3, B_6, B_9(엽산), B_{12}, 그리고 K_2까지, 비타민을 생산하는 세균 종을 키우는 방법을 알게 되면서 비타민보충제 수요가 줄어들고 비타민 결핍 현상도 사라지게 될 것이다. 앞으로는 영양분을 생산하지 않는 장내세균은 줄어들고 영양분을 생산하는 락토바실루스와 비피도박테리움 종은 늘어나서, 가임기 여성은 곡물로 엽산을 보충할 필요가 없어질 것이다. 엽산을 생산하는 세균 종에 맡기면 된다.
- 과민증과 알레르기를 일으키는 미생물을 관리하는 방법을 알게 되면서 음식 과민증과 알레르기는 옛날이야기가 될 것이다.
- 해로운 대사산물 때문에 발생하는 질병, 예를 들어 통풍을 일으키는 요산이나 신장결석을 일으키는 옥살산염의 축적 등은 마이크로바이옴을 특별히 조절하면서 관리할 것이다.

이렇게 생각해 보자. '정상' 수준의 인간 건강과 행동을 지금보다 더 향상할 수 있을까? 마이크로바이옴에 우호적인 생활방식을 유지하고, 우리보다 건강 면에서 뛰어난 하드자족이나 야노마미족 같은 원주민을 관찰하면서 인간 마이크로바이옴을 개선하면, 전통문화가 아직 이루지 못한 건강과 기능상의 발전도 이룰 수 있을까? 기억력을 향상하고 에너지를 늘리며, 신체 활동성을 높일 마이크로바이옴 전략을 세울 수 있겠냐는 말이다. 나는 우리가 거기에 다다르기까지 겨우 몇 발자국, 혹은 요구르트 몇 통 정도 떨어져 있다고 본다.

혁신이 이루어지는 속도를 생각할 때, 우리는 영화 〈리미트리스〉

에 나온 브래들리 쿠퍼처럼 정신 능력을 향상하거나 피로와 우울을 제거하는 마이크로바이옴 관리 기술이 출현하는 광경을 보게 될 것이다. 현실이 될 수도 있는, 이 믿기 힘든 변화를 인정할 수 있는가?

그러나 이 놀라운 효과를 깨닫기 전에, 우리는 먼저 몸속에 숨어 있는 괴물을 정복해야 한다. 모두가 횡격막 아래에 품고 있는 이 수상하지만 놀라운 괴물은 모든 잡음과 당신을 불안하게 하는 소음, 당신이 매일(매일이기를 바란다) 화장실에서 보는 작품에 책임이 있다. 따라서 이들을 구조조정하고, 재구축하며, 개선해야 한다.

아직 누구도 20년, 50년, 혹은 100년을 더 사는 암호를 풀지 못했다. 물론 암호를 풀었다는 주장은 있지만, 연충류와 쥐 외에 인간에게 직접 이런저런 전략을 적용했을 때 더 오래 살 수 있다는 증거는 없다. 더불어, 지팡이나 보행 보조기를 짚고 비틀거리고, 친구와 가족을 알아보지 못할 정도로 기억력이 퇴화하며, 삶의 기본적인 활동을 타인에게 의지해야만 할 정도로 신체가 허약해도 오래 살기만 하면 되는 것일까? 우리가 이룰 목표는 수명을 연장하는 것이 아니라 삶의 질을 향상하는 것이다. 달리고, 뛰고, 춤추고, 사랑하고, 인간을 인간답게 하는 일들을 가능한 한 오래 하는 것이다. 몸통을 꿰어 맞추고 번개를 떨어트리는 프랑켄슈타인 박사의 섬뜩한 실험이 아니라, 우리가 품은 미생물 수조 마리의 지혜를 이해하고 적용해서 목표를 이루어야 한다.

마흔 살에서 노화가 멈추고, 여전히 팔굽혀펴기를 50개씩 할 수 있고, 주름이 깊어지지 않으며, 압박골절 없이, 사회적 상호작용에 흥미를 잃지 않는 생일들을 맞게 된다면 어떨까? 아흔여덟 살이 되어도 자전거를 32km 타고 난 후나 삼바를 춘 후에 사교 모임에 참석해 웃을 수 있다면? 배우자에게 여전히 매혹적인 상태로 다음 휴가 여행을 계획할 수 있다면? 상쾌한 장 전략을 실천하면 이 같은 현실에 몇 걸음 더 가까이 다가설 것이다.

많은 사람이 여전히 미생물을 박멸해야 할 '병균'이라고 생각한다. 그러나 이로운 미생물을 선택해서 필요한 영양분을 공급하고, 증식하기 적절한 환경을 제공한다면 어떨까? 이들은 우리의 건강을 뒷받침하고, 손상된 건강을 회복시키며, 노화와 약화로 나타난 증상을 되돌려 놓을 것이다. 우리가 추구하는 것은 박멸이 아니라 협력이다. 우리는 글리포세이트, 스타틴, 싸구려 초콜릿 아이스크림, 다이어트 탄산음료가 프랑켄슈타인 장에 키워 낸 불쾌하고 괴물 같은 미생물을 박멸해야 할 수도 있다. 그러나 어쨌든 생존을 위해 우리에게 의지하는 미생물의 증식을 지원하고 경작한다면 어떨까? 그러면 미생물이 좌우하는 우리의 건강에 관한 수많은 비밀을 밝혀낼 수 있을까?

나는 그럴 수 있을 거라고 본다. 우리는 그 위대한 통찰에 생각보다 더 가까이 다가섰다. 이제 직접 만든 락토바실루스 루테리 요구르트에 치아시드를 넣고 정향 녹차 한 잔을 마시며, 노화를 되돌리고 젊음을 되찾을 준비를 시작하자.

감사의 말

지금은 2023년이지만, 만약 자동차산업에 비유한다면 현재를 1908년이라고 할 수 있을 것이다. 초창기 컴퓨터 산업의 출현에 비유한다면 1982년일 것이고, 당신은 초록색 화면과 퐁 게임이 설치된 코모도르 컴퓨터를 갖고 있을 것이다. 즉 장내 마이크로바이옴 세상에서 우리는 이제 막 출발선에 섰다.

세상을 바꿀 잠재력이 있는 산업의 탄생을 다시 목도하고 있다는 사실을 갑작스럽게 알게 되면 놀랍고, 숨이 차오르며, 흥분을 감출 수 없다. 우리가 몸속 생태계를 회복하고 재구축하는 데 집중하면서 일어난 변화다. 이전에는 항생제 치료가 고작해야 소화불량이나 설사 정도를 불러일으킨다고 여겨 왔다.

지식의 도약은 점진적이다. 수많은 사람의 업적과 이전의 지식 위에 쌓아 올리는 것이기 때문이다. 이 책에서 내가 한 일도 똑같다. 나는 수천 명의 연구자, 미생물학자, 다른 과학자의 인상적인 연구 결과 위에 내 연구 결과를 쌓아 올렸다. 나는 여러 해 동안 장내 마이크로바이옴과 완전히 상관없어 보이는 순환기내과를 진료했다. 이 두 분야는 빙고와 양자물리학만큼이나 다르다. 그러나 단절된 분야를 연결하고, 다른 관점들을 아우르는 총체적인 지혜를 조합하며, 새롭고 독특한 결론에 이르려 노력한다면 위대한 지혜는 누구나, 그리고 어디서나 얻을 수 있다.

그러나 지식의 성장 속도를 높이는, 점점 더 강력해지고 있는 힘이 있다. 바로 대중의 참여로 지식과 경험을 모으는 크라우드소싱이다. 교사, 사업가, 기술자, 과학자, 미용사, 생산설비 노동자, 콜센터 상담원, 어머니, 아버지, 조부모 등 모든 이의 지혜와 경험을 결합해 건강에 관한 같은 문제의 답을 찾는 데 헌신하면 어떻게 될까? 우리는 결국 답을 찾는다. 의사들을 수년 동안 당황하게 했던 문제의 답도 찾을 수 있다.

나는 독자들에게 질문을 던지지 않으면 절대 답을 얻지 못한다고 말한다. 그러므로 질문하라. 내일, 모레, 내년에조차 답을 알 수 없을지도 모른다. 그러나 일단 질문이 던져지면 우리의 마음은 해답에 점점 더 가까워지는 무언가에 휘말리게 된다.

그러므로 내가 가장 감사하는 분들은 모두 함께 더 나은 답을 찾아내기 위해 노력한 수많은 사람, 이 거대하고 혼란스럽지만 경이로운 '크라우드소싱 지혜'를 만드는 과정에 공헌하기 위해 자신의 바쁜 삶 속에서 시간을 내고 수고한 사람들이다. 개인은 답을 모를 수 있고, 10명 혹은 100명도 답을 모를 수 있다. 그러나 수천 명의 지혜와 경험을 모으면 놀라운 일이 생긴다. 내가 감사를 전해야 할 사람들이 너무나 많다는 뜻이기도 하다. 캘리포니아의 한 어머니는 잃어버린 미생물들을 회복하는 것만으로 딸의 건강, 식습관, 음식 과민증이 어떻게 근본적으로 치유되었는지 알려 왔다. 플로리다의 한 여성은 옥시토신을 촉진하고 염증을 줄이는 미생물 종을 점도 높고 맛있는 요구르트로 발효하는 것만으로 (정년이 예상보다 가깝다는 걸 알려 주는) 주름이 줄어들었고 1990년대의 젊음을 회복했다고 전했다.

그러나 내가 제시한 프로그램을 짜는 데 필요한 통찰력을 갖추도록 중요한 역할을 해 주신, 그래서 특별히 감사해야 할 분들도 있다. 나는 그저 재잘거리고 설명하는 데 만족하지 못하고, 삶을 놀라울 정도로 바꾸리라고 확신하는 길, 건강, 날씬함, 젊음을 새로 발견하는 길을 보여 줘야만 만족스러울 수 있었다. 내 생각을 정리해서 총체적으로 '상쾌한 장'이라고 이름 붙이도록 도와준 모든 사람에게 진심으로 감사한다. 그중에서도 특히 감사드릴 분들은 다음과 같다.

크리스 클리스밋, 내 오랜 친구이자 뮤즈. 수많은, 너무 많은 밤을 함께 토론하고 반박하며 보냈지만, 미국 보건의료체계라는 재앙을 탐색하고 현재의 끔찍한 상황보다 더 나은 해결책을 함께 찾으려 했다. 이전의 다른 책에서도 크리스에게 감사의 말을 전했지만, 이번에도 다시 한번 마음을 전한다.

나의 에이전트 릭 브로드헤드, 내 관점과 발견이 기존 지식과 어긋난다는 강경한 평을 공개적으로 들으면서 내가 기복을 겪을 때마다 함께 견뎌 주었다. 나는 릭이 미친 아이디어에 운명을 걸었던 자신을 한탄하며 수많은 불면의 밤을 보냈으리라 확신한다. 그러나 『밀가루 똥배』 시리즈가 성공하는 것을 함께 보았기에, 릭이 이 프로젝트를 맡은 것을 다행스럽게 생각한다.

직접적으로 이 책의 내용과 아이디어에 연관이 있지는 않지만, 내 생각이 형태를 갖추는 데 한몫했던 사람들, 이 아이디어를 발전시키는 데 필요한 연구를 뒷받침할 자금을 모으도록 도와준 사람들, 내가 오랜 친구이며 동료라고 여기는 이들은 다음과 같다.

마크 노톨리. 더 좋은 효과를 내기 위해 과학에 깊은 관심을 보이는 사업가는 드물다. 마크와 알게 된 지 15년이 넘었지만 서로 다른 분야를 연결하는 그의 명석함을 지난 2~3년 동안 높이 평가하는 데 인색했다. 감사를 전한다.

로이 빙엄. 점잖고 현명한 영국인 사업가로, 세상에는 더 원대한 목표가 있으며 우아하고 위엄 있게 목표를 성취할 수 있다는 사실을 내게 확인시켜 주었다. 최근 미국 중서부로 다시 옮겨 왔으며 이를 계기로 더 큰 시너지와 협력이 이루어지길 바란다.

물론 아셰트출판사의 내 담당 편집자인 로런 마리노, 시스카 셰리펠, 몰리 와이젠펠드, 크리스티나 팔라이아에게도 신세를 졌다. 연잎 아래마다 악어가 숨어 있는 늪을 헤치고 나가는 것 같았을 프로젝트를 맡아 준 데 깊은 감사를 전한다. 춥고, 느리고, 다리가 물어뜯길까 경계하면서도 나를 도와 강력하면서도 조금은 복잡한, 따라서 바쁜 삶을 영위하는 사람들에게 알리려면 고군분투해야 할 메시지를 함께 만들어 냈다.

마지막으로 친구들과 가족, 이웃 등 알게 모르게 이 위대한 인간 실험에 관해 내게 피드백을 준 사람들에게 감사를 전하고 싶다. 락토바실루스 루테리 요구르트를 먹고 얼굴 주름이 얼마나 줄었는지 말해 준 사람, 바실루스 코아귤런스 요구르트를 먹은 후 거의 슈퍼맨 같은 신체적 위업을 이루었다고 전해 준 사람, 보이지 않고 대개는 인식하지도 못하는 이 미생물들이 어떻게 견뎌 내는 삶과 온전히 살아 내는 삶의 차이점을 만드는지에 관한 새롭고 독특한 통찰 과정을 그려 나가도록 도와준 모든 사람에게 감사드린다.

1부. 우울한 장

우리 몸속 기후변화

Carrera-Bastos P, Fontes-Villalba M, O'Keefe J, Lindeberg S, Cordain L. The Western diet and lifestyle and diseases of civilization. *Res Rep Clin Cardiol*. 9 March 2011;2:15–35.

Data and Statistics: Inflammatory Bowel Disease Prevalence (IBD) in the United States. Centers for Disease Control website. https://www.cdc.gov/ibd/data-statistics.htm. Reviewed August 11, 2020. Accessed May 25, 2021.

US Cancer Statistics Working Group. US Cancer Statistics Data Visualizations Tool, based on 2019 submission data (1999–2017). US Department of Health and Human Services, Centers for Disease Control and Prevention, and National Cancer Institute. https://gis.cdc.gov/Cancer/USCS/DataViz.html. Published June 2020. Accessed May 25, 2021.

Cani PD, Amar J, Iglesias MA, et al. Metabolic endotoxemia initiates obesity and insulin resistance. *Diabetes*. 2007;56(7):1761–1772.

Lasselin J, Lekander M, Benson S, et al. Sick for science: experimental endotoxemia as a translational tool to develop and test new therapies for inflammation-associated depression. *Mol Psych*. 2020. doi.org/10.1038/s41380-020-00869-2.

Takakura W, Pimentel M. Small intestinal bacterial overgrowth and irritable bowel syndrome—an update. *Front Psych*. 2020;11:664.

Pimentel M, Wallace D, Hallequa D, et al. A link between irritable bowel syndrome and fibromyalgia may be related to findings on lactulose breath testing. *Ann Rheum Dis*. 2004;63(4):450–452.

Weinstock LB, Fern SE, Duntley SP, et al. Restless legs syndrome in patients with irritable bowel syndrome: response to small intestinal bacterial overgrowth therapy. *Dig Dis Sci*. 2008;53(5):1252–1256.

Mikolasevic I, Delija B, Mijic A, et al. Small intestinal bacterial overgrowth and non-alcoholic fatty liver disease diagnosed by transient elastography and liver biopsy. *Int J Clin Pract*. 2021;75(4):e13947.

Losurdo G, D'Abramo FS, Indellicati G, et al. The influence of small intestinal bacterial overgrowth in digestive and extra-intestinal disorders. *Int J Mol Sci*. 2020;21(10):3531.

Polkowska-Pruszynska B, Gerkowicz A, Szczepanik-Kulak P, et al. Small intestinal bacterial overgrowth in systemic sclerosis: a review of the literature. *Arch Dermatol Res*. 2019;311(1):1–8.

Yan LH, Mu B, Pan D. Association between small intestinal bacterial overgrowth and beta-cell function of type 2 diabetes. *J Int Med Res*. 2020;48(7):300060520937866.

Wijarnpreecha K, Werlang ME, Watthanasuntorn K, et al. Obesity and risk of small intestine bacterial overgrowth: a systematic review and meta-analysis. *Dig Dis Sci*. 2020;65(5):1414–1422.

Erdogan A, Rao SSC. Small intestinal fungal overgrowth. *Curr Gastroenterol Rep*. 2015;17(4):16.

Zhang W, Zhang K, Zhang P, et al. Research progress of pancreas-related microorganisms and pancreatic cancer. *Front Oncol*. 2021;10:604531.

Alonso R, Pisa D, Aguado R, Carrasco L. Identification of fungal species in brain tissue from Alzheimer's disease by next-generation sequencing. *J Alzheimers Dis*. 2017;58(1):55–67.

Nicoletti A, Ponziani FR, Nardella E, et al. Biliary tract microbiota: a new kid on the block of liver diseases? *Eur Rev Med Pharmacol Sci*. 2020;24(5):2750–2775.

Global Health Observatory data repository: births by Cesarean section. World Health Organization website. https://apps.who.int/gho/data/node.main. BIRTHSBYCAESAREAN?lang=en. Updated April 9, 2018. Accessed May 25, 2021.

CDC releases 2018 breastfeeding report card [press release]. Centers for Disease Control and Prevention website. https://www.cdc.gov/media/releases/2018/p0820-breastfeeding-report-card.html. Published August 20, 2018. Accessed May 25, 2021.

Goedert JJ, Hua X, Shi J. Diversity and composition of the adult fecal microbiome\associated with history of Cesarean birth or appendectomy: analysis of the American Gut Project. *EBioMedicine*. 2014;1(2–3):167–172.

Lundgren SN, Madan JC, Emond JA, et al. Maternal diet during pregnancy is related with the infant stool microbiome in a delivery mode–dependent manner. *Microbiome*. 2018;6:109.

Vinturache AE, Gyamfi-Bannerman C, Hwand J, et al. Maternal microbiome—a pathway to preterm birth. *Seminars Fetal Neonat Med*. 2016;21(2): 94–99.

Torres J, Hu J, Seki A, et al. Infants born to mothers with IBD present with altered gut microbiome that transfers abnormalities of the adaptive immune system to germ-free mice. *Gut*. 2020;69(1):42–51.

Barcik W, Boutin RCT, Solokowska M, Finlay BB. The role of lung and gut microbiota in the pathology of asthma. *Immunity*. 2020;52(2):241–255.

Stewart CJ, Ajami NJ, O'Brien JL, et al. Temporal development of the gut microbiome in early childhood from the TEDDY Study. *Nature*. 2018;562(7728):583–588.

Robertson RC, Manges AR, Finlay BB, Prendergast AJ. The human microbiome and child growth—first 1000 days and beyond. *Trends Microbiol*. 2019;27(2):131–147.

Solomon S. The controversy over infant formula. *New York Times*, December 6,

1981. https://www.nytimes.com/1981/12/06/magazine/the-controversy-over-infant-formula.html?pagewanted=all.

Palmer C, Bik EM, Di Giulio DB, Relman DA, Brown PO. Development of the human infant intestinal microbiota. *PLoS Biol.* 2007;5:e177.

Ip S, Chung M, Raman G, et al. Breastfeeding and maternal and infant health outcomes in developed countries. *Evid Rep Technol Assess.* 2007;153:1–186.

Frese SA, Hutton AA, Contreras LN, et al. Persistence of supplemented *Bifidobacterium longum* subsp. *infantis* EVC001 in breastfed infants. *mSphere.* 2017;2(6):e00501–e00517.

Vangay P, Ward T, Gerber JS, Knights D. Antibiotics, pediatric dysbiosis, and disease. *Cell Host Microbe.* 2015;17(5):553–564.

Hicks LA, Taylor TH, Hunkler RJ. U.S. outpatient antibiotic prescribing, 2010. *N Engl J Med.* 2013;368:1461–1462. doi:10.1056/NEJMc1212055.

Su T, Lai S, Lee A, et al. Meta-analysis: proton pump inhibitors moderately increase the risk of small intestinal bacterial overgrowth. *J Gastroenterol.* 2018;53(1):27–36.

Muraki M, Fujiwara Y, Machida H, et al. Role of small intestinal bacterial overgrowth in severe small intestinal damage in chronic non-steroidal anti-inflammatory drug users. *Scand J Gastroenterol.* 2014;49(3):267–273.

Saffouri GB, Shields-Cutler RR, Chen J, et al. Small intestinal microbial dysbiosis underlies symptoms associated with functional gastrointestinal disorders. *Nat Commun.* 2019;10:2012.

Mao Q, Manservisi F, Panzacchi S, et al. The Ramazzini Institute 13-week pilot study on glyphosate and Roundup administered at human-equivalent dose to Sprague Dawley rats: effects on the microbiome. *Environ Health.* 2018;17:50.

Claus SP, Guillou H, Ellero-Simatos S. The gut microbiota: a major player in the toxicity of environmental pollutants? *NPJ Biofilms Microbiomes.* 2016;2:16003.

Zhan J, Liang Y, Liu D, et al. Antibiotics may increase triazine herbicide exposure risk via disturbing gut microbiota. *Microbiome.* 2018;6:224.

Cho Y, Osgood RS, Bell LN, et al. Ozone-induced changes in the serum metabolome: role of the microbiome. *PLoS One.* 2019;14(8):e0221633.

그 많던 미생물은 어디로 갔을까?

Appelt S, Drancourt M, Le Bailly M. Human coprolites as a source for paleomicrobiology. *Microbiology Spectrum.* 2016;4(4). doi:10.1128/microbiolspec.PoH-0002-2014.

Adler CJ, Dobney K, Weyrich LS, et al. Sequencing ancient calcified dental plaque shows changes in oral microbiota with dietary shifts of the Neolithic and Industrial revolutions. *Nat Genet.* 2013;45:450–455.

Tito RY, Knights D, Metcalf J, et al. Insights from characterizing extinct human gut microbiomes. *PLoS One.* 2012;7(12):e51146.

Pasolli E, Ascinar F, Manara S, et al. Extensive unexplored human microbiome diversity revealed by over 150,000 genomes from metagenomes spanning age, geography, and lifestyle. *Resource.* 2019;176(3):649–662.

Schnorr SL, Candela M, Rampelli S, et al. Gut microbiome of the Hadza hunter-gatherers. *Nat Commun.* 2014;5:3654.

Obregon-Tito A, Tito R, Metcalf J, et al. Subsistence strategies in traditional societies distinguish gut microbiomes. *Nat Commun.* 2015;6:6505.

Clemente JC, Pehrsson EC, Blaser MJ, et al. The microbiome of uncontacted Amerindians. *Sci Adv.* 2015;12(3):e1500183.

Abdel-Gadir A, Stephen-Victor E, Gerber GK, et al. Microbiota therapy acts via a regulatory T cell MyD88/RORγt pathway to suppress food allergy. *Nat Med.* 2019;25(7):1164–1174.

PeBenito A, Nazzal L, Wang C, et al. Comparative prevalence of *Oxalobacter formigenes* in three human populations. *Sci Rep.* 2019;9(1):574.

Dwyer ME, Krambeck AE, Bergstralh EJ, et al. Temporal trends in incidence of kidney stones among children: a 25-year population based study. *J Urol.* 2012;188:247.

Henrick BM, Hutton AA, Palumbo MC, et al. Elevated fecal pH indicates a profound change in the breastfed infant gut microbiome due to reduction of *Bifidobacterium* over the past century. *mSphere.* 2018;3(2):e00018–e00041.

Underwood MA, German JB, Lebrilla CB, Mills DA. *Bifidobacterium longum* subspecies Infantis: champion colonizer of the infant gut. *Pediatr Res.* 2015;77(1–2):229–235.

Frese SA, Hutton AA, Contreras LN, et al. Persistence of supplemented *Bifidobacterium longum* subsp. infantis EVC001 in breastfed infants. *mSphere.* Dec;2(6):e00501–e00517.

Del Giudice MM, Indolfi C, Capasso M, et al. *Bifidobacterium* mixture (*B longum* BB536, *B infantis* M-63, *B breve* M-16V) treatment in children with seasonal allergic rhinitis and intermittent asthma. *Ital J Pediatr.* 2017;43(1):25.

Giannetti E, Maglione M, Alessandrella A, et al. A mixture of 3 Bifidobacteria decreases abdominal pain and improves the quality of life in children with irritable bowel syndrome: a multi-center, randomized, double-blind, placebo-controlled, crossover trial. *J Clin Gastroenterol.* 2017;51(1):e5–e10.

Molin G, Jeppsson B, Johansson ML, et al. Numerical taxonomy of *Lactobacillus* spp. associated with healthy and diseased mucosa of the human intestines. *J App Bacteriol.* 1993;74(3):314–323.

Walter J, Britton RA, Roos S. Host-microbial symbiosis in the vertebrate gastrointestinal tract and the *Lactobacillus reuteri* paradigm. *Proc Nat Acad Sci.* 2001;108(suppl 1):4645–4652.

Erdman SE, Poutahidis T. Microbes and oxytocin: benefits for host physiology and behavior. *Int Rev Neurobiol.* 2016;131:91–126.

Poutahidis T, Kleinewietfeld M, Smillie C, et al. Microbial reprogramming inhibits Western diet–associated obesity. *PLoS One.* 2013;8(7):e68596.

Levkovich T, Poutahidis T, Smillie C, et al. Probiotic bacteria induce a "glow of health." *PLoS One.* 2013;8(1):e53867.

Varian BJ, Poutahidis T, DiBenedictis BT, et al. Microbial lysate upregulates host oxytocin. *Brain Behav Immun.* 2017;61:36–49.

Elabd C, Cousin W, Upadhyayula P, et al. Oxytocin is an age-specific circulating hormone that is necessary for muscle maintenance and regeneration. *Nat Commun*. 2014;5:4082.

Elabd S, Sabry I. Two birds with one stone: possible dual-role of oxytocin in the treatment of diabetes and osteoporosis. *Front Endocrinol* (Lausanne). 2015;6:121.

Nilsson AG, Sundh D, Backhed F, Lorentzon M. *Lactobacillus reuteri* reduces bone loss in older women with low bone mineral density: a randomized, placebo-controlled, double-blind, clinical trial. *J Intern Med*. 2018;284(3):307–317.

Faria C, Zakout R, Araujo M. *Helicobacter pylori* and autoimmune diseases. *Biomed Pharmacother*. 2013;67(4):347–349.

Mounika P. *Helicobacter pylori* infection and risk of lung cancer: a meta-analysis. *Lung Cancer Int*. 2013;2013:131869. doi:10.1155/2013/131869.

Kato M, Toda A, Yamamoto-Honda R, et al. Association between *Helicobacter pylori* infection, eradication and diabetes mellitus. *J Diabetes Investig*. 2019;10(5):1341–1346.

Dardiotis E, Tsouris Z, Mentis AFA, et al. *H. pylori* and Parkinson's disease:meta-analyses including clinical severity. *Clin Neurol Neurosurg*. 2018;175:16–24.

Bjarnason IT, Charlett A, Dobbs RJ, et al. Role of chronic infection and inflammation in the gastrointestinal tract in the etiology and pathogenesis of idiopathic parkinsonism. Part 2: response of facets of clinical idiopathic parkinsonism to *Helicobacter pylori* eradication. A randomized, double-blind, placebo-controlled efficacy study. *Helicobacter*. 2005;10:276–287.

Yang X. Relationship between *Helicobacter pylori* and rosacea: review and discussion. *BMC Infect Dis*. 2018;18(1):318.

Kato M, Toda A, Yamamoto-Honda R, et al. Association between *Helicobacter pylori* infection, eradication and diabetes mellitus. *J Diabetes Investig*. 2019;10(5):1341–1346.

Atherton JC, Blaser MJ. Coadaptation of *Helicobacter pylori* and humans: ancient history, modern implications. *J Clin Invest.* 2009;119:2475–2487.

Mao Q, Manservisi F, Panzacchi S, et al. The Ramazzini Institute 13-week pilot study on glyphosate and Roundup administered at human-equivalent dose to Sprague Dawley rats: effects on the microbiome. *Environ Health.* 2018;17:50.

Sonnenburg ED, Smits SA, Tikhonov M, et al. Diet-induced extinctions in the gut microbiota compound over generations. *Nature.* 2016;529:212–215.

Sonnenburg JL, Xu J, Leip DD, et al. Glycan foraging in vivo by an intestinal-adapted bacterial symbiont. *Science.* 2005;307(5717):1955–1959.

Olson CA, Vuong HE, Yano JM, et al. The gut microbiota mediates the anti-seizure effects of the ketogenic diet. *Cell.* 2018;173(7):1728–1741.

점령당한 현대인의 소장

Olsan EE, Byndloss MX, Faber F, et al. Colonization resistance: the deconvolution of a complex trait. *J Biol Chem.* 2017;292(21):8577–8581.

2018 Update: Antibiotic Use in the United States: Progress and Opportunities. Centers for Disease Control and Prevention website. https://www.cdc.gov/antibiotic-use/stewardship-report/pdf/stewardship-report-2018-508.pdf. Reviewed November 11, 2020. Accessed May 28, 2021.

Manyi-Loh C, Mamphweli S, Meyer E, Okoh A. Antibiotic use in agriculture and its consequential resistance in environmental sources: potential public health implications. *Molecules.* 2018;23(4):795.

Hensgens MPM, Keessen EC, Squire MM, et al. *Clostridium difficile* infection in the community: a zoonotic disease? *Clin Micro Infect.* 2012;18(7):635–645.

Severe *Clostridium difficile*–associated disease in populations previously at low risk—four states, 2005. *MMWR.* 2005;54(47):1201–1205.

Marlicz W, Loniewski I, Grimes DS, Quigley EM. Nonsteroidal anti-inflammatory drugs, proton pump inhibitors, and gastrointestinal injury:

contrasting interactions in the stomach and small intestine. *Mayo Clin Proc.* 2014;89(12):1699–1709.

Sabate JM, Coupaye M, Ledoux S, et al. Consequences of small intestinal bacterial overgrowth in obese patients before and after bariatric surgery. *Obes Surg.* 2017;27(3):599–605.

Czepiel J, Drózdz M, Pituch H, et al. *Clostridium difficile* infection: review. *Eur J Clin Microbiol Infect Dis.* 2019;38(7):1211–1221.

Maziade PJ, Pereira P, Goldstein EJ. A decade of experience in primary prevention of *Clostridium difficile* infection at a community hospital using the probiotic combination *Lactobacillus acidophilus* CL1285, *Lactobacillus casei* LBC80R, and *Lactobacillus rhamnosus* CLR2 (Bio-K+). *Clin Infect Dis.* 2015;60(suppl 2):S144–S147.

Schubert AM, Rogers MAM, Ring C, et al. Microbiome data distinguish patients with *Clostridium difficile* infection and non-*C. difficile*-associated diarrhea from healthy controls. MBio. 2014;5:1–9.

Wu J, Peters BA, Dominianni C, et al. Cigarette smoking and the oral microbiome in a large study of American adults. *ISME J.* 2016;10(10):2435–2446.

Engen PA, Green SJ, Voigt RM, et al. The gastrointestinal microbiome: alcohol effects on the composition of intestinal microbiota. *Alcohol Res.* 2015;37(2):223–236.

Saffouri GB, Shields-Cutler RR, et al. Small intestinal microbial dysbiosis underlies symptoms associated with functional gastrointestinal disorders. *Nat Commun.* 2019;10(1):2012.

Suez J, Korem T, Zeevi D, et al. Artificial sweeteners induce glucose intolerance by altering the gut microbiota. *Nature.* 2014;514(7521):181–186.

Caparrós-Martín JA, Lareu RR, Ramsay JP, et al. Statin therapy causes gut dysbiosis in mice through a PXR-dependent mechanism. *Microbiome.* 2017;5(1):95.

Martinez KB, Leone V, Chang EB. Western diets, gut dysbiosis, and metabolic diseases: are they linked? *Gut Microbes.* 2017;8(2):130–142.

Schroeder BO, Birchenough GMH, Stahlman M, et al. Bifidobacteria or fiber protect against diet-induced microbiota-mediated colonic mucus deterioration. *Cell Host Microbe.* 2018;23(1):27–40.

Fuke N, Nagata N, Suganuma H, Ota T. Regulation of gut microbiota and metabolic endotoxemia with dietary factors. *Nutrients.* 2019;11(10):2277.

Everard A, Lazarevic V, Gaia N, et al. Microbiome of prebiotic-treated mice reveals novel targets involved in host response during obesity. *ISME J.* 2014;8(10):2116–2130.

Ghosh SS, Wang J, Yannie PJ, et al. Dietary supplementation with galactooligosaccharides attenuates high fat, high cholesterol diet–induced disruption of colonic mucin layer and improves glucose intolerance in C57BL/6 mice and reduces atherosclerosis in Ldlr-/- mice. *J Nutr.* 2020;150(2):285–293.

Yildiz H., Speciner L, Ozdemir C, Cohen D, Carrier R. Food-associated stimuli enhance barrier properties of gastrointestinal mucus. *Biomaterials.* 2015;54:1–8.

Kaliannan K, Wang B, Li X-Y, et al. A host-microbiome interaction mediates the opposing effects of omega-6 and omega-3 fatty acids on metabolic endotoxemia. *Sci Rep.* 2015;5:11276.

Bresciani L, Dall'Asta M, Favari C, et al. An in vitro exploratory study of dietary strategies based on polyphenol-rich beverages, fruit juices and oils to control trimethylamine production in the colon. *Food Funct.* 2018;9:6470–6483.

Samsel A, Seneff S. Glyphosate, pathways to modern diseases II: celiac sprue and gluten intolerance. *Interdiscip Toxicol.* 2013;6(4):159–184.

Mao Q, Manservisi F, Panzacchi S, et al. The Ramazzini Institute 13-week pilot study on glyphosate and Roundup administered at human-equivalent dose to Sprague Dawley rats: effects on the microbiome. *Environ Health.* 2018;17:50.

Argou-Cardozo I, Zeidán-Chuliá F. *Clostridium bacteria* and autism spectrum conditions: a systematic review and hypothetical contribution of environmental glyphosate levels. *Med Sci* (Basel). 2018;6(2):29.

Liang Y, Zhan J, Liu D, et al. Organophosphorus pesticide chlorpyrifos intake promotes obesity and insulin resistance through impacting gut and gut microbiota. *Microbiome.* 2019;7(1):19.

Lehmann GM, LaKind JS, Davis MH, et al. Environmental chemicals in breast milk and formula: exposure and risk assessment implications. *Environ Health Perspect.* 2018;126(9):096001.

Adler CJ, Dobney K, Weyrich LS, et al. Sequencing ancient calcified dental plaque shows changes in oral microbiota with dietary shifts of the Neolithic and Industrial revolutions. *Nat Genet.* 2013;45:450–455.

Roberts C, Manchester K. Dental disease. In *The archaeology of disease.* New York: Cornell University Press; 2005:63–83.

Cohen MN, Crane-Kramer GMM. Editors' summation. In *Ancient health: skeletal indicators of agricultural and economic intensification.* Gainesville: University Press of Florida; 2007:320–343.

Petersen PE, Bourgeois D, Ogawa H, et al. The global burden of oral diseases and risks to oral health. *Bull World Health Organ.* 2005;83:661–669.

점액이 우리를 구원할 것이다

Johansson MEV, Hansson GC. Immunological aspects of intestinal mucus and mucins. *Nat Rev Immunol.* 2016;16(10):639–649.

Desai MS, Seekatz AM, Koropatkin NM, et al. A dietary fiber−deprived gut microbiota degrades the colonic mucus barrier and enhances pathogen susceptibility. *Cell.* 2016;167(5):1339–1353.

Sicard JF, Le Bihan G, Vogeleer P, et al. Interactions of intestinal bacteria with components of the intestinal mucus. *Front Cell Infect Microbiol.* 2017;7:387.

Payahoo L, Khajebishak Y, Alivand MR, et al. Investigation of the effect of oleoylethanolamide supplementation on the abundance of *Akkermansia muciniphila* bacterium and the dietary intakes in people with obesity: a randomized clinical trial. *Appetite.* 2019;141:104301.

Everard A, Belzer C, Geurts L. Cross-talk between *Akkermansia muciniphila* and intestinal epithelium controls diet-induced obesity. *Proc Natl Acad Sci.* 2013;110(22):9066–9071.

De Vos W. Microbe profile: *Akkermansia muciniphila*: a conserved intestinal symbiont that acts as the gatekeeper of our mucosa. *Microbiology* (Reading). 2017;163(5):646–648.

Wlodarska M, Willing BP, Bravo DM, Finlay BB. Phytonutrient diet supplementation promotes beneficial *Clostridia* species and intestinal mucus secretion resulting in protection against enteric infection. *Sci Rep.* 2015;5:9253.

Georgiades P, Pudney PDA, Rogers S, et al. Tea derived galloylated polyphenols cross-link purified gastrointestinal mucins. *PLoS ONE.* 2014;9(8):e105302.

Chassaing B, Koren O, Goodrich JK, et al. Dietary emulsifiers impact the mouse gut microbiota promoting colitis and metabolic syndrome. *Nature.* 2015;519(7541):92–96.

Laudisi F, Stolfi C, Monteleone G, et al. Impact of food additives on gut homeostasis. *Nutrients.* 2019;11(10):2334.

Laudisi F, Di Fusco D, Dinallo V, et al. The food additive maltodextrin promotes endoplasmic reticulum stress-driven mucus depletion and exacerbates intestinal inflammation. *Cell Mol Gastroenterol Hepatol.* 2019;7:457–473.

Sasada T, Hinoi T, Saito Y, et al. Chlorinated water modulates the development of colorectal tumors with chromosomal instability and gut microbiota oil Apc-deficient mice. *PLoS One.* 2015;10(7):e0132435.

Kim MW, Kang JH, Shin E, et al. Processed aloe vera gel attenuates non-steroidal anti-inflammatory drug (NSAID)-induced small intestinal injury by enhancing mucin expression. *Food Funct.* 2019;10(9):6088–6097.

Lamprecht M, Frauwallner A. Exercise, intestinal barrier dysfunction and probiotic supplementation. *Med Sport Sci.* 2012;59:47–56.

He J, Guo H, Zheng W, Yao W. Effects of stress on the mucus-microbial interactions in the gut. *Curr Protein Pept Sci.* 2019;20(2):155–163.

2부. 프랑켄슈타인 장

프랑켄슈타인 장은 어떻게 만들어질까?

Cani PD, Amar J, Iglesias MA, et al. Metabolic endotoxemia initiates obesity and insulin resistance. *Diabetes.* 2007;56(7):1761–1772.

Magge S, Lembo A. Low-FODMAP diet for treatment of irritable bowel syndrome. *Gastroenterol Hepatol* (NY). 2012;8(11):739–745.

Borghini R, Donato G, Alvaro D, Picarrelli A. New insights in IBS-like disorders: Pandora's box has been opened; a review. *Gastroenterol Hepatol Bed Bench Spring.* 2017;10(2):79–89.

Rezaie A, Buresi M, Lembo A, et al. Hydrogen and methane-based breath testing in gastrointestinal disorders: the North American consensus. *Am J Gastroenterol.* 2017;112(5):775–784.

Schink M, Konturek PC, Tietz E, et al. Microbial patterns in patients with histamine intolerance. *J Physiol Pharmacol.* 2018;69(4).

Parodi A, Paolino S, Greco A, et al. Small intestinal bacterial overgrowth in rosacea: clinical effectiveness of its eradication. *Clin Gastroenterol Hepatol.* 2008;6(7):759–764.

Romani J, Caixa A, Escote X, et al. Lipopolysaccharide-binding protein is increased in patients with psoriasis with metabolic syndrome, and correlates with C-reactive protein. *Clin Exp Dermatol.* 2013;38(1):81–84. doi:10.1111/ced.12007.

Lee SY, Lee E, Park YM, Hong SJ. Microbiome in the gut-skin axis in atopic dermatitis. *Allergy Asthma Immunol Res.* 2018;10(4):354–362.

Augustyn M, Grys I, Kukla M. Small intestinal bacterial overgrowth and nonalcoholic fatty liver disease. *Clin Exp Hepatol.* 2019;5(1):1–10.

Fasano A, Bove F, Gabrielli M, et al. The role of small intestinal bacterial overgrowth in Parkinson's disease. *Mov Disord.* 2013;28(9):1241–1249.

Roland BC, Lee D, Miller LS, et al. Obesity increases the risk of small intestinal bacterial overgrowth (SIBO). *Neurogastroenterol Motil.* 2018;30(3). https://doi.org/10.1111/nmo.13199.

Ghoshal UC, Shukla R, Ghoshal U. Small intestinal bacterial overgrowth and irritable bowel syndrome: a bridge between functional organic dichotomy. *Gut Liver.* 2017;11(2):196–208.

Weinstock LB, Walters AS. Restless legs syndrome is associated with irritable bowel syndrome and small intestinal bacterial overgrowth. *Sleep Med.* 2011;12(6):610–613.

Chatterjee S, Park S, Low K, et al. The degree of breath methane production in IBS correlates with the severity of constipation. *Am J Gastroenterol.* 2007;102(4):837–841.

Pimentel M, Wallace D, Hallegua D, et al. A link between irritable bowel syndrome and fibromyalgia may be related to findings on lactulose breath testing. *Ann Rheum Dis.* 2004;63(4):450–452.

Su T, Lai S, Lee A, et al. Meta-analysis: proton pump inhibitors moderately increase the risk of small intestinal bacterial overgrowth. *J Gastroenterol.* 2018;53(1):27–36.

Muraki M, Fujiwara Y, Machida H, et al. Role of small intestinal bacterial overgrowth in severe small intestinal damage in chronic non-steroidal anti-inflammatory drug users. *Scand J Gastroenterol.* 2014;49(3):267–273.

Husebye E, Skar V, Hoverstad T, et al. Fasting hypochlorhydria with gram positive gastric flora is highly prevalent in healthy old people. *Gut.* 1992;33:1331–1337.

Lee AA, Baker JR, Wamsteker EJ, et al. Small intestinal bacterial overgrowth is common in chronic pancreatitis and associates with diabetes, chronic pancreatitis severity, low zinc levels, and opiate use. *Am J Gastroenterol.* 2019;114(7):1163–1171.

Lauritano EC, Bilotta AL, Gabrielli M, et al. Association between hypothyroidism and small intestinal bacterial overgrowth. *J Clin Endocrinol Metab.* 2007;92:4180–4184.

Brechmann T, Sperlbaum A, Schmiegel W. Levothyroxine therapy and impaired clearance are the strongest contributors to small intestinal bacterial overgrowth: results of a retrospective cohort study. *World J Gastroenterol.* 2017;23(5):842–852.

Dukowicz AC, Lacy BE, Levine GM. Small intestinal bacterial overgrowth: a comprehensive review. *Gastroenterol Hepatol* (NY). 2007;3(2):112–122.

Cox SR, Lindsay JO, Fromentin S, et al. Effects of low FODMAP diet on symptoms, fecal microbiome, and markers of inflammation in patients with quiescent inflammatory bowel disease in a randomized trial. *Gastroenterology.* 2020;158(1):176–188.

Roland BC, Lee D, Miller LS, et al. Obesity increases the risk of small intestinal bacterial overgrowth (SIBO). *Neurogastroenterol Motil.* 2018;30(3). https://doi.org/10.1111/nmo.13199.

Chakaroun RM, Massier L, Kovacs P. Gut microbiome, intestinal permeability, and tissue bacteria in metabolic disease: perpetrators or bystanders? *Nutrients.* 2020;12(4):1082.

Shah A, Talley NJ, Jones M, et al. Small intestinal bacterial overgrowth in irritable bowel syndrome: a systematic review and meta-analysis of case-control studies. *Am J Gastroenterol.* 2020;115:190–201.

Shah A, Morrison M, Burger D, et al. Systematic review with meta-analysis: the prevalence of small intestinal bacterial overgrowth in inflammatory bowel disease. *Aliment Pharmacol Ther.* 2019;49:624–635.

Losurdo G, D'Abramo FS, Indellicati G, et al. The influence of small intestinal bacterial overgrowth in digestive and extra-intestinal disorders. *Int J Mol Sci.* 2020;21(10):3531.

Weinstock LB, Steinhoff M. Rosacea and small intestinal bacterial overgrowth: prevalence and response to rifaximin. *J Am Acad Dermatol.* 2013;68:875–876.

Parodi A, Paolino S, Greco A, et al. Small intestinal bacterial overgrowth in rosacea: clinical effectiveness of its eradication. *Clin Gastroenterol Hepatol.* 2008;6(7):759–764.

Fu P, Gao M, Yung KKL. Association of intestinal disorders with Parkinson's disease and Alzheimer's disease: a systematic review and meta-analysis. *ACS Chem Neurosci.* 2020;11(3):395–405.

Blum DJ, During E, Barwick F, et al. Restless leg syndrome: does it start with a gut feeling? *Sleep.* 2019;42(1):A4.

Stevens BR, Goel R, Seungbum K, et al. Increased human intestinal barrier permeability plasma biomarkers zonulin and FABP2 correlated with plasma LPS and altered gut microbiome in anxiety or depression. *Gut.* 2018;67(8):1555–1557.

Rana SV, Sharma S, Kaur J, et al. Comparison of lactulose and glucose breath test for diagnosis of small intestinal bacterial overgrowth in patients with irritable bowel syndrome. *Digestion.* 2012;85(3):243–247.

Birg A, Hu S, Lin HC. Reevaluating our understanding of lactulose breath tests by incorporating hydrogen sulfide measurements. *JGH Open.* 2019;3(3):228–233.

Fasano A. Leaky gut and autoimmune diseases. *Clin Rev Allergy Immunol.* 2012;42(1):71–78.

Wang W, Uzzau S, Goldblum SE, Fasano A. Human zonulin, a potential modulator of intestinal tight junctions. *J Cell Sci.* 2000;113 Pt 24:4435–4440.

Olsen GJ. Microbial ecology. Archaea, Archaea, everywhere. *Nature.* 1994;371(6499):657–658.

Brugère JF, Borrel G, Gaci N, et al. Archaebiotics: proposed therapeutic use of Archaea to prevent trimethylaminuria and cardiovascular disease. *Gut Microbes.* 2014;5:5–10.

Lurie-Weinberger MN, Gophna U. Archaea in and on the human body: health implications and future directions. *PLoS Pathog.* 2015;11:e1004833.

Takakura W, Pimentel M. Small intestinal bacterial overgrowth and irritable bowel syndrome—an update. *Front Psychiatry.* 2020;11:664.

Zhang J, Wang X, Chen Y, Yao W. Exhaled hydrogen sulfide predicts airway inflammation phenotype in COPD. *Resp Care*. 2015;60(2):251–258.

Chedid V, Dhalla S, Clark JO, et al. Herbal therapy is equivalent to rifaximin for the treatment of small intestinal bacterial overgrowth. *Glob Adv Health Med*. 2014;3(3):16–24.

몸속 곰팡이 정글

Sam QH, Chang MW, Chai LYA. The fungal mycobiome and its interaction with gut bacteria in the host. *Int J Mol Sci*. 2017;18:330.

Downward JRE, Falkowski NR, Mason KL, et al. Modulation of post-antibiotic bacterial community reassembly and host response by *Candida albicans*. *Sci Rep*. 2013;3:2191.

Morales DK, Hogan DA. *Candida albicans* interactions with bacteria in the context of human health and disease. *PLoS Pathog*. 2010;6:e1000886.

Krüger W, Vielreicher S, Kapitan M, et al. Fungal-bacterial interactions in health and disease. *Pathogens*. 2019;8(2):70.

Sam QH, Chang MW, Chai LYA. The fungal mycobiome and its interaction with gut bacteria in the host. *Int J Mol Sci*. 2017;18:330.

Erdogan A, Rao SSC. Small intestinal fungal overgrowth. *Curr Gastroenterol Rep*. 2015;17(4):16.

Rao SSC, Tan G, Abdull H, et al. Does colectomy predispose to small intestinal bacterial (SIBO) and fungal overgrowth (SIFO)? *Clin Transl Gastroenterol*. 2018;9(4):146.

Mar Rodríguez M, Pérez D, Chaves FJ, et al. Obesity changes the humangut mycobiome. *Sci Rep*. 1015;5:14600.

Man A, Ciurea CN, Pasaroiu D, et al. New perspectives on the nutritional actors influencing growth rate of *Candida albicans* in diabetics. An *in vitro* study. *Mem Inst Oswaldo Cruz*. 2017;112(9):587–592.

Jacobs C, Adame EC, Attaluri A, et al. Dysmotility and ppi use are independent isk factors for small intestinal bacterial and/or fungal overgrowth. *Aliment Pharmacol Ther.* 2013;37(11):1103–1111.

Graf K, Last A, Gratz R, et al. Keeping *Candida* commensal: how lactobacilli antagonize pathogenicity of *Candida albicans* in an *in vitro* gut model. *Dis Model Mech.* 2019;12(9):dmm039719.

Leelahavanichkul A, Worasilchai N, Wannalerdsakun S, et al. Gastrointestinal leakage detected by serum (1→3)-β-D-glucan in mouse models and a pilot study in patients with sepsis. *Shock.* 2016;46(5):506–518.

Panpetch W, Hiengrach P, Nilgate S, et al. Additional *Candida albicans* administration enhances the severity of dextran sulfate solution induced colitis mouse model through leaky gut–enhanced systemic inflammation and gut-dysbiosis but attenuated by *Lactobacillus rhamnosus* L34. Microbes. 2019;1–16.

Iliev ID, Funari VA, Taylor KD, et al. Interactions between commensal fungi and the C-type lectin receptor Dectin-1 influence colitis. *Science.* 2012;336:1314–1317.

Alassane-Kpembi I, Pinton P, Oswald IP. Effects of mycotoxins on the intestine. *Toxins* (Basel). 2019;11(3):159.

Alonso R, Pisa D, Marina AI, et al. Fungal infection in patients with Alzheimer's disease. *J Alzheimers Dis.* 2014;41:301–311.

Alonso R, Pisa D, Rábano A, Carrasco L. Alzheimer's disease and disseminated mycoses. *J Clin Microbiol Infect Dis.* 2014;33(7):1125–1132.

Pisa D, Alonso R, Rábano A, Rodal I, Carrasco L. Different brain regions are infected with fungi in Alzheimer's disease. *Sci Rep.* 2015;5:15015.

Alonso R, Pisa D, Aguado R, Carrasco L. Identification of fungal species in brain tissue from Alzheimer's disease by next-generation sequencing. *J Alzheimers Dis.* 2017;58(1):55–67.

Soscia SJ, Kirby JE, Washicosky KJ, et al. The Alzheimer's disease–associated amyloid beta-protein is an antimicrobial peptide. *PLoS One.* 2010;5: e9505.

Vendrik KEW, Ooijevaar RE, de Jong PRC, et al. Fecal microbiota transplantation in neurological disorders. *Front Cell Infect Microbiol.* 2020;10:98.

Hu H, Merenstein DJ, Wang C, et al. Impact of eating probiotic yogurt on colonization by *Candida* species of the oral and vaginal mucosa in HIV-infected and HIV-uninfected women. *Mycopathologia.* 2013;176:175–181.

Lang A, Salomon N, Wu JCY, et al. Curcumin in combination with mesalamine induces remission in patients with mild-to-moderate ulcerative colitis in a randomized controlled trial. *Clin Gastroenterol Hepatol.* 2015;13(8):1444–1449.

Portincasa P, Bonfrate L, Scribano MLL. Curcumin and fennel essential oil improve symptoms and quality of life in patients with irritable bowel syndrome. *J Gastrointestin Liver Dis.* 2016;25(2):151–157.

Praditya D, Kirchhoff L, Bruning J, et al. Anti-infective properties of the golden spice curcumin. *Front Microbiol.* 2019;10:912.

Ghosh SS, He H, Wang J, et al. Curcumin-mediated regulation of intestinal barrier function: the mechanism underlying its beneficial effects. *Tissue Barriers.* 2018;6(1):e1425085.

Zhang X, Zhao Y, Zhang M, et al. Structural changes of gut microbiota during berberine-mediated prevention of obesity and insulin resistance in highfat diet-fed rats. *PLoS One.* 2012;7(8):e42529.

Zhu L, Zhang D, Zhu H, et al. Berberine treatment increases *Akkermansia* in the gut and improves high-fat diet-induced atherosclerosis in Apoe -/- mice. *Atherosclerosis.* 2018;268:117–126.

D'agostino M, Tesse N, Frippiat JP, et al. Essential oils and their natural active compounds presenting anti fungal properties. *Molecules.* 2019;24(20):3713.

Limon JJ, Skalski JH, Underhill DM. Commensal fungi in health and disease. *Cell Host Microbe.* 2017;22(2):156–165.

Arena MP, Capozzi V, Russo P, et al. Immunobiosis and probiosis: antimicrobial activity of lactic acid bacteria with a focus on their antiviral and antifungal properties. *Appl Microbiol Biotechnol.* 2018;102(23):9949–9958.

Mailander-Sanchez D, Braunsdorf C, Grumaz C, et al. Antifungal defense of probiotic *Lactobacillus rhamnosus* GG is mediated by blocking adhesion and nutrient depletion. *PLoS One.* 2017;12(10):e0184438.

빼앗긴 소장 탈환 대작전

Chedid V, Dhalla S, Clarke JO, et al. Herbal therapy is equivalent to rifaximin for the treatment of small intestinal bacterial overgrowth. *Glob Adv Health Med.* 2014;3(3):16–24.

Mu Q, Tavella VJ, Luo XM. Role of *Lactobacillus reuteri* in human health and disease. *Front Microbiol.* 2018;9:757.

Ojetti V, Petruzziello C, Migneco A, et al. Effect of *Lactobacillus reuteri* (DSM 17938) on methane production in patients affected by functional constipation: a retrospective study. *Eur Rev Med Pharmacol Sci.* 2017;21(7):1702–1708.

Selle K, Klaenhamnmer TR. Genomic and phenotypic evidence for probiotic influences of *Lactobacillus gasseri* on human health. *FEMS Microbiol Rev.* 2013;37(6):915–935.

Dolin BJ. Effects of a proprietary *Bacillus coagulans* preparation on symptoms of diarrhea-predominant irritable bowel syndrome. *Methods Find Exp Clin Pharmacol.* 2009;31(10):655–659.

Moghadamtousi SZ, Kadir HA, Hassandarvish P, et al. A review on antibacterial, antiviral, and antifungal activity of curcumin. *Biomed Res Int.* 2014;2014:186864.

Zhang X, Zhao Y, Zhang M, et al. Structural changes of gut microbiota during berberine-mediated prevention of obesity and insulin resistance in highfat diet–fed rats. *PLoS One.* 2012;7(8):e42529.

D'agostino M, Tesse N, Frippiat JP, et al. Essential oils and their natural active compounds presenting antifungal properties. *Molecules.* 2019;24(20):3713.

Pais P, Almeida V, Yilmaz M, Teixeira MC. *Saccharomyces boulardii*: What makes it tick as successful probiotic? *J Fungi* (Basel). 2020;6(2):78.

Kabak B, Dobson ADW. Mycotoxins in spices and herbs—an update. *Crit Rev Food Sci Nutr.* 2017;57(1):18–34.

Enko D, Kriegshauser G. Functional 13C-urea and glucose hydrogen/methane breath tests reveal significant association of small intestinal bacterial overgrowth in individuals with active *Helicobacter pylori* infection. *Clin Biochem.* 2017;50(1–2):46–49.

Lauritano EC, Bilotta AL, Gabriella M, et al. Association between hypothyroidism and small intestinal bacterial overgrowth. *J Clin Endocrinol Metab.* 12007;92(11):4180–4184.

3부. 상쾌한 장

야생에서 산책하기

Burger-van Paassen N, Vincent A, Puiman PJ, et al. The regulation of intestinal mucin MUC2 expression by short-chain fatty acids: implications for epithelial protection. *Biochem J.* 2001;420(2):211–219.

Rowland I, Gibson G, Heineken A, et al. Gut microbiota functions: metabolism of nutrients and other food components. *Eur J Nutr.* 2018;57(1):1–24.

Magnusdottir S, Ravcheev D, Crecy-Lagard V, Thiele I. Systematic genome assessment of B-vitamin biosynthesis suggests co-operation among gut microbes. *Front Genet.* 2015;6:148.

Frese SA, Hutton AA, Contreras LN, et al. Persistence of supplemented *Bifidobacterium longum* subsp. infantis EVC001 in breastfed infants. *mSphere.* 2017;2(6):e00501–e00517.

Underwood MA, German JB, Lebrilla CB, Mills DA. *Bifidobacterium longum* subspecies infantis: champion colonizer of the infant gut. *Pediatr Res.* 2015;77(1–2):229–235.

Nilsson AG, Sundh D, Backhed F, Lorentzon M. *Lactobacillus reuteri* reduces bone loss in older women with low bone mineral density: a randomized, placebo-controlled, double-blind, clinical trial. *J Intern Med.* 2018;284(3):307–317.

Levkovich T, Poutahidis T, Smillie C, et al. Probiotic bacteria induce a "glow of health." *PLoS One.* 2013;8(1):e53867.

Kim J, Yun JM, Kim MK, et al. *Lactobacillus gasseri* BNR17 supplementation reduces the visceral fat accumulation and waist circumference in obese adults: a randomized, double-blind, placebo-controlled trial. *J Med Food.* 2018;21(5):454–461.

Mailander-Sanchez D, Braunsdorf C, Grumaz C, et al. Antifungal defense of probiotic *Lactobacillus rhamnosus* GG is mediated by blocking adhesion and nutrient depletion. *PLoS One.* 2017;12(10):e0184438.

Ducrotté P, Sawant P, Venkataraman J. Clinical trial: *Lactobacillus plantarum* 299v (DSM 9843) improves symptoms of irritable bowel syndrome. *J World J Gastroenterol.* 2012;18(30):4012–4018.

Miquel S, Martín R, Rossi O, et al. *Faecalibacterium prausnitzii* and human intestinal health. *Curr Opin Microbiol.* 2013;16(3):255–261.

Toscano M, De Grandi R, Stronati L, et al. Effect of *Lactobacillus rhamnosus* HN001 and *Bifidobacterium longum* BB536 on the healthy gut microbiota composition at phyla and species level: a preliminary study. *World J Gastroenterol.* 2017;23(15):2696–2704.

Everard A, Belzer C, Geurts L. Cross-talk between *Akkermansia muciniphila* and intestinal epithelium controls diet-induced obesity. *Proc Natl Acad Sci.* 2013;110(22):9066–9071.

Nyangale EP, Farmer S, Cash HA, et al. *Bacillus coagulans* GBI-30, 6086 modulates *Faecalibacterium prausnitzii* in older men and women. *J Nutr.* 2015;145(7):1446–1452.

Imidi E, Cox SR, Rossi M, Whelan K. Fermented foods: definitions and characteristics, impact on the gut microbiota and effects on gastrointestinal health and disease. *Nutrients.* 2019;11(8):1806.

Gille D, Schmid A, Walther B, Verkehres G. Fermented food and non-communicable chronic diseases: a review. *Nutrients.* 2018;10(4):448.

Jeong D, Kim DH, Kang IB. Modulation of gut microbiota and increase in fecal water content in mice induced by administration of *Lactobacillus kefiranofaciens* DN1. *Food Funct.* 2017;8(2):680–686.

David LA, Maurice CF, Carmody RN, et al. Diet rapidly and reproducibly alters the human gut microbiome. *Nature.* 2013;505:559–563.

Sonnenburg ED, Smits SA, Tikhonov M, et al. Diet-induced extinctions in the gut microbiota compound over generations. *Nature.* 2016;529(7585):212–215.

Krumbeck J, Maldonado-Gomez MX, Ramer-Tait AE, Hutkins RW. Prebiotics and synbiotics: dietary strategies for improving gut health. *Curr Opin Gastroenterol.* 2016;32:110–119.

De Filippo C, Cavalieri D, Di Paola M, et al. Impact of diet in shaping gut microbiota revealed by a comparative study in children from Europe and rural Africa. *Proc Natl Acad Sci U S A.* 2010;107(33):14691–14696.

Olson CA, Vuong HE, Yano JM, et al. The gut microbiota mediates the anti-seizure effects of the ketogenic diet. *Cell.* 2018;173(7):1728–1741.

Zhang Y, Zhou S, Zhou Y, et al. Altered gut microbiome composition in children with refractory epilepsy after ketogenic diet. *Epilepsy Res.* 2018;145:163–168.

Lindefeldt M, Eng A, Darban H, et al. The ketogenic diet influences taxonomic and function composition of the gut microbiota in children with severe epilepsy. *NPJ Biofilms Microbiomes.* 2019;5:5.

Ulamek-Koziol M, Czuczwar SJ, Januszewski S, Pluta R. Ketogenic diet and epilepsy. *Nutrients.* 2019;11(10):2510.

Murtaza N, Burke LM, Vlahovich N, et al. The effects of dietary pattern during intensified training on stool microbiota of elite race walkers. *Nutrients.*

2019;11(2):261.

Ang QY, Alexander M, Newman JC, et al. Ketogenic diets alter the gut microbiome resulting in decreased intestinal Th17 cells. *Cell.* 2020;181(6):1263–1275.

Lindefeldt M, Eng A, Darban H, et al. The ketogenic diet influences taxonomic and function composition of the gut microbiota in children with severe epilepsy. *NPJ Biofilms Microbiomes.* 2019;5:5.

Kossoff EH, Zupec-Kania BA, Auvin S, et al. Optimal clinical management of children receiving dietary therapies for epilepsy: updated recommendations of the International Ketogenic Diet Study Group. *Epilepsia Open.* 2018;3(2):175–192.

상쾌한 장올 위한 든든한 지원균

Yamamoto EA, Jorgensen TN. Relationships between vitamin D, gut microbiome, and systemic autoimmunity. *Front Immunol.* 2019;10:3141.

Assa A, Vong L, Pinnell LJ, et al. Vitamin D deficiency predisposes to adherent-invasive *Escherichia coli*–induced barrier dysfunction and experimental colonic injury. *Inflamm Bowel Dis.* 2015;21(2):297–306.

Assa A, Vong L, Pinnell LJ, et al. Vitamin D deficiency promotes epithelial barrier dysfunction and intestinal inflammation. *J Infect Dis.* 2014;210(8):1296–1305.

Ooi JH, Li Y, Rogers CJ, Cantoma MT. Vitamin D regulates the gut microbiome and protects mice from dextran sodium sulfate–induced colitis. *J Nutr.* 2013;143(10):1679–1686.

Su D, Nie Y, Zhu A, et al. Vitamin D signaling through induction of paneth cell defensins maintains gut microbiota and improves metabolic disorders and hepatic steatosis in animal models. *Front Physiol.* 2016;7:498.

Payahoo L, Khajebishak Y, Alivand MR, et al. Investigation of the effect of oleoylethanolamide supplementation on the abundance of *Akkermansia muciniphila* bacterium and the dietary intakes in people with obesity: a randomized clinical trial. *Appetite.* 2019;141:104301.

Millman J, Okamoto S, Kimura A, et al. Metabolically and immunologically beneficial impact of extra virgin olive and flaxseed oils on composition of gut microbiota in mice. *Eur J Nutr.* 2020;59(6):2411–2425.

Nazzaro F, Fratianni F, Cozzolino R, et al. Antibacterial activity of three extra virgin olive oils of the Campania region, Southern Italy, related to their polyphenol content and composition. *Microorganisms.* 2019;7(9):321.

Farras M, Martinez-Gili L, Portune K, et al. Modulation of the gut microbiota by olive oil phenolic compounds: implications for lipid metabolism, immune system, and obesity. *Nutrients.* 2020;12(8):2200.

Kaliannan K, Wang B, Li X-Y, et al. A host-microbiome interaction mediates the opposing effects of omega-6 and omega-3 fatty acids on metabolic endotoxemia. *Sci Rep.* 2015;5:11276.

Kaliannan K, Wang B, Li X-Y, et al. Omega-3 fatty acids prevent early-life antibiotic exposure–induced gut microbiota dysbiosis and later-life obesity. *Int J Obes* (London). 2016;40(6):1039–1042.

Lauritano EC, Bilotta AL, Gabrielli M, et al. Association between hypothyroidism and small intestinal bacterial overgrowth. *J Clin Endocrinol Metab.* 2007;92:4180–4184.

Roopchand DE, Carmody RN, Kuhn P, et al. Dietary polyphenols promote growth of the gut bacterium *Akkermansia muciniphila* and attenuate highfat diet–induced metabolic syndrome. *Diabetes.* 2015;64(8):2847–2858.

Yuan X, Long Y, Ji Z, et al. Green tea liquid consumption alters the human intestinal and oral microbiome. *Mol Nutr Food Res.* 2018;62(12):e1800178.

Georgiades P, Pudney PDA, Rogers S, et al. Tea derived galloylated polyphenols cross-link purified gastrointestinal mucins. *PLoS One.* 2014;9(8):e105302.

Lu QY, Summanen PH, Lee RP, et al. Prebiotic potential and chemical composition of seven culinary spice extracts. *J Food Sci.* 2017;82(8):1807–1813.

Liu Q, Meng X, Li Y, et al. Antibacterial and antifungal activities of spices. *Int J Mol Sci.* 2017;18(6):1283.

Wlodarska M, Willing BP, Bravo DM, Finlay BB. Phytonutrient diet supplementation promotes beneficial Clostridia species and intestinal mucus secretion resulting in protection against enteric infection. *Sci Rep.* 2015;5:9253.

Kang C, Zhang Y, Zhu X, et al. Healthy subjects differentially respond to dietary capsaicin correlating with specific gut enterotypes. *J Clin Endocrin Metab.* 2016;101(12):4681–4689.

Valim TC, da Cunha DA, Francisco CS, et al. Quantification of capsaicinoids from chili peppers using 1H NMR without deuterated solvent. *Analytical Meth.* 2019;11(14):1939–1950.

Ghosh SS, Bie J, Wang J, Ghosh S. Oral supplementation with non-absorbable antibiotics or curcumin attenuates Western diet–induced atherosclerosis and glucose intolerance in LDLR-/- mice—role of intestinal permeability and macrophages activation. *PLoS One.* 2014;9(9):e108577.

Zhang X, Zhao Y, Zhang M, et al. Structural changes of gut microbiota during berberine-mediated prevention of obesity and insulin resistance in highfat diet–fed rats. *PLoS One.* 2012;7(8):e42529.

Zhu L, Zhang D, Zhu H, et al. Berberine treatment increases *Akkermansia* in the gut and improves high-fat diet–induced atherosclerosis in Apoe -/- mice. *Atherosclerosis.* 2018;268:117–126.

4부. 상쾌한 장 만들기 4주 프로그램

Thaiss CA, Levy M, Grosheva I, et al. Hyperglycemia drives intestinal barrier dysfunction and risk for enteric infection. *Science.* 2018;359(6382):1376–1383.

Wang W, Uzzau S, Goldblum SE, Fasano A. Human zonulin, a potential modulator of intestinal tight junctions. *J Cell Sci.* 2000;113 Pt 24:4435-4440.

Zioudrou C, Streaty RA, Klee WA. Opioid peptides derived from food proteins: the exorphins. *J Biol Chem.* 1979;254(7):2446-2449.

Pusztai A, Ewen SW, Grant G, et al. Antinutritive effects of wheatgerm agglutinin and other N-acetylglucosamine-specific lectins. *Br J Nutr.* 1993;70(1):313-321.

Junker Y, Zeissig S, Kim SJ, et al. Wheat amylase trypsin inhibitors drive intestinal inflammation via activation of toll-like receptor 4. *J Exp Med.* 2012;209(13):2395-2408.

Bonder MJ, Tigchelaar EF, Xianghang C, et al. The influence of a shortterm gluten-free diet on the human gut microbiome. *Genome Med.* 2016;8:45.

Wlodarska M, Willing BP, Bravo DM, Finlay BB. Phytonutrient diet supplementation promotes beneficial Clostridia species and intestinal mucus secretion resulting in protection against enteric infection. *Sci Rep.* 2015;5:9253.

Georgiades P, Pudney PDA, Rogers S, et al. Tea derived galloylated polyphenols cross-link purified gastrointestinal mucins. *PLoS ONE.* 2014;9(8):e105302.

De Vos W. Microbe profile: *Akkermansia muciniphila*: a conserved intestinal symbiont that acts as the gatekeeper of our mucosa. *Microbiology* (Reading). 2017;163(5):646-648.

Stacy A, Andrade-Oliveira V, McCulloch JA, et al. Infection trains the host for microbiota-enhanced resistance to pathogens. *Cell.* 2021;184(3):615-627.

Stinton LM, Shaffer EA. Epidemiology of gallbladder disease: cholelithiasis and cancer. *Gut Liver.* 2012;6(2):172-187.

Festi D, Colecchia A, Orsini M, et al. Gallbladder motility and gallstone formation in obese patients following very low calorie diets. Use it (fat) to lose it (well). *Int J Obes Relat Metab Disord.* 1998;22(6):592-600.

Gebhard RL, Prigge WF, Ansel HJ, et al. The role of gallbladder emptying in gallstone formation during diet-induced rapid weight loss. *Hepatology.* 1996;24(3):544-548.

Festi D, Colecchia A, Larocca A, et al. Review: low caloric intake and gallbladder motor function. *Aliment Pharmacol Ther.* 2000;14(suppl 2):51–53.

Damm I, Mikkat U, Kirchhoff F, et al. Inhibitory effect of the lectin wheat germ agglutinin on the binding of 125I-CCK-8s to the CCK-A and -B receptors of AR42J cells. *Pancreas.* 2004;28(1):31–37.

Wong JM, Jenkins DJ. Carbohydrate digestibility and metabolic effects. *J Nutr.* 2007;137 (suppl 11):2539S–2546S.

Slavin J. Fiber and probiotics: mechanisms and health benefits. *Nutrients.* 2013;5(4):1417–1435.

Murphy MM, Douglass JS, Birkett A. Resistant starch intakes in the United States. *J Am Diet Assn.* 2008;108(1):67–78.

Dreher ML. Whole fruits and fruit fiber emerging health effects. *Nutrients.* 2018;10(12):1833.

Lamuel-Raventos RM, St. Onge M-P. Prebiotic nut compounds and human microbiota. *Crit Rev Food Sci Nutr.* 2017;57(14):3154–3163.

De Bruyne T, Steenput B, Roth L, et al. Dietary polyphenols targeting arterial stiffness: interplay of contributing mechanisms and gut microbiome–related metabolism. *Nutrients.* 2019;11(3):578.

Van Hul M, Cani PD. Targeting carbohydrates and polyphenols for a healthy microbiome and healthy weight. *Curr Nutr Rep.* 2019;8(4):307–316.

Wang S, Yao J, Zhou B. Bacteriostatic effect of quercetin as an antibiotic alternative *in vivo* and its antibacterial mechanism *in vitro. J Food Prot.* 2018;81(1):68–78.

Wlodarska M, Willing BP, Bravo DM, Finlay BB. Phytonutrient diet supplementation promotes beneficial Clostridia species and intestinal mucus secretion resulting in protection against enteric infection. *Sci Rep.* 2015;5:9253.

Payahoo L, Khajebishak Y, Alivand MR, et al. Investigation of the effect of oleoylethanolamide supplementation on the abundance of *Akkermansia muciniphila* bacterium and the dietary intakes in people with obesity: a randomized clinical trial. *Appetite.* 2019;141:104301.

Varian BJ, Poutahidis T, DiBenedictis BT, et al. Microbial lysate upregulates host oxytocin. *Brain Behav Immun.* 2017;61:36–49.

Takada M, Nishida K, Kataoka-Kato A, et al. Probiotic *Lactobacillus casei* strain Shirota relieves stress-associated symptoms by modulating the gut-brain interaction in human and animal models. *Neurogastroenterol Motil.* 2016;28(7):1027–1036.

Messaoudi M, Lalonde R, Violle N, et al. Assessment of psychotropic-like properties of a probiotic formulation (*Lactobacillus helveticus* R0052 and *Bifidobacterium longum* R0175) in rats and human subjects. *Br J Nutr.* 2011;105(5):755–764.

상쾌한 장 요리법

Poutahidis T, Kearney SM, Levkovich T, et al. Microbial symbionts accelerate wound healing via the neuropeptide hormone oxytocin. *PLoS One.* 2013;8(10):e78898.

Varian BJ, Poutahidis T, DiBenedictis BT, et al. Microbial lysate upregulates host oxytocin. *Brain Behav Immun.* 2017;61:36–49.

Jäger R, Shields KA, Lowery RP, et al. Probiotic *Bacillus coagulans* GBI-30,6086 reduces exercise-induced muscle damage and increases recovery. *Peer J.* 2016;4:e2276.

Mandel DR, Eichas K, Holmes J. *Bacillus coagulans*: a viable adjunct therapy for relieving symptoms of rheumatoid arthritis according to a randomized, controlled trial. *BMC Complement Altern Med.* 2010;10:1.

Kim J, Yun JM, Kim MK, et al. *Lactobacillus gasseri* BNR17 supplementation reduces the visceral fat accumulation and waist circumference in obese adults: a randomized, double-blind, placebo-controlled trial. *J Med Food.* 2018;21(5):454–461.

Shida K, Sato T, Iizuka R, et al. Daily intake of fermented milk with *Lactobacillus casei* strain Shirota reduces the incidence and duration of upper respiratory tract infections in healthy middle-aged office workers. *Eur J Nutr.* 2017;56(1):45–53.

Underwood MA, German JB, Lebrilla CB, Mills DA. *Bifidobacterium longum* subspecies infantis: champion colonizer of the infant gut. *Pediatr Res.* 2015;77(1–2):229–235.

Messaoudi M, Lalonde R, Violle N, et al. Assessment of psychotropic-like properties of a probiotic formulation (*Lactobacillus helveticus* R0052 and *Bifidobacterium longum* R0175) in rats and human subjects. *Br J Nutr.* 2011;105(5):755–764.

찾아보기

북트리거 일반 도서

북트리거 청소년 도서

내 장은 왜 우울할까

장내미생물은 어떻게 몸과 마음을 바꾸는가

1판 1쇄 발행일 2023년 4월 25일
1판 3쇄 발행일 2024년 12월 15일

지은이 윌리엄 데이비스
옮긴이 김보은
펴낸이 권준구 | 펴낸곳 (주)지학사
편집장 김지영 | 편집 공승현 명준성 원동민
책임편집 김승주 | 교정·교열 김해슬 | 디자인 정은경디자인
마케팅 송성만 손정빈 윤술옥 이채영 | 제작 김현정 이진형 강석준 오지형
등록 2017년 2월 9일(제2017-000034호) | 주소 서울시 마포구 신촌로6길 5
전화 02.330.5265 | 팩스 02.3141.4488 | 이메일 booktrigger@naver.com
홈페이지 www.jihak.co.kr | 포스트 post.naver.com/booktrigger
페이스북 www.facebook.com/booktrigger | 인스타그램 @booktrigger

ISBN 979-11-89799-91-5 03470

북트리거

트리거(trigger)는 '방아쇠, 계기, 유인, 자극'을 뜻합니다.
북트리거는 나와 사물, 이웃과 세상을 바라보는 시선에 신선한 자극을 주는 책을 펴냅니다.